高等职业教育计算机教育新形态系列教材

U0800518

机器视觉技术及应用

李　静　薛中会◎主　编
王彩虹　代智勇　孙志远　陈　昱　肖巨煌◎副主编

中国铁道出版社有限公司
CHINA RAILWAY PUBLISHING HOUSE CO., LTD.

内 容 简 介

本书根据机器视觉技术在自动化生产、质量检测与智能识别等领域的广泛应用，为满足相关专业教学及行业技术人员学习需求而编写。全书共分四部分，第一部分对机器视觉进行概述，讲述其起源与发展历程，详细介绍机器视觉系统的构成，涵盖相机、镜头、光源等硬件以及相关软件的基本情况，同时阐述其在众多领域的应用现状，并对在我国的发展趋势进行分析。第二部分聚焦于机器视觉系统的硬件学习，包括工业相机的类型、参数、选型依据，工业镜头的分类、参数、选型要点，以及光源系统的搭建，为实际应用提供硬件基础。第三部分着重于机器视觉的软件编程，从初识数字图像处理技术开始，深入到图像的基本运算、正交变换、增强、平滑、边缘检测以及形态学处理等方面，通过情境引入结合理论讲解，帮助读者掌握图像处理的编程方法。第四部分为综合应用案例，以印刷质量检测为例，阐述印刷检测的必要性、方式、质量问题及解决方案，同时介绍检测设备的相关知识，包括启动、关闭等操作，并详细讲解创建模板的流程以及检测印刷缺陷的操作流程，使读者能将所学知识应用于实际场景。

本书理论与实践相结合，内容全面、系统、实用，适合作为高等职业院校机器视觉技术及相关专业的教材，也可作为机器视觉从业者的参考书。

图书在版编目(CIP)数据

机器视觉技术及应用 / 李静，薛中会主编. -- 北京 : 中国铁道出版社有限公司，2025. 7. -- (高等职业教育计算机教育新形态系列教材). -- ISBN 978-7-113-31874-1

Ⅰ. TP302. 7

中国国家版本馆 CIP 数据核字第 2025QT2001 号

书　　名：机器视觉技术及应用
作　　者：李　静　薛中会

策　　划：曹莉群　王春霞　　　**编辑部电话：**(010)63551006
责任编辑：王春霞　彭立辉
封面设计：刘　颖
责任校对：苗　丹
责任印制：赵星辰

出版发行：中国铁道出版社有限公司(100054，北京市西城区右安门西街 8 号)
网　　址：https://www.tdpress.com/51eds
印　　刷：天津嘉恒印务有限公司
版　　次：2025 年 7 月第 1 版　2025 年 7 月第 1 次印刷
开　　本：850 mm×1 168 mm 1/16　**印张：**15.75　**字数：**437 千
书　　号：ISBN 978-7-113-31874-1
定　　价：55.00 元

前言

在当今科技飞速发展的时代，机器视觉技术作为一门融合光学、电子、计算机科学等多领域知识的前沿技术，正以前所未有的速度渗透到各个行业，深刻地改变着人们的生产和生活方式。为了满足广大读者对机器视觉技术系统学习和深入应用的需求，我们精心编写了这本《机器视觉技术及应用》教材。

机器视觉技术的应用领域极为广泛，从工业制造中的产品质量检测、自动化生产过程监控，到智能交通系统中的车辆识别、安防监控领域的行为分析，再到医疗行业的影像诊断辅助等，都发挥着不可或缺的作用。随着人工智能、大数据等技术的不断融合与推动，机器视觉技术的发展潜力更是不可限量。掌握这种技术，无论是对于提升个人专业素养，还是推动行业创新发展，都具有至关重要的意义。

本书共分为四部分：第一部分为机器视觉概述，带领读者追溯机器视觉的起源，梳理其发展脉络，清晰呈现这种技术从萌芽到逐步成熟的历程。同时深入剖析机器视觉系统的架构和组成部分，让读者对其核心原理有初步的认识，并通过展示丰富多样的应用案例，揭示其在不同行业的实际价值和广泛影响力。此外，还详细分析了机器视觉在我国的发展现状与趋势，使读者能够立足本土，把握行业动态。第二部分聚焦于机器视觉系统的硬件学习。工业相机、工业镜头和光源系统是构建机器视觉系统的关键硬件要素。本书对工业相机的各种类型进行细致分类，详细解读其主要参数，并提供科学合理的选型依据，帮助读者根据实际需求挑选最合适的工业相机。针对工业镜头，同样从分类、参数参考到选型要点进行全面阐述，确保读者能为不同应用场景搭配恰当的镜头。而在光源系统方面，深入讲解光源的分类、主要参数以及选型依据，让读者明白如何为机器视觉系统打造理想的照明环境，以获取高质量的图像。第三部分着重于机器视觉的软件编程。数字图像处理技术是机器视觉软件的核心，本书从最基础的概念入手，逐步引导读者掌握使用编程软件进行图像处理的方法；详细讲解图像的基本运算、正交变换、增强、平滑、边缘检测以及形态学处理等技术要点；通过丰富的情境引入和实际操作案例，让读者在实践中深入理解图像处理算法，能够熟练运用编程工具实现各种图像处理任务，为开发高效、智能的机器视觉应用程序奠定坚实的基础。第四部分通过综合应用案例，以印刷质量检测为具体实例，深入探讨机器视觉技术在实际生产中的应用；详细分析印刷检测的必要性，介绍常见的印刷方式及其特点，深入研究印刷质量问题产生的原因，并提供针对性的解决方案。同时，全面介绍印刷缺陷检测设备的相关知识，包括设备的启动与关闭操作等基本使用方法，以及创建模板和检测印刷缺陷的详细操作流程。这部分内容旨在帮助读者将前面所学的理论知识与实际应用紧密结合，培养读者解决实际问题的能力，使其能够迅速适应并胜任相关行业的工作需求。

本书在编写过程中，始终秉持理论与实践相结合的原则，力求内容全面、系统、实用。我们希望通过这本教材，能够为广大读者打开机器视觉技术的大门，为相关领域的学生、工程师和技术爱好者提供易于理解和掌握的学习指南。

本书配有电子课件、素材代码等资源，均可从中国铁道出版社教育资源数字化平台 https://www.tdpress.com/51eds 下载，也可扫描书中二维码直接查看视频。

本书由李静、薛中会任主编，王彩虹、代智勇、孙志远、陈昱、肖巨煌任副主编。无论是初学者初探机器视觉的奥秘，还是专业人士寻求技术提升与创新，相信都能在本书学习中获得重要的专业支撑。让我们一起走进机器视觉技术的精彩世界，共同探索其无限可能。

由于时间仓促，编者水平有限，书中难免存在疏漏与不妥之处，恳请专家和读者批评指正。

编　者

2024 年 11 月

配套资源索引-微课

续表

序号	项目名称	资源名称	页码
22	单元9　平滑图像	添加噪声	153
23		均值滤波	157
24		中值滤波	159
25		高斯滤波	160
26	单元10　检测图像边缘	边缘检测（上）	168
27		边缘检测（下）	170
28	单元11　图像进行形态学处理	膨胀运算	176
29		腐蚀运算	177
30		开运算	178
31		闭运算	180
32		边缘检测案例	181
33	单元12　学习印刷质量检测概念	印刷品和印刷品质量检测的必要性	189
34	单元13　了解检测设备	印刷检测设备介绍	217
35		检测产品切换	222
36	单元14　创建模板	准备工作	227
37		模板优化	237

目录

第一部分
机器视觉概述

单元 1 机器视觉技术

早期的检测工作都依赖工人手工完成。一位经验丰富的老工人，尽管技术娴熟，也不免会产生失误。有一次，一批带有细微裂缝的活塞被误判为合格，结果这些活塞在装配后引发了发动机故障，使得工厂陷入巨大的危机。后来工厂负责人了解到一项新兴的机器视觉技术，这项技术是计算机技术和光学技术深度融合的产物，于是决定引入这一技术帮助工厂度过危机。机器视觉系统投入使用后，检测速度大幅提高，而且检测精度也非常高，产品质量有了显著提升，工厂的订单量也逐渐增多。

引入的机器视觉系统中，光源能提供稳定的光线，确保图像质量清晰。相机作为"眼睛"，有不同类型，可依据零部件的检测需求来选择。镜头分为多种，可满足不同的成像要求。图像采集卡负责把模拟图像转化为数字信号，而图像处理软件则是整个系统的"智慧大脑"，其中包含了一系列复杂的算法。

知识能力目标：

- 了解机器视觉技术的起源和发展。
- 掌握机器视觉系统的基本组成结构。
- 掌握机器视觉系统的工作原理。
- 了解机器视觉系统的优势、挑战和未来发展趋势。

素养要求：

激发创新精神，培养社会责任感：机器视觉技术的发展彰显了勇于创新、开拓进取的精神，激励学生突破传统思维，积极探索未知领域。同时，其在各行业的应用体现了科技服务社会的理念，促使学生树立社会责任感和使命感。

1.1 机器视觉的起源与发展

机器视觉的起源标志着计算机科学与人类视觉模拟的首次交汇。20 世纪 50 年代，随着计算机技术的出现和初步发展，科学家们开始思考如何利用计算机来模拟人类的感官能力，尤其是视觉。这一时期的研究工作主要集中在以下几方面：

（1）图像处理的基本概念：科学家们开始研究图像的数字化过程，以及如何使用计算机对图像进行基本处理。

(2)边缘检测:作为视觉信息的基础,边缘是物体轮廓的表示,早期的机器视觉研究致力于开发算法来检测图像中的边缘。

(3)形状识别:在边缘检测的基础上,研究者进一步探索如何识别和分类不同的形状,这是物体识别的初步尝试。

(4)模板匹配:作为一种简单的图像识别方法,模板匹配通过将已知的图像模板与目标图像进行比较,来识别图像中的对象。

(5)光学字符识别(OCR):20 世纪 60 年代,OCR 技术成为机器视觉领域的一个重要分支,它专注于将印刷或手写的文字转换为机器编码的文本。

(6)早期的神经网络研究:神经网络在 20 世纪 40 年代和 50 年代初期已有理论基础,在 60 年代和 70 年代,随着计算机技术的发展,开始有初步的尝试将其应用于图像识别。

(7)模式识别的兴起:20 世纪 70 年代,模式识别作为一门学科逐渐形成,它专注于从信号中提取特征并进行分类,为机器视觉的发展奠定了理论基础。

(8)计算机图形学的交叉影响:计算机图形学的发展为机器视觉提供了新的视角,两者在图像生成和分析方面相互促进。

(9)实验室研究与实际应用的结合:在大学和研究机构中,机器视觉的早期概念逐渐从理论研究走向实验验证,开始探索实际应用的可能性。

(10)技术挑战与限制:尽管早期的机器视觉研究取得了一定的进展,但计算能力的限制、图像处理算法的不成熟以及对视觉复杂性的理解不足,都是当时研究者需要面对的挑战。

机器视觉的起源是一段探索与实验的历程,它不仅为后来的技术发展奠定了基础,也展示了科学家们对于模拟和扩展人类视觉能力的持续追求。随着时间的推移,这一领域逐渐发展成为一个多学科交叉、技术不断创新的活跃研究领域。

1. 机器视觉技术的突破

20 世纪 70 年代,机器视觉领域的技术取得了显著突破。

(1)数字图像处理技术:随着计算机硬件的发展,数字图像处理技术开始成熟,使得更复杂的图像分析成为可能。

(2)Marr 视觉理论:David Marr 提出的多层次视觉信息处理理论,为计算机视觉提供了一个统一的理论框架,强调了从图像中提取、表示和使用视觉信息的重要性。

(3)边缘检测算法:Canny 边缘检测器等算法的发展,为图像分割和特征提取提供了有效的工具。

(4)纹理分析:研究者开始关注图像的纹理特征,这对于图像分类和场景理解具有重要意义。

(5)模式识别的进一步发展:模式识别技术的进步,尤其是统计学习方法和神经网络的初步探索,为图像识别和分类提供了新的途径。

(6)机器视觉硬件的进步:包括图像采集设备、图形处理单元等硬件的发展,为机器视觉系统的实现提供了更好的支持。

(7)实际应用的探索:机器视觉技术开始在工业检测、医疗成像、遥感等领域得到应用,但这些应用还处于初级阶段。

这一时期的技术进步为机器视觉的未来发展奠定了坚实的基础,同时也揭示了这一领域在理论和实践方面的巨大潜力。随着技术的不断进步,机器视觉逐渐从一个理论研究领域转变为具有广泛应用前景的实用技术。

2. 机器视觉技术的发展

20 世纪 80 年代对机器视觉技术而言是一个关键的发展期,这一时期的进步为后续的技术革新和应用拓展奠定了基础。

(1)硬件性能提升:80 年代,计算机硬件性能的显著提升,尤其是处理器速度和内存容量的增加,为更复杂的图像处理任务提供了可能。

(2)图像处理算法的改进:算法方面,包括图像滤波、边缘检测、特征提取等图像处理技术得到了进一步的优化和完善。

(3)工业检测的应用:机器视觉系统开始广泛应用于工业检测领域,用于自动化质量控制,如产品缺陷检测、尺寸测量等。

(4)机器人导航:在机器人导航和路径规划中,机器视觉技术用来识别环境特征,辅助机器人进行自主导航。

(5)神经网络的兴起:神经网络在 80 年代经历了一次复兴,尤其是在机器视觉中的应用,它们用来模拟人脑处理视觉信息的方式,提高了图像识别和分类的性能。

(6)并行处理技术:并行处理技术的发展使得图像处理任务可以更快地完成,这对于实时或近实时的机器视觉系统尤为重要。

(7)三维视觉的研究:三维视觉技术开始受到重视,研究者探索如何通过机器视觉系统获取和分析三维空间信息。

(8)视觉传感器的发展:视觉传感器技术的进步,如 CCD 和 CMOS 图像传感器,为高质量的图像捕获提供了硬件支持。

(9)国际合作与标准化:机器视觉领域的国际合作增加,标准化组织开始制定相关的标准,促进了技术的全球化发展。

(10)学术研究与商业化:学术界对机器视觉的研究不断深入,同时,一些研究成果开始商业化,推动了机器视觉技术向市场转化。

(11)软件工具的开发:为了支持机器视觉系统的设计和开发,各种软件工具和库被开发出来,简化了图像处理和分析流程。

尽管取得了显著进展,但机器视觉在实际应用中仍面临诸多挑战,如环境光照变化、复杂背景中的物体识别等。80 年代的快速发展期为机器视觉技术的成熟和广泛应用打下了坚实的基础,同时也为 90 年代及以后的技术创新和行业发展积累了宝贵的经验和技术储备。

3. 机器视觉技术的成熟

20 世纪 90 年代标志着机器视觉技术从理论研究走向工业应用的成熟期。这一时期的机器视觉技术在多个方面取得了显著进步,并且在实际工业生产中发挥了重要作用。

(1)实用性与可靠性的重视:90 年代的机器视觉系统设计更加注重实用性和可靠性。例如,在汽车制造行业中,机器视觉被用于自动化生产线上进行零件的定位、装配和质量检测。

(2)识别精度的提升:计算机视觉算法的不断优化,如基于特征的匹配和模式识别技术,显著提高了系统的识别精度。这使得机器视觉系统能够更准确地识别复杂的物体和场景。

(3)处理速度的加快:随着硬件加速技术的发展,如专用的数字信号处理器(DSP)和图形处理单元(GPU),机器视觉系统的处理速度得到了显著提升,满足了实时或近实时处理的需求。

(4)工业自动化的深入应用:机器视觉技术在工业自动化中的应用更加深入,如用于自动化焊接、喷涂、装配等过程中的精确控制。例如,机器人焊接系统利用机器视觉来识别焊接路径,实现高精度焊接。

(5)智能检测系统的发展:智能检测系统开始应用于电子制造业,进行电子组件的缺陷检测、尺寸测量和数量统计。这些系统通常集成了先进的图像处理算法和机器学习技术。

(6)三维视觉的应用:三维视觉技术开始在工业检测中得到应用,如使用结构光或激光扫描技术来获取物体的三维形状信息,用于产品质量检测和逆向工程。

(7)机器视觉系统的集成:机器视觉系统开始与工业机器人和自动化设备集成,形成更为复杂的自动化解决方案。例如,在包装行业中,机器视觉系统用来识别和分类产品,然后由机器人进行自动包装。

(8)软件工具的丰富:为了支持机器视觉系统的设计和开发,90 年代出现了更多的软件工具和库,提供了丰富的图像处理和计算机视觉功能。

(9)标准化和规范化:标准化组织开始制定机器视觉相关的标准,推动了技术的规范化和互操作性,促进了机器视觉系统的广泛应用。

(10)研究与商业化的结合:学术界与工业界的合作更加紧密,许多研究成果被转化为商业产品,加速了机器视觉技术的市场化进程。

尽管取得了显著进展,但机器视觉在实际应用中仍面临挑战,如复杂光照条件下的稳定性问题。研究者通过开发自适应算法和多光谱成像技术来应对这些挑战。90 年代的机器视觉技术发展,不仅提升了工业生产的自动化和智能化水平,也为今天的高精度、高速度、高可靠性的机器视觉系统奠定了基础。随着技术的不断进步,机器视觉的应用范围将进一步扩大,深入更多行业和领域。

4. 智能化的深入

深度学习,尤其是 CNN(卷积神经网络),在图像识别和分类任务中取得了革命性的进展。网络通过自动学习图像的层次结构特征,极大地提高了识别精度,减少了对手工特征提取的依赖。大数据技术的发展为机器视觉系统的训练提供了丰富的数据资源。社交媒体图片、卫星图像和医疗扫描等数据集的使用,使得机器视觉系统能够更好地学习和识别模式。然而,这也带来了数据隐私和安全性问题,需要在数据收集和处理过程中加以重视。

GPU(图形处理单元)和 TPU(张量处理单元)等专用硬件的发展,不仅加速了深度学习模型的训练,也使得实时或近实时的机器视觉应用成为可能。这些硬件的进步为处理大规模数据集和复杂模型提供了必要的计算支持。机器视觉技术在自动驾驶汽车和医疗诊断等领域的应用,极大地推动了这些行业的技术进步。例如,自动驾驶汽车利用机器视觉进行环境感知,而在医疗影像分析中的机器视觉技术辅助进行疾病诊断,显著提高了诊断的准确性和效率。RNN、LSTM 和 GAN 等算法的引入,为机器视觉领域带来了新的视角和可能性。这些算法在处理序列数据和生成数据方面展现出独特的优势,推动了机器视觉技术的发展。端到端学习模型简化了机器视觉的流程,提高了效率。这些模型能够直接从输入数据到最终任务输出进行学习,减少了传统机器视觉流程中的多个独立模块。迁移学习技术减少了对大量标注数据的依赖,提高了模型在新领域的适应性。这使得机器视觉模型能够更快地适应新的应用场景,加速了技术的应用和创新。注意力机制使模型能够聚焦于图像的关键部分,提高了识别精度。在医学成像分析中,这种机制能够帮助模型识别特定的生物标志物,提高了诊断的准确性。多任务学习技术提高了模型的效率和鲁棒性,使得机器视觉模型能够同时执行多个视觉任务。这种技术在自动驾驶等领域具有重要的应用价值。模型压缩技术使得深度学习模型能够在资源受限的设备上运行,推动了机器视觉技术的普及。这些技术包括模型剪枝、量化和知识蒸馏,它们在保持模型性能的同时减少了模型的大小和计算需求。随着机器视觉技术的广泛应用,模型的可解释性和伦理问题变得越来越重要。研究者需要开发更加透明和公平的模型,并考虑数据隐私和伦理法规。

机器视觉技术与认知科学、心理学等学科的融合,为理解人类视觉感知提供了新的视角。这种跨学科的合作有助于开发更加人性化和直观的机器视觉系统。

21 世纪的智能化不仅仅是技术的革新,更是对机器视觉应用潜力的深度挖掘。随着技术的不断进步,机器视觉将继续推动各行各业的智能化转型,为社会带来深远的影响。同时,这也要求我们在技术创新的同时,关注技术应用的社会影响和伦理问题。

5. 机器视觉技术的创新和变革

随着机器视觉技术的不断进步,这一领域正在经历一系列创新和变革。

(1)3D 视觉技术

3D 视觉技术是机器视觉领域的一大突破。通过激光雷达(LiDAR)、结构光或时间飞行(ToF)传感器,机器视觉系统不再局限于二维图像的处理,而是能够感知和理解三维空间。这一技术的应用范围极为广泛,例如,自动驾驶汽车的环境感知、工业机器人的精确操作、增强现实(AR)技术中虚拟信息与现实世界的无缝融合等。

①激光雷达技术:通过发射激光脉冲并测量反射回来的时间来创建周围环境的精确三维地图。它在自动驾驶领域尤其重要,因为它能够提供车辆周围空间的详细视图。

②结构光技术:通过投射特定的光模式并分析其在物体表面的变形,来获取物体的三维形状。这种技术在面部识别、物体扫描和三维建模中得到了广泛应用。

③时间飞行传感器:通过测量光脉冲从发射到反射回来的时间差,来计算物体的距离。它在室内导航、物体识别和运动跟踪等领域具有重要应用。

(2)嵌入式视觉系统

随着处理器技术,特别是专用集成电路(ASIC)和系统级芯片(SoC)技术的进步,嵌入式视觉系统变得更加小巧、高效和智能。这些系统现在可以轻松地集成到各种设备中,包括无人机、智能手机、可穿戴设备,甚至是微小的传感器节点。

①无人机:在无人机中,嵌入式视觉系统用于实现自动避障、目标跟踪和精确导航。

②智能手机:利用嵌入式视觉技术提供面部识别解锁、增强现实游戏和高质量的图像处理功能。

③可穿戴设备:在可穿戴设备中(如智能眼镜),嵌入式视觉系统可以提供实时信息显示、导航辅助和健康监测。

(3)多模态数据融合

多模态数据融合技术结合了视觉数据与其他传感器数据,如红外、雷达和声波传感器等,以提供更全面和鲁棒的环境感知。这种技术在复杂环境下尤为重要,因为它可以提高系统的抗干扰能力和决策准确性。

①红外传感器:可以提供在黑暗或低能见度条件下的感知能力,常用于夜间监控和自动驾驶车辆。

②雷达传感器:雷达传感器通过发射无线电波并测量反射回来的波来检测物体的距离和速度,对自动驾驶车辆的避撞系统至关重要。

③声波传感器:在一些应用中,声波传感器可以用来检测物体的距离或监测环境变化。

④边缘计算的集成:边缘计算技术将数据处理能力带到了数据源的近旁,极大地降低了数据传输的延迟,并提高了系统的响应速度。这对于需要实时处理和快速决策的应用场景至关重要。

⑤工业自动化：在工业自动化中，边缘计算可以使机器人和自动化设备快速响应生产线上的变化，提高生产效率和灵活性。

⑥智慧城市：在智慧城市中，边缘计算可用于实时交通管理、环境监测和公共安全。

⑦云平台的利用：云平台为机器视觉提供了几乎无限的存储和计算资源。这使得研究人员和工程师能够处理和分析大规模的数据集，训练更复杂的模型，并部署更强大的机器视觉应用。

⑧大规模图像处理：云平台可以处理来自卫星图像、医疗扫描和视频监控的大量图像数据。

⑨模型训练和部署：云服务提供了强大的计算能力，用于训练深度学习模型，并允许快速部署这些模型到全球各地的服务和应用中。

随着技术的不断发展，机器视觉将继续推动各行各业的创新和变革。从精密制造到智能农业，从安全监控到健康医疗，机器视觉的应用潜力无限，为智能世界的发展提供了强大的动力和广阔的前景。

6. 未来趋势深入分析

(1)算法创新

①深度学习的进步：随着深度学习算法的不断演进，未来的机器视觉模型将更加精准和高效。研究者将继续探索新的网络架构和训练策略，以提高模型的泛化能力和鲁棒性。

②无监督和半监督学习：减少对大量标注数据的依赖，利用无监督和半监督学习技术，从未标注数据中学习特征，将是未来研究的重要方向。

(2)硬件优化

①专用硬件的发展：随着对计算效率的不断追求，将出现更多为机器视觉量身定制的硬件，如ASIC和FPGA，它们将提供更高的处理速度和更低的能耗。

②边缘设备的性能提升：边缘设备的性能将得到显著提升，使得复杂的机器视觉任务能够在更接近数据源的地方执行，减少延迟和带宽消耗。

(3)应用拓展

①智能制造：机器视觉将在智能制造中扮演关键角色，实现精准的质量控制、自动化装配和智能物流管理。

②智能交通：在智能交通系统中，机器视觉技术将用于车辆识别、交通流量监控和自动驾驶车辆的决策支持。

③医疗诊断：机器视觉将在医疗领域发挥更大作用，辅助医生进行疾病诊断、手术导航和治疗计划的制订。

(4)跨学科融合

认知科学与心理学：通过与认知科学和心理学的结合，机器视觉系统将更好地模拟人类的视觉感知过程，提高对复杂场景的理解能力。

(5)安全与隐私

数据安全与隐私保护：随着机器视觉技术的广泛应用，如何保护数据安全和用户隐私将成为研究的重点。

(6)自主化与自动化

自主系统的开发：未来的机器视觉系统将更加自主化，能够在没有人类干预的情况下执行复杂的任务。

(7)可解释性

提高模型的可解释性,使最终用户能够理解机器视觉系统的决策过程。

(8)环境适应性

在不同环境下的适应性:未来的机器视觉系统将能够适应各种环境条件,包括不同的光照、大气和背景干扰。

(9)标准化与协作

行业标准化:制定统一的行业标准,促进不同系统和组件之间的互操作性。

(10)持续学习与进化

持续学习机制:未来的机器视觉系统将具备持续学习的能力,能够根据新的数据和经验不断优化自己的性能。

随着技术的不断发展,机器视觉将在多个领域内实现更深层次的融合与创新,推动社会向更智能、更高效、更人性化的方向发展。未来的机器视觉技术将不仅仅是一种工具,更是智能系统中不可或缺的一部分,为人类社会的进步提供强大的动力。

1.2 机器视觉系统介绍

视频

机器视觉系统的基本组成

机器视觉系统是一种让机器“看”和“理解”周围环境的系统。它采用图像处理技术和设备(如摄像头)来检测、处理、分析和理解图像。机器视觉系统广泛应用于各种领域,包括质量控制、自动化生产线、医疗图像分析、安全监控、自动驾驶等。

1.2.1 机器视觉系统的基本组成

机器视觉系统作为现代自动化技术中的关键组成部分,其主要功能是模拟人的视觉功能,通过自动化的方式获取、处理、分析以及识别出图像或视频中的特定信息。机器视觉系统的应用范围广泛,包括但不限于工业检测、医学影像分析、交通监控、安全监控等领域。

机器视觉系统的基本组成通常包括以下几个关键部分:

①传感器:传感器作为机器视觉系统的“眼睛”,负责采集图像或视频信息。在机器视觉系统中,最常见的传感器类型是 CCD(电荷耦合元件)和 CMOS(互补金属氧化物半导体)。这两种传感器各有特点,例如,CCD 传感器通常具有更高的图像质量,而 CMOS 传感器则在成本和功耗方面更具优势。传感器的选择会直接影响到成像质量和后续图像处理的效果。

②图像处理器:图像处理器是机器视觉系统中的“大脑”,其主要功能是对传感器采集到的图像进行预处理,以提高图像质量。预处理包括但不限于图像去噪、增强、色彩校正、对比度调整等。通过这些处理,可以增强系统对图像的解读能力,为后续的图像分析和识别打下良好基础。

③图像显示器:图像显示器作为机器视觉系统的“输出”部分,其作用是将处理后的图像以更加直观的方式展示给操作者或机器的其他部分。显示器的质量和分辨率直接影响操作者对图像品质的判断,以及机器的学习和决策过程。

④控制器:控制器是机器视觉系统中的“指挥官”,负责对整个系统的运行进行控制和协调。控制器会根据图像处理和分析的结果,发出相应的指令给机器的其他部分,以实现特定的操作或加工过程。控制

器的性能直接决定了机器视觉系统的响应速度和处理能力。

⑤数据存储器：数据存储器是机器视觉系统的“记忆体”，用于存储系统运行过程中产生的各类数据和结果。这些数据包括原始图像、处理后的图像、识别结果等。存储器的容量和读/写速度会影响系统处理大规模数据的能力。

机器视觉系统的设计和优化是一个综合性的工程，需要各个部分紧密配合，才能达到最佳的性能。例如，在工业检测中，传感器需要具有足够的分辨率和动态范围来捕捉产品的细节；图像处理器则需要能够快速且准确地识别出产品的缺陷；控制器则需要根据生产流程设计，以实现高效的生产线控制；数据存储器则需要足够的容量来存储长时间大容量的生产数据，以便于后续的质量控制和分析。

综上所述，机器视觉系统的基本组成部分各司其职，协同工作，共同完成复杂的图像采集、处理、分析和识别任务，以满足各种自动化应用的需求。

1.2.2 机器视觉系统的工作原理

视频

机器视觉系统的工作原理

机器视觉技术作为智能制造系统中的关键技术之一，其主要功能是模拟人的视觉系统，通过机器来自动完成图像的获取、处理、分析和理解，从而实现对目标的识别、定位、测量等任务。机器视觉系统的工作原理可以分解为几个关键步骤，包括传感器采集图像、图像处理器对图像进行处理、控制器对图像进行分析和识别，以及数据存储器存储识别结果。

1. 传感器采集图像

传感器采集图像是机器视觉系统的起点。在机器视觉系统中，通常使用摄像头作为主要的图像采集设备，这些摄像头可以提供不同的图像分辨率和帧率，以适应不同的应用需求。摄像头捕捉的原始图像数据是模拟信号，需要通过模拟/数字转换（ADC）模块转换为数字信号，以便后续进行处理。

2. 图像处理器对图像进行处理

图像处理器是机器视觉系统的核心，它负责对采集的图像进行预处理，如去噪、增强对比度、调整亮度、色彩校正等，以提高图像质量。此外，图像处理器还负责提取图像中的特征，这些特征是后续图像识别和分类的基础。特征提取可以采用各种算法，如边缘检测、角点检测、模板匹配等，以突出图像中的关键信息。

3. 控制器对图像进行分析和识别

图像经过处理后，接下来是控制器对图像进行分析和识别。控制器通常包含一个或多个处理核心，用于执行更复杂的图像处理算法，如特征匹配、模式识别、目标跟踪等。在这个阶段，控制器会利用机器学习或深度学习算法来进行图像分类或目标识别。例如，如果系统需要识别不同类型的产品，控制器会通过训练好的模型来判断图像中的产品类型。

4. 数据存储器存储识别结果

机器视觉系统通常配备有数据存储器，用于存储图像数据和处理结果。这些数据可以被进一步用于生产质量控制、产品追踪、库存管理等应用场景。存储的数据还可以作为训练模型的训练数据，用于优化和训练更精确的机器学习模型。

综上所述，机器视觉系统的工作原理涉及从传感器采集图像开始，到图像处理器的图像处理、控制器的图像分析和识别，再到数据存储器的结果存储，每一个环节都至关重要。通过这些步骤，机器视觉系统能够高效、准确地完成各种复杂的视觉任务，为各行各业的自动化和智能化提供强大的技术支撑。

1.2.3 机器视觉系统的优势和挑战

机器视觉技术作为智能制造、智能交通等领域的关键技术之一,其核心是通过机器来模拟人的视觉功能,以获取、处理、分析以及识别出图像中的特定信息,进而实现自动处理的目的。机器视觉系统的核心组成部分包括图像获取设备(如摄像头)、照明设备、一个或多个处理器(如 GPU 或专门的视觉处理芯片),以及用于图像处理和分析的软件。

机器视觉系统的优势主要体现在以下几方面:

①高效率:机器视觉系统可以连续不间断地工作,无须休息,可以 24 小时不间断地进行图像采集和处理,大幅提高了生产和工作的效率。

②高精度:机器视觉系统能够对图像进行高精度的测量和识别,减少因人为操作带来的误差,尤其是在需要高精度和高一致性的生产线上,机器视觉系统的优势尤为突出。

③高可靠性:机器视觉系统的故障率通常远低于人工操作,特别是在重复性高、环境恶劣的工作条件下,机器视觉系统的稳定性和可靠性显得尤为重要。

④自动化和智能化:机器视觉系统可以结合其他自动化设备和系统,实现更高程度的自动化控制,如机器人的视觉引导、智能检测和质量控制等。

然而,机器视觉系统的应用和发展也面临着不少挑战:

①图像噪声:在实际的应用环境中,图像常常受到各种噪声的影响,如高 ISO(感光度)值拍摄的照片、运动模糊等,这些都会影响机器视觉系统的图像质量和识别准确性。

②光照条件:直接影响着机器视觉系统的性能,不均匀的照明或者光照度不足都会增加机器视觉系统的误判率。

③算法复杂度:为了提高识别的准确性,机器视觉系统往往需要复杂的图像处理和分析算法,这些算法的计算复杂性高,对硬件的要求也相对较高,同时也增加了系统的开发和维护成本。

④环境适应性:机器视觉系统需要适应不同的工作环境,如不同的温度、湿度以及尘埃等,这些都是机器视觉系统需要克服的挑战。

综上所述,机器视觉技术以其独特的优势在现代自动化生产和各种工业应用中扮演着越来越重要的角色,但同时也需要不断地技术创新和优化,以应对各种挑战,进一步拓展其应用领域和提升其性能。

1.2.4 机器视觉系统的未来发展趋势

机器视觉作为智能制造和自动化行业的关键技术之一,其发展势头强劲,应用范围广泛。随着技术的不断进步,机器视觉系统的未来发展趋势将体现在以下几方面:

①图像处理算法的优化:图像处理算法是机器视觉系统的核心,其性能直接影响到系统的识别精度和速度。未来,随着深度学习、卷积神经网络(CNN)等人工智能技术的进一步发展,图像处理算法将趋向于更加高效、精准。通过学习大量的训练数据,机器视觉系统能够自我优化,提高对目标的识别率,尤其是在复杂环境下的鲁棒性。

②传感器技术的进步:传感器作为机器视觉系统的“眼睛”,其性能的提升将直接推动整个机器视觉系统的进步。随着新材料、新工艺的出现,未来的图像传感器将具有更高的分辨率、更低的功耗、更广泛的光照适应性和更快的响应速度。这些进步将使得机器视觉系统能够在更广泛的环境下稳定工作,提高系统的应用范围。

③系统集成度的提高：随着电子技术和微处理技术的快速发展，机器视觉系统的硬件和软件集成度将不断提升。未来的机器视觉系统将更加小型化、模块化，易于安装和维护。同时，系统的集成度提高也将带来更高的数据处理能力和更好的实时处理性能，从而满足更加复杂的工业应用需求。

④应用领域的拓展：机器视觉系统的应用范围将进一步扩大。除了当前已广泛应用的半导体制造、汽车制造等领域外，机器视觉系统还将在智能交通、智能家居、医疗诊断、食品安全检查等更多领域发挥重要作用。特别是在智能交通领域，机器视觉系统或将成为自动驾驶汽车的关键技术之一，用于实现车辆的环境感知、障碍物检测、交通标志识别等功能。

⑤人机协作的深入应用：随着工业 4.0 的推进，机器视觉系统将更加注重与人类工作者的协作。通过智能化的机器人、协作机器人（cobot）等形式，机器视觉系统不仅能够提高生产效率，还能保证人类工作者的安全，实现更加智能化、人机协作的生产模式。

综上所述，机器视觉系统的未来发展将是多方面、多层次的。它不仅将在技术上实现更高的精度、速度和智能化，而且将在应用层面拓展到更多的行业和领域，成为推动智能化进程的关键技术之一。随着技术的不断成熟和市场的进一步开拓，机器视觉系统的未来发展前景将更加宽广。

1.3 机器视觉的相关应用

视频

机器视觉的相关应用

机器视觉作为人工智能的一个重要分支，在众多领域都有广泛的应用。它通过给机器赋予“看”的能力，可以自动收集、处理、分析和理解图像信息，从而实现对物体的识别、分类、检测、测量等功能。以下是机器视觉在不同领域的应用：

①工业自动化：机器视觉在工业自动化领域的应用是最广泛的。例如，在汽车制造中，机器视觉系统可以用来检测零件的尺寸、位置、颜色等属性，确保零件的质量符合标准。此外，它还广泛用于电子组件的检测、食品包装的质量检查、自动化装配线的视觉定位与导航等。

②医疗：在医疗领域，机器视觉技术可以帮助医生进行诊断。例如，通过分析 X 光、CT、MRI 等医学影像，机器视觉系统可以辅助医生发现异常，提高诊断的准确性和效率。此外，机器视觉还被应用于手术导航、患者监护、医疗影像的自动分析等。

③安防：安防领域也是机器视觉技术的重要应用场景。通过安装在摄像头中的机器视觉系统，可以实现人脸识别、行为分析、安全监测等功能。例如，在公共场所、边境检查、ATM 机旁等区域，机器视觉可以帮助提高安全水平。

④智能交通：机器视觉在智能交通系统中的应用包括交通流量监控、交通标志识别、自动驾驶车辆的视觉系统等。它可以帮助提高交通效率，减少事故的发生。

⑤农业：在农业领域，机器视觉可用于作物的生长监测、病虫害识别、果实成熟度检测等。通过分析农作物的图像数据，可以指导农民进行合理的种植、灌溉和施肥，提高农作物的产量和品质。

⑥环境监测：机器视觉还可应用于环境监测，例如，通过分析卫星图像来监控森林覆盖变化、大气污染、海洋状况等。机器视觉系统可以自动识别和跟踪特定的环境指标，为环境保护提供重要信息。

综上所述，机器视觉技术的应用范围非常广泛，它不仅可以提高生产效率、质量控制，还能在提高安全、支持决策、环境保护等方面发挥重要作用。随着技术的不断进步，机器视觉的应用领域还将不断拓展，其潜力巨大。

1.3.1 机器视觉在工业自动化领域的应用

1. 质量检测与控制

机器视觉技术在工业自动化领域中的应用是多方面的,其中质量检测与控制是其核心应用之一。在现代工业生产中,为了确保产品的一致性和质量,机器视觉系统广泛应用于各类制造过程中,以实现对产品质量的快速、准确和非接触性检测。

质量检测是机器视觉技术应用最直接、最广泛的一个领域。传统的质量检测方法往往依赖人工视觉和简单的自动化设备,这些方法不仅耗时耗力,而且准确性和重复性也难以保证。机器视觉技术的应用则大幅提高了检测的速度和精度,同时也降低了人力成本和生产成本。

在质量检测中,机器视觉系统通常包括工业相机、镜头、图像采集卡、光源等硬件设备,以及图像处理与分析的软件系统。工业相机的作用是捕获被测物体的图像,它的选择会直接影响到成像质量和后续处理的难易程度。镜头的选择则关系到视野范围和图像的清晰度。光源的作用是提高图像的对比度和可见性,特别是在暗光或背光的环境下。软件系统则负责对采集的图像进行预处理、特征提取、识别和分析,以实现对产品质量的检测。

除了质量检测,机器视觉技术在工业自动化领域中还应用于过程控制和设备故障诊断等方面。在过程控制方面,机器视觉系统可用于监控生产线上的各个环节,实时监控生产过程,并及时调整,以确保生产流程的稳定性和产品质量的一致性。例如,在自动化装配线上,机器视觉系统可用来检测零件的组装情况,确保每个零件都按照规定的方式组装。

设备故障诊断方面的应用则更多的是依赖于图像处理和模式识别技术。机器视觉系统可以定期对生产设备进行检查,通过分析设备的图像数据来发现设备的异常情况,如设备的磨损、异响等,从而提前预防可能发生的故障,或者至少在故障发生初期就能够进行维修,减少生产中断的风险。

综上所述,机器视觉技术在工业自动化领域中的应用是非常广泛的,它不仅能够提高产品的质量检测效率和精度,还能在过程控制和设备故障诊断等方面发挥重要作用,是现代工业自动化不可或缺的一部分。随着技术的不断进步,机器视觉系统的性能也在不断提高,其应用范围和深度都将进一步扩大。

2. 自动化装配与焊接

机器视觉在自动化装配与焊接领域的应用是现代工业制造的一大创新,它极大地提高了生产效率和产品质量,同时降低了人工成本和安全风险。自动化装配与焊接作为生产流程中的关键步骤,其精度和可靠性直接影响到产品的质量和生产的连续性。机器视觉技术的引入,为这些复杂的操作提供了精准的、非人工干预的解决方案。

自动装配是利用机器视觉和自动化技术相结合的方式,实现对零部件的自动识别、定位、安装和检测的过程。机器视觉系统在这里的作用主要是通过高精度的摄像头捕捉零部件的图像,然后通过图像处理软件识别出零部件的位置、方向等关键信息。之后,机器人系统根据这些信息准确地抓取并安装零部件。机器视觉技术在此过程中的优势在于其高精度的测量和定位功能,可以确保零部件的精准安装,降低因人为操作不当所带来的质量风险。

自动焊接则是一种将两个或两个以上的金属件通过高温熔化后,使其部分或全部连接起来的过程。机器视觉在自动焊接中的应用主要体现在焊接前的准备阶段和焊接过程中的监控与调整。在焊接前,机器视觉系统会对待焊接的工件进行检查,确保焊接的准确性和焊接后的完整性。在焊接过程中,机器视觉系统可以实时监控焊接质量,如温度、焊接速度、焊接深度等关键参数,并及时给出反馈,以便操作者调整焊接参数,确保焊接质量。

机器人控制作为自动化装配和焊接的核心技术之一,机器视觉系统与机器人的结合使用,可以实现更加灵活和智能的生产流程。机器人可以在机器视觉系统的指导下,自动完成定位、抓取、移动和操作等一系列复杂的动作。机器视觉系统不仅提供了机器人的"眼睛",还可以作为"大脑"的角色,通过对生产数据的分析和处理,优化机器人的运动轨迹和操作策略,进一步提高生产效率和产品质量。

综上所述,机器视觉技术在自动化装配与焊接领域的应用,不仅可以提高生产效率,还能确保产品的高质量输出。随着技术的不断进步,未来机器视觉系统在自动化装配与焊接中的应用将更加广泛和深入,为工业制造业的发展带来更多的可能性。

3. 自动化生产线的监控与优化

机器视觉技术在自动化生产线的监控与优化中扮演着至关重要的角色。随着工业4.0的兴起,自动化生产线的应用变得越来越广泛,它们能够提供高效率、高稳定性和高准确性的生产解决方案。机器视觉作为自动化生产中的"眼睛",其主要功能包括生产线监控、生产过程优化、设备状态监测等,下面详细介绍这些应用。

首先,机器视觉系统在生产线监控中的应用主要是为了确保生产过程的连续性和产品的质量控制。通过高分辨率的摄像头和图像处理技术,机器视觉系统能够对生产线上的产品进行实时监控,自动检测产品是否存在缺陷或规格不符等问题。例如,在汽车零配件生产中,机器视觉系统可以用来检查零件的尺寸、颜色以及装配质量,确保每一个零件都符合设计规格。

其次,机器视觉在生产过程优化中的应用主要体现在通过图像数据分析来优化生产流程,提高生产效率和降低成本。机器视觉系统可以对生产线上的各个环节进行图像分析,从而发现生产中的瓶颈和改进点。例如,在电子组件的组装过程中,机器视觉系统可以通过分析组装过程中的图像数据,帮助优化组装顺序,减少不必要的重复操作,提高组装效率。

再次,机器视觉在设备状态监测中的应用主要是为了保证设备的正常运行和预测性维护。机器视觉系统可以通过定期监控设备的运行状态,自动识别设备的异常情况,如设备的过热、异响等,从而在问题发生前及时进行维护,减少设备的停机时间,降低维修成本。

除了上述应用之外,机器视觉系统还可以与其他传感器和控制系统相结合,实现更高级的功能,如自适应控制、工艺参数优化等。通过机器视觉系统收集的大量图像数据,结合深度学习等先进的数据分析技术,可以进一步提升自动化生产线的智能化水平。

综上所述,机器视觉技术在自动化生产线的监控与优化中发挥着不可替代的作用。它不仅可以提高生产效率和产品质量,还可以帮助企业实现资源的优化配置和生产成本的有效控制。随着技术的不断进步,机器视觉系统的应用范围和功能也将进一步扩大,为自动化生产线带来更深远的影响。

1.3.2 机器视觉在医疗领域的应用

1. 医学影像分析

机器视觉技术在医学影像分析中的应用是一个快速发展的领域,它结合了传统的图像处理技术和先进的人工智能算法,以辅助医生进行更精确、更快速的诊断。医学影像分析通常包括医学影像处理、医学图像分析和医学影像诊断等关键步骤。

首先,医学影像处理是机器视觉技术在医学影像分析中的基础。它涉及对采集的医学影像数据(例如X射线、CT、MRI等)进行预处理,以改善图像质量并提取有用的信息。预处理操作包括去噪、增强对比度、图像去噪、去伪影等，目的是减少图像中的随机噪声，并提高图像的可读性。此外，医学影像还可能需要进行分割，即从原始图像中准确地分离出感兴趣的结构，如器官、组织或病灶。分割的准确性直接影响后续的图像分析和诊断。

接着，医学图像分析是机器视觉技术的核心应用之一。在这一阶段，通过深度学习、卷积神经网络（CNN）等先进的机器学习算法，可以自动提取和学习图像中的特征，用于进一步的图像识别和分类。例如，卷积神经网络可以通过大量的训练数据自动识别出 X 射线、CT、MRI 等医学影像中的异常结构，如肿瘤、血管瘤等。这种自动化的图像分析不仅可以提高分析的速度，还可以在一定程度上提高诊断的准确性，尤其是在处理大量数据时。

最后，医学影像诊断是机器视觉技术应用的终极目标。在这一阶段，机器视觉技术的作用是辅助医生进行疾病的诊断，通过分析前两个步骤中处理和分析的结果，自动提供诊断建议或诊断概率。例如，机器视觉系统可以通过分析 X 射线图像自动检测出肺结节，并给出良、恶性的可能性评级；或者通过分析 MRI 图像，自动识别出脑部疾病的特征，如脑出血、脑肿瘤等。

综上所述，机器视觉技术在医学影像分析中的应用，通过其高效、自动化的特点，大幅增强了医学影像的处理、分析和诊断能力。它不仅可以提高诊断的准确率和工作效率，还能在某些情况下，如放射科医生资源紧张的地区，提供重要的辅助工具。随着技术的不断进步，未来机器视觉在医学影像分析中的应用将更加广泛，其深度学习模型的性能也将不断提高，为医疗诊断提供更可靠的技术支持。

2. 手术机器人辅助

在现代医疗领域，随着技术的快速发展，机器视觉技术已经成为手术机器人辅助中不可或缺的一部分。机器视觉系统通过高级的图像处理和分析功能，为手术机器人提供了精准的导航和定位能力，大幅增强了手术的准确性和安全性。

首先，机器视觉在手术机器人控制中扮演着至关重要的角色。传统的手术机器人在执行操作时，需要医生通过直接操作或半自动的方式来控制。机器视觉技术的引入，使得手术机器人可以接收来自摄像头或其他成像设备的实时图像，并通过先进的视觉算法来解释这些图像。这样，机器人就能够自主地识别并抓取手术器械，甚至在某些情况下，自动完成一些简单的操作，减轻了医生的工作负担，提高了手术的精准度。

其次，机器视觉系统在手术过程监控中也起到了重要作用。通过实时的图像识别和分析，机器视觉系统可以监控手术器械的位置、患者的生理反应等关键信息。例如，在进行微创手术时，机器视觉可以帮助医生实时跟踪手术器械的位置，确保其在正确的位置执行操作。此外，机器视觉还可用于实时监测患者的生命体征，为手术的安全性提供了额外的保障。

最后，机器视觉在手术导航中的应用也不容小觑。传统的导航系统可能无法提供足够的信息来指导复杂的手术操作，而机器视觉系统可以结合 3D 成像技术，提供更加详细的视图。医生可以利用这些详细的图像来更精确地判断手术器械的位置，以及它们与目标组织之间的相对位置。这种高精度的导航系统对于那些需要极高精准度的手术，如神经外科手术、心脏手术等，尤为重要。

综上所述，机器视觉技术在手术机器人辅助中的应用，不仅提高了手术的精准度和安全性，而且大幅降低了医生的工作强度，提升了手术的整体效率。随着技术的进一步发展，未来的机器视觉系统将更加智能化，能够提供更多的功能，如自动识别和分类组织类型、自动调整手术器械的位置等，从而进一步优化手术的过程，提高手术的成功率。

3. 医疗设备监测与维护

机器视觉技术在医疗设备监测与维护中的应用是一个不断发展的领域，它通过提供高效、准确的检测手段，帮助医疗机构提高设备的使用效率和安全性。以下是机器视觉技术在医疗设备监测与维护中应用的详细介绍。

首先，机器视觉系统可用于医疗设备的状态监测。通过安装在设备上的高分辨率摄像头，机器视觉系统能够实时监控医疗设备的运行状态，包括机器的振动、温度、速度、压力等各种参数。例如，在CT、MRI等医疗成像设备中，机器视觉技术可用来监测机器的工作温度和环境条件，以确保设备在安全的操作范围内运行。

其次，机器视觉技术在医疗设备故障诊断方面也起到了重要作用。传统的设备维护依赖人工视觉和经验，而机器视觉系统可以通过图像处理算法自动检测设备的异常状态，并迅速识别出潜在的故障部件。例如，机器视觉系统可以通过分析X射线成像设备的运作图像来检测潜在的异常热点，从而预测出哪些部件可能会发生故障。

最后，机器视觉技术在医疗设备维修中也扮演着重要角色。在一些复杂的维护任务中，如更换设备内部的某些零件，机器视觉系统可以提供引导，帮助维护人员定位并识别需要更换的部件。此外，它还可以通过分析历史维修数据，预测设备未来可能出现的问题，从而提前采取措施，减少设备停机时间。

除了上述应用，机器视觉技术还可以与其他类型的传感器和控制系统集成，以实现更高级的功能。例如，它可以与物联网（IoT）技术相结合，实现远程监控和控制医疗设备的功能。通过收集和分析设备的使用数据，机器视觉系统可以帮助医疗机构优化设备的使用策略，延长设备的使用寿命，并减少维护成本。

综上所述，机器视觉技术在医疗设备监测与维护中的应用，不仅可以提高医疗设备的运行效率和安全性，还可以帮助医疗机构降低维护成本，提高服务质量。随着机器视觉技术的不断发展，其在医疗设备管理中的作用将越来越大，未来有望实现更加智能化、自动化的医疗设备管理新模式。

1.3.3 机器视觉在安防领域的应用

1. 视频监控与分析

机器视觉技术在视频监控与分析中的应用已经变得日益广泛，它通过高级的图像处理技术、计算机视觉和深度学习算法，使得视频监控系统不仅仅停留在基本的录像功能上，而且能够进行实时的数据分析和异常检测，大幅扩展了视频监控的应用领域和功能。

视频监控系统作为机器视觉应用的一个重要场景，其核心目的是实现对特定区域的实时监控与记录。传统的视频监控系统主要依赖人工查看，不仅效率低下，而且对于处理大量视频数据的能力有限。机器视觉技术的应用，特别是视频监控分析，为视频监控系统带来了革命性的改变。

视频数据分析是机器视觉在视频监控中的另一个关键应用。通过对视频数据的实时分析，机器视觉系统可以识别并提取出视频中的关键信息，如车辆类型、交通流量、行人密度等。这些信息对于交通管理、安保、商业分析等多个领域都有重要价值。例如，在交通管理中，机器视觉技术可以帮助提取道路交通参数，建立交通流特征参数的视觉测量模型，间接计算交通流量密度、车辆排队长度、道路占有率等重要的道路交通参数，从而帮助识别交通拥堵程度，并实现交通态势预测和红绿灯优化配置，缓解交通压力。

视频异常检测是机器视觉技术在视频监控领域的另一个重要应用。通过机器学习和模式识别技术，系统可以自动检测视频中的异常事件，如交通逆行、违法行为、抛锚、事故、路面抛洒物、人群聚集等。这种自动检测不仅可以显著提高响应速度，而且可以大幅降低人力成本和误报率。

随着机器学习和深度学习技术的不断进步，视频监控与分析系统的性能也在不断提升。例如，深度神经网络（DNN）、卷积神经网络（CNN）和循环神经网络（RNN）等深度学习模型正在应用于视频内容的识别和分类，大幅提高了监控系统的智能化水平。

总之，机器视觉技术在视频监控与分析中的应用，不仅极大地提升了视频监控系统的功能和性能，而且为各行各业带来了更高效、更智能的解决方案。随着技术的进一步发展，可以预见机器视觉将在视频监控领域扮演更加关键的角色。

2. 出入口控制与识别

机器视觉技术在出入口控制与识别领域的应用已经变得越来越广泛，它通过高级的图像处理和分析技术，提供了一种非接触、快速和准确的解决方案。下面将详细介绍机器视觉在出入口控制与识别中的应用。

出入口控制系统是安全管理中的重要组成部分，主要用于对进出特定区域的人员和车辆进行识别和授权。机器视觉技术在此领域的应用主要体现在以下几方面：

①人脸识别技术：这是机器视觉技术中应用最广泛的一种形式。通过高清网络摄像头，系统能够捕捉到进出人员的面部图像，并与数据库中预存的人脸数据进行比对。这种技术能够快速识别出授权人员和未授权人员，大幅提高了出入口的安全性和便利性。例如，在一些高安全性要求的场合，如军事基地、政府机关、高档住宅区等，人脸识别技术可以提供更为安全和快捷的身份验证方式。

②车辆识别技术：机器视觉还可应用于车辆识别，特别是在停车场管理中。通过安装的摄像头，系统可以对进出的车辆进行识别，包括车牌号码的自动识别和车辆类型的辨识。这样不仅可以加快车辆通行的速度，还可以帮助管理人员快速找到违停车辆，提高整体的管理效率。

③行为分析技术：除了基础的身份和车辆识别之外，机器视觉还可以结合行为分析技术，对进出人员的行为进行分析，如是否属于异常行为模式。例如，系统可以通过学习和比对正常的出入人员的行为模式，发现和警告那些可能的安全威胁。

④车牌识别技术：车牌识别技术主要应用于车辆通行管理。通过安装的高清摄像头拍摄到的车牌图像，系统可以自动识别车牌号码，并对车辆的合法性进行判断，大幅提高了车辆通行的效率和准确性。

机器视觉技术在出入口控制与识别中的应用，不仅提高了安全防护水平，还优化了用户体验，减少了人力成本。随着技术的不断进步，机器视觉系统的识别速度和准确性都将不断提高，其在出入口控制与识别领域的应用前景广阔。

3. 犯罪嫌疑人的识别与追踪

机器视觉技术在犯罪嫌疑人的识别与追踪中的应用是一个高度专业化的领域，它涉及图像处理、模式识别、机器学习等多个技术领域。在犯罪侦查中，机器视觉技术可以大幅提高识别犯罪嫌疑人的效率和准确性，同时也有助于犯罪现场的重建和分析。以下是机器视觉在犯罪嫌疑人识别与追踪中的几个主要应用方面。

（1）犯罪嫌疑人识别技术

在犯罪现场，警察需要从大量的监控视频中快速准确地识别出犯罪嫌疑人。传统的人工视频分析非常耗时且易出错，而机器视觉技术可以自动化这一过程。例如，基于人脸识别的算法可以从视频流中自动检测并识别出犯罪嫌疑人的面部特征，并与已有的数据库进行匹配，以实现快速识别。此外，通过对嫌疑人的行为模式进行学习，机器视觉系统还可以识别特定的行为模式，如跑步、快速移动或者特定的身体语言，从而帮助警方缩小调查范围。

(2)犯罪嫌疑人追踪技术

除了识别犯罪嫌疑人外,追踪其行踪也是犯罪侦查中的重要环节。机器视觉技术可以结合时间序列分析,对犯罪嫌疑人的运动轨迹进行追踪。这通常涉及目标追踪算法,这些算法可以在一系列的视频帧中跟踪目标对象的移动轨迹。根据目标的移动速度、方向等信息,可以构建出其可能的行动路径,为进一步调查提供线索。

(3)犯罪现场重建

机器视觉技术还可应用于犯罪现场重建,帮助警方重现犯罪过程。通过分析现场照片、视频资料,机器视觉系统可以重建犯罪现场的三维模型,并进行动画演示。这不仅有助于警方更好地理解犯罪动机和过程,也为法庭提供了重要的视觉证据。此外,重建的过程中还可利用机器学习算法自动标记出现场的关键证据,提高效率。

(4)挑战与未来发展

尽管机器视觉技术在犯罪嫌疑人识别与追踪中的应用极具潜力,但也存在一些挑战。例如,犯罪嫌疑人可能会使用伪装或者改变自己的外貌特征,这给人脸识别技术带来挑战。此外,监控视频中的光线、天气等环境因素也可能影响机器视觉系统的性能。

未来,随着深度学习等先进技术的发展,机器视觉系统的性能预计将得到进一步提升。同时,隐私保护、数据安全等问题也将得到更好地解决,以推动机器视觉技术在犯罪侦查领域的广泛应用。

综上所述,机器视觉技术在犯罪嫌疑人的识别与追踪中扮演着重要角色,它不仅可以提高犯罪侦查的效率,还有助于提升犯罪侦查的质量,为维护社会安全提供了有力的技术支持。随着技术的不断进步,未来机器视觉在该领域的应用将更加广泛和深入。

1.3.4　机器视觉在智能交通领域的应用

1. 道路车辆识别与跟踪

机器视觉技术在道路车辆识别与跟踪方面的应用是现代智能交通系统的重要组成部分。随着技术的进步,机器视觉系统已经能够自动地对道路车辆进行识别和跟踪,大幅提高了交通管理的效率和准确性。

道路车辆识别系统主要用于识别道路上行驶的各种车辆,如轿车、卡车、摩托车等。这些系统通常包括一个或多个摄像头,用于捕捉车辆的图像,并将这些图像传送给图像处理单元。图像处理单元运用机器学习算法(如卷积神经网络)对图像进行处理,从而识别出车辆的类型、颜色、大小等属性。此外,一些高级的系统还能够识别车辆的车牌号码,这对于交通违法监控和车辆追踪等应用场景至关重要。

道路车辆跟踪系统则是识别系统的延伸,它不仅能够识别车辆,还能够跟踪车辆在道路上的运动轨迹。这对于交通管理中心来说非常有用,因为它可以实时监控道路的交通状况,帮助管理人员进行交通流量控制、事故预防以及紧急事件的快速响应。例如,在发生交通事故时,通过跟踪系统可以迅速找到相关车辆,并评估事故原因和责任。

除了上述应用,机器视觉技术还可与交通信号灯控制系统相结合,实现智能交通信号控制。通过实时监控交通流量,机器视觉系统可以调整交通信号灯的灯色切换时间,以优化交通流和减少交通拥堵。例如,在高峰时段,系统可以延长主要干道的绿灯时间,以加快车辆通行速度;而在交通流量较小时,可以缩短信号灯亮起的时间,节省能源消耗。

综上所述,机器视觉技术在道路车辆识别与跟踪方面的应用,不仅可以提高交通管理的效率,还可以增强交通安全,优化交通流,减少能源消耗。随着技术的不断进步,未来机器视觉系统在智能交通领域的应用将更加广泛,其精度和速度也将不断提升,为人们带来更加安全、高效的交通环境。

2. 交通信号灯控制

机器视觉技术在交通信号灯控制系统中的应用是现代智能交通管理的重要组成部分。随着技术的进步,传统的交通信号灯控制已经逐渐被基于机器视觉的控制系统所取代,这些系统不仅能提高交通效率,还能优化交通安全,并在一定程度上实现节能减排。

交通信号灯控制系统的核心任务是通过合理调控交通信号灯的状态,来引导车辆和行人安全、高效地通过交叉口。机器视觉技术的引入,使得交通信号灯控制系统可以实现更为智能化的运行。机器视觉系统通过摄像头捕捉交叉口的实时交通情况,然后利用图像处理和分析算法来识别车辆、行人以及其他交通参与者的行为模式。

在交通信号灯控制系统中,机器视觉技术的应用主要体现在以下几方面:

①交通信号灯控制系统:机器视觉系统可以实时监控交叉口的交通流量,通过对车流量、行人流量的实时数据分析,智能调整交通信号灯的绿灯时长。例如,在车流量较大的情况下,机器视觉系统可以自动延长主要交通方向的绿灯时间,以减少车辆等待时间,提高交叉口的通行能力。

②交通信号灯优化:机器视觉系统不仅可以优化信号灯的配时,还可以根据历史数据和实时数据,预测交通流量的变化趋势,从而提前调整信号灯的配时计划,预防交通拥堵的发生。此外,机器视觉系统还可以实现自学习功能,通过不断收集和分析交通数据,不断优化信号灯控制策略。

③交通信号灯节能:传统的交通信号灯控制系统通常依赖固定的时间模式来控制信号灯,这种方式能源利用效率较低。机器视觉系统可以根据实际交通情况智能调整信号灯的亮度和工作模式,从而降低能耗。例如,在交通流量较小的非高峰时段,可以降低信号灯的亮度,或者将部分信号灯调整为低能耗模式,以节约能源。

综上所述,机器视觉技术在交通信号灯控制中的应用,不仅可以提高交通效率,优化交通安全,还能实现节能减排的目标。随着机器视觉技术的不断发展,未来的交通信号灯控制系统将更加智能化,能够更好地适应复杂多变的交通环境,为人们提供更加安全、便捷的交通体验。

3. 自动驾驶与车联网技术

自动驾驶与车联网技术是现代智能交通系统的重要组成部分,它们的结合不仅能够提高道路安全性,还能优化交通流,减少拥堵。机器视觉作为自动驾驶系统的一个核心技术,其在自动驾驶与车联网技术中的应用至关重要。

自动驾驶系统的核心在于使汽车能够自主地感知环境、做出决策并执行驾驶操作。机器视觉系统在这一过程中起到了眼睛的作用,它通过摄像头捕捉道路、行人、车辆、交通标志等视觉信息,并对这些信息进行处理,以提供车辆控制所需的环境感知数据。

例如,在交通场景的语义分割与理解方面,机器视觉系统能够识别车道线、道路边界、交叉口、信号灯等关键信息,并将这些信息与已有的地图数据进行融合,帮助车辆更好地理解当前的道路环境。这种理解能力对于车辆的定位、路径规划和驾驶决策至关重要。

在交通目标检测及跟踪方面,机器视觉系统可以识别并跟踪其他车辆、行人和非机动车等动态对象。通过对这些对象的运动状态进行预测,自动驾驶系统能够及时做出避险、变道等驾驶操作,从而确保安全。

此外,同步定位和地图构建(SLAM)是机器视觉在自动驾驶中的另一个重要应用。自动驾驶车辆需要在 GPS 信号不佳或者没有 GPS 信号的环境中进行定位和地图构建,机器视觉系统通过摄像头捕捉的图像信息,结合各种传感器数据(如雷达、激光雷达)等,来实现地图构建。地图构建不仅可以帮助车辆建立周围环境的详细地图,还可以实现车辆在地图上的精确定位,这对于路径规划和导航至关重要。

车联网技术则是实现车辆与车辆、车辆与基础设施、车辆与其他网络实体之间信息交换与共享的一种技术。机器视觉在车联网技术中的应用,可以提供更多的车辆间通信(V2V)和车辆与基础设施通信(V2I)所需的高质量视觉信息。例如,通过机器视觉技术,车辆可以识别前方道路上的施工标志、交通事故、道路状况等,并将这些信息通过车联网技术实时分享给周围的车辆和交通管理系统,从而提高道路的整体安全性和效率。

综上所述,机器视觉在自动驾驶与车联网技术中扮演着举足轻重的角色。它不仅使车辆能够"看到"周围的环境,还能够提供理解环境、预测动态对象行为、进行精准定位和地图创建等核心功能,为车辆的自主驾驶和智能交通系统的进一步发展提供了强有力的技术支撑。随着机器视觉和相关技术的不断进步,未来自动驾驶与车联网技术将更加成熟,为人们带来更加安全、便捷、舒适的出行体验。

1.3.5 机器视觉在农业领域的应用

1. 农作物生长监测

机器视觉技术在农作物生长监测中的应用是实现精准农业和智能农业的关键技术之一。通过使用机器视觉系统,可以有效地对农作物的生长状态进行实时监测,从而为农业生产提供科学的决策依据。

农作物生长监测系统通常包括图像采集设备、数据传输设备、图像处理软件以及决策支持系统等。其中,图像采集设备主要是指安装在农田中的摄像头或者其他图像捕捉设备,它们可以对农作物的生长环境、生长状况等进行连续的图像采集。这些图像信息会通过无线或有线的方式传输到数据处理中心进行进一步的分析和处理。

在图像处理软件中,机器视觉技术起到核心作用。它可以通过对采集的图像进行分析,提取出农作物的生长参数,如植株高度、叶面积指数(LAI)、作物叶色、作物长势等。这些参数是农作物健康生长的重要指标,通过对它们的长期跟踪分析,可以对农作物的生长状况进行评估。

除了对农作物长势的监测,机器视觉技术在农作物病虫害的诊断中也发挥着重要作用。通过对农作物的图像进行深度分析,可以识别出特定的病虫害症状,如叶片上的病斑、虫害等。这对于及时发现和处理农作物病虫害,减少损失具有重要意义。

机器视觉系统在实际应用中的一大优势是其高效性和非接触性。与传统的人工检测相比,机器视觉系统可以连续不断地进行监测,且具有更高的精度和更低的成本。此外,机器视觉系统还可以配合其他传感器技术,如气象站、土壤湿度传感器等,实现更为全面的数据融合分析,从而为精准农业提供更加全面的决策数据支持。

然而,机器视觉技术在农作物生长监测中的应用也面临着一些挑战。例如,不同的环境条件(如光照、遮挡、阴影等)可能会影响图像的质量和分析的准确性。此外,机器视觉系统的部署和维护成本也可能成为限制其广泛应用的因素之一。

总之,机器视觉技术在农作物生长监测中的应用为现代农业提供了一个高效、精准、连续的解决方案。随着技术的不断进步和成本的进一步降低,预计未来机器视觉技术将在农业领域得到更广泛的应用,并成为现代智能农业不可或缺的一部分。

2. 农业自动化生产

机器视觉技术在农业自动化生产中的应用是实现高效、精准、可持续发展的关键技术之一。随着技术的进步，机器视觉系统在农业自动化生产中的应用越来越广泛，大幅提升了农业生产的自动化水平和生产效率。

农业自动化设备是机器视觉技术应用的直接体现。例如，在自动化种植、收割、喷药、施肥等设备中，机器视觉系统可以通过识别和处理植物的图像数据，实现对作物生长情况的实时监控和对作业对象的精准识别。在种植环节，机器视觉系统可以通过分析土壤湿度、养分水平等因素，为精准播种提供数据支持。在收割环节，机器视觉系统可以识别成熟作物，指导机械进行精准收割，减少资源浪费和提高收割效率。

农业自动化生产流程是机器视觉技术应用的另一个重要方面。机器视觉系统可以在整个生产流程中发挥作用，从生产前的准备工作到生产后的质量控制。例如，在种植前，通过机器视觉技术对土壤进行分析，可以优化种植方案，提高作物产量。在生长期间，机器视觉系统可以监测作物生长环境和生长状态，为灌溉、施肥、植保等提供决策支持。在收获后，机器视觉系统可以进行果蔬的分类、品质检测等，确保产品质量。

农业自动化管理系统则是机器视觉技术应用的高级阶段。通过搭建集成了机器视觉技术的管理系统，可以实现对整个农业生产过程的数字化管理。系统可以收集生产过程中的大量数据，包括图像数据、环境数据、作物生长数据等，通过数据分析和智能算法，为农场主提供决策支持，如产量预测、成本优化、市场分析等。同时，这样的系统还可以实现远程监控和控制，使农场管理更加便捷和高效。

综上所述，机器视觉技术在农业自动化生产中的应用，不仅提高了农业生产的自动化水平，而且优化了生产流程，提升了产品质量，最终实现了农业生产的智能化管理。随着机器视觉技术的不断进步，其在农业领域的应用将更加广泛和深入，对推动农业现代化和实现可持续发展将起到重要的推动作用。

3. 农产品质量检测与追溯

机器视觉技术在农产品质量检测与追溯中的应用是实现高效率、高精度和自动化水平的关键技术之一。农产品质量检测与追溯系统通过使用机器视觉技术，可以有效地提高农产品的品质控制，确保食品安全，同时提高生产链的透明度和可追溯性。

农产品质量检测系统通常包括图像的采集、处理、分析和反馈等环节。机器视觉系统在这里的作用主要是通过高清晰度的图像采集设备（如工业相机）捕获农产品的图像信息，然后通过图像处理软件对这些图像进行分析，提取出农产品的大小、重量、形状、颜色、缺陷等特征信息。例如，机器视觉系统可用于识别和分类苹果的大小和颜色，以筛选出符合标准的产品。

农产品追溯系统则利用机器视觉技术对农产品从种植、加工、包装到运输等各个环节的追溯信息进行记录和分析。机器视觉系统可以扫描产品包装上的条形码或二维码，快速获得产品的产地、生产日期、批次、条形码等信息，从而实现快速追溯。此外，机器视觉系统还可以对农产品的成熟度、新鲜度等进行评估，为农产品的新鲜度和安全提供保证。

在农产品安全监管方面，机器视觉技术可以大幅提高监管效率和准确性。例如，通过高分辨率的摄像头和图像分析软件，可以对农产品可能存在的农药残留、霉变、病虫害等进行自动检测。机器视觉系统可以 24 小时不间断地对农产品进行监控，及时发现并处理问题产品，防止不合格产品流入市场。

此外，机器视觉技术还可以与其他技术如物联网、射频识别（RFID）、大数据分析等相结合，进一步提升农产品质量检测与追溯系统的功能。例如，通过物联网技术，机器视觉系统可以实时上传检测数据到云端，通过大数据分析技术对数据进行深入分析，从而提供更全面、更深入的农产品质量信息。

综上所述，机器视觉技术在农产品质量检测与追溯中的应用，不仅可以提高农产品的检测效率和准确性，而且可以实现对农产品全生命周期的追踪与监管，为消费者提供安全保障，同时也为生产者提供了强有力的质量管理工具。随着技术的不断进步,机器视觉技术在农产品质量检测与追溯领域的应用将更加广泛和深入。

1.3.6 机器视觉在环境监测领域的应用

1. 大气污染监测

在当前的环境监测领域,大气污染监测是一个至关重要的任务,它涉及的技术和应用正在快速发展。机器视觉技术作为其中的一个重要分支,已经开始在大气污染监测中发挥着重要的作用。机器视觉系统通过摄像头捕捉图像,然后利用图像处理和分析技术来识别和量化大气污染物的分布和浓度,为大气污染的监测、分析和治理提供了一种新的技术手段。

大气污染监测系统通常包括了空气质量监测站点的搭建,数据的采集、传输、处理和分析等多个环节。机器视觉技术在这些环节中的应用主要体现在以下几方面:

①大气污染监测站点的建设:机器视觉系统可用于自动识别和安装监测站点中的组件,提高安装效率和准确性。同时,机器视觉也可用于检查站点的维护状态和故障检测。

②数据采集:通过安装在监测站点的摄像头,机器视觉系统可以捕获包含大气污染物的图像,利用图像处理技术自动识别出污染物的种类和浓度,提高数据采集的速度和准确性。

③大气污染参数分析:机器视觉技术可以帮助分析和识别大气污染的类型和程度,例如,通过分析PM2.5或PM10颗粒物的大小和数量可以推断出它们的来源和可能的健康影响。此外,机器视觉还可用于分析和识别烟囱排放的烟气成分,为工业排放源的控制提供数据支持。

④大气污染治理:机器视觉系统可用于监测和评估大气污染治理措施的效果,例如,通过比较治理前后的空气质量图像,可以直观地评估减排措施的成效。此外,机器视觉还可以辅助在应急事件中快速定位和评估污染源,提高应对效率。

综上所述,机器视觉技术在大气污染监测中的应用具有重要的意义。它不仅可以提高监测的效率和准确性,还可以为大气污染的源头控制、过程监控和治理提供有力的技术支持。随着技术的进步和成本的降低,预计机器视觉将在未来的大气污染监测领域发挥更加关键的作用。

2. 水质监测与治理

机器视觉技术在水质监测与治理中的应用是实现高效、准确水质检测的关键技术之一。随着人们对水资源保护意识的增强和对水质安全要求的提高,机器视觉技术在水质监测与治理领域的应用变得越来越广泛。

水质监测系统通常包括水质采样、样本分析和数据处理三个主要部分。在传统的水质监测方法中,水质采样通常需要人工完成,这不仅耗时耗力,而且由于采样、运输等环节的操作不当,可能会引入污染物或者造成二次污染。此外,传统的水质分析方法也存在着效率低、成本高、准确性受影响等问题。

机器视觉技术的应用可以有效克服传统水质监测方法的不足。通过搭载高清摄像头的水质监测无人机、水下机器人或者自动采样装置,机器视觉系统可以自动、快速地获取水质现场的高清图片或者视频,实现水质的远程无接触监测。

在水质参数分析方面,机器视觉技术可通过图像处理算法自动识别并分析水质中的悬浮物、色度、浊度、藻类数量等参数。例如,通过图像的颜色、亮度、对比度等视觉信息,结合深度学习等人工智能技术,机器视觉系统可以准确地判断水质的污染等级,并为水质治理提供决策支持。

在水质治理方面,机器视觉技术可应用于智能化水体治理系统中,实现对水质的实时监控和治理。例如,在智能化的污水处理场,机器视觉系统可以根据水质监测数据自动调节处理设备的运行状态,优化处理工艺,提高污水处理效率和水质净化程度。此外,机器视觉技术还可以应用于水体生态修复中,如通过图像识别技术监测藻类水华的发生,并及时调整生态修复措施。

3. 生态资源监测与保护

机器视觉技术在生态资源监测与保护中的应用是一个快速发展的领域,它通过高级的图像处理和机器学习算法,可以高效、准确地进行各种生态资源的监测工作。以下是对机器视觉在生态资源监测与保护中应用的详细介绍。

生态资源监测系统是机器视觉技术应用的一个重要方面。传统的生态资源监测方法往往耗时耗力,而且很难实现对大量数据的快速处理和分析。机器视觉系统可以自动化地收集、分类和分析生态资源的图像数据,从而实现对生态资源状态的实时监控。例如,通过搭载高清摄像头的无人机或者地面机器人可以在不干扰自然环境的前提下,对森林、湖泊、草地等自然保护区进行持续监控,快速发现异常情况,如非法砍伐、野生动物数量统计等。

生态资源参数分析则是机器视觉技术在生态资源监测中的进一步应用。通过对采集的图像进行深度分析,可以提取出关键的环境参数,如水质参数、土壤侵蚀情况、林相变化等。这些参数分析有助于科学家们更好地理解生态系统的动态变化,评估人类活动对环境的影响,并制定相应的保护措施。例如,通过分析水体的颜色变化,可以快速判断水体中营养盐的含量,从而评估水体富营养化的程度。

在生态资源保护方面,机器视觉技术同样显示出了巨大的应用潜力。机器视觉系统可以自动识别和追踪目标物种,对其数量进行精准统计,这对于生物多样性的保护至关重要。此外,机器视觉还可用于监测和预防非法狩猎、盗伐等破坏性行为,帮助保护区管理者及时采取措施,防止生态资源的进一步破坏。

1.4 机器视觉在我国的发展现状与趋势

1. 政策支持与产业现状

我国政府对机器视觉产业的支持主要体现在国家战略规划和具体政策措施上。机器视觉作为智能制造中的关键技术之一,得到了国家层面的重点支持和推动。

中国机器视觉产业的发展现状可以从以下几方面来分析:

①技术水平:虽然我国机器视觉产业起步较晚,但近年来技术水平得到了快速提升。国内企业在图像传感器芯片、高端镜头等核心技术上实现了一定程度的自给自足,同时也在图像处理、图像识别等软件和算法领域取得了显著进展。

②产业规模:中国机器视觉企业数量快速增长,从早期的几家企业发展到现在超过100家机器视觉企业,形成了包括产品代理商、系统集成商和设备制造商在内的完整产业链。

③应用领域:机器视觉技术在诸如半导体、汽车、电子、医药、食品加工等多个行业得到了广泛应用,特别是在一些劳动强度大、人工成本高的行业中,机器视觉技术的应用已经成为提升产品质量和生产效率的重要手段。

④市场竞争:尽管市场规模快速扩大,但我国机器视觉企业与国际大公司相比,整体上仍需要进一步提升技术、产品创新性和市场竞争力。

⑤国际竞争力:我国机器视觉企业在全球市场的份额仍有待提高,许多高端技术和核心部件仍依赖进

口，需要进一步加强技术研发和产业链整合，提升国际竞争力。

综上所述，中国的机器视觉产业在国家政策的大力支持下，正处于快速发展阶段，市场规模不断扩大，应用领域日益广泛。但同时也面临技术瓶颈、国际竞争压力等挑战，需要持续加大研发投入，推动产业向更高端、智能化方向发展。

2. 技术创新与产业发展

机器视觉技术作为现代工业自动化的关键组成部分，其技术创新和产业发展在我国得到了快速推进。自20世纪80年代以来，我国机器视觉技术研究开始起步，经过多年的发展，已经形成了一系列具有自主知识产权的核心技术和标准化产品。

技术创新方面，我国机器视觉领域的研究机构和企业在图像处理、图像分析、模式识别、3D重建等核心技术上取得了显著进展。特别是在深度学习算法的应用上，我国的科研机构和企业通过大量的数据积累和算法优化，实现了图像识别和分析技术的飞跃，使得机器视觉系统的识别速度、准确度和鲁棒性得到大幅提升。

在具体技术层面，我国机器视觉技术创新包括以下几方面：

①高性能的图像传感器和图像处理硬件的开发，如CCD/CMOS图像传感器和高速处理器，这些硬件的性能提升直接影响到机器视觉系统的图像质量和处理速度。

②先进的图像处理算法的研发，例如，利用深度学习进行图像识别和分类，以及结合传统算法（如神经网络、小波变换等）提高了机器视觉系统的识别率和实时性。

③三维重建技术的进步，如结构光、飞行时间（ToF）等新技术的应用，使得机器视觉系统能够更为精确地获取物体的三维信息。

④产业发展方面，我国机器视觉产业正逐步形成集研发、生产、销售和服务为一体的完整产业链。以长三角、珠三角和环渤海等经济发达地区为代表的机器视觉产业集群正在快速形成。这些地区集聚了大量的科研机构、高等院校和企业，为机器视觉技术创新提供了良好的环境和条件。

未来，随着技术的不断进步和产业的深入应用，我国机器视觉产业的发展趋势可以从以下几方面进行预测：

①技术持续升级：随着新算法、新材料、新工艺的不断涌现，机器视觉技术将继续向更高精度、更广覆盖、更低成本的方向发展。

②应用领域不断拓展：机器视觉将从传统的电子、汽车、医疗等领域向新能源、食品、农业等更多行业拓展，市场需求将持续增长。

③产业链深度整合：随着产业链各环节的协同发展，机器视觉产业将更加注重系统集成和综合解决方案的提供，以满足不同用户的定制化需求。

④国际合作与竞争加剧：在全球化的背景下，我国机器视觉企业将面对更广泛的国际市场，国际合作与竞争将成为推动产业进一步发展的重要因素。

3. 面临的挑战与未来展望

首先，我国机器视觉产业虽然发展迅速，但整体上还存在一些挑战。其中之一是技术积累不足。虽然我国在机器视觉的应用方面取得了一定的进展，但在核心技术如图像传感器芯片、高端镜头的研发制造方面，仍然存在依赖进口的局面。

其次，产业规模和集中度问题也是挑战之一。我国的机器视觉企业中，大多数集中于中低端市场，以产品代理、系统集成、设备制造为主，而底层开发商较少，产品创新性不强。这就导致了我国机器视觉产业在国际竞争中处于不利地位。

最后，人才短缺也是制约我国机器视觉产业发展的一个重要因素。机器视觉作为一门跨学科技术，要求从业者不仅要有扎实的技术基础，还要具备一定的创新能力和项目实施能力。目前，我国在这一领域的专业人才相对匮乏，这就限制了技术创新和产业的进一步发展。

针对这些挑战，我国机器视觉产业的未来展望可以从以下几方面来展开：

①技术创新和自主研发：加大在机器视觉核心技术领域的研发投入，推动图像传感器芯片、高端镜头等关键部件的国产化，减少对外依赖，提升产品竞争力。

②产业链整合与垂直整合：鼓励和支持企业通过产业链整合、垂直整合等方式，提高行业集中度，打造具有国际竞争力的大型企业集团。

③人才培养与引进：加强与高校、科研机构的合作，建立人才培养和技术交流平台，吸引和培养更多机器视觉领域的专业人才。

④政策支持与市场培育：政府继续出台相关政策支持机器视觉产业的发展，同时加强市场培育，扩大机器视觉技术的应用领域和市场规模。

⑤国际合作与标准制定：积极参与国际合作与标准制定，通过国际交流合作提升我国机器视觉产业的国际影响力，为国内企业提供更多进入国际市场的机会。

单元小结

在本单元中，深入探讨了机器视觉技术的多个方面，从基础知识到实际应用，再到行业的未来趋势。以下是对本单元内容的总结：

①知识要点和知识图谱：了解了机器视觉的基本组成，包括硬件组件（如相机、镜头、光源）和软件组件（如图像处理算法）。同时，探讨了知识图谱在图像识别和处理中的应用，强调了其在提供语义信息和提高识别准确性方面的重要性。

②起源与发展：追溯了机器视觉从20世纪50年代的起源到现代的快速发展，包括早期的二维图像分析到三维视觉的进展，以及深度学习在推动机器视觉技术革新中的作用。

③机器视觉系统：详细分析了机器视觉系统的工作原理和组成部分，包括图像采集、处理、分析和输出的全过程，并对系统的关键技术进行了讨论。

④相关应用：广泛覆盖了机器视觉技术的应用领域，如工业自动化、农业、医疗、交通、安防、物流等，展示了机器视觉技术如何提高效率、质量和安全性。

⑤技术挑战与未来趋势：讨论了机器视觉技术面临的挑战，包括实时性、准确性和数据隐私等，并展望了未来的发展方向，如多模态学习、自动化和智能化的提升，以及跨学科融合的潜力。

⑥行业标准：提及了机器视觉领域的标准化工作，如GB/T 40659—2021《智能制造 机器视觉在线检测系统 通用要求》等，强调了标准化对于行业发展的重要性。

⑦市场分析：通过分析行业报告，了解了机器视觉行业的市场规模、竞争格局和发展前景，认识到了领军企业和创新技术在市场上的重要性。

⑧技术融合：强调了机器视觉技术与人工智能、深度学习、物联网等其他技术的融合，以及这种融合如何推动产业升级和创新。

习 题

一、单项选择题

1. 机器视觉技术属于以下(　　)领域的分支技术。

A. 机械工程　B. 人工智能　C. 电子工程　D. 土木工程

2. 机器视觉系统的核心组件不包括(　　)。

A. 光源　B. 相机　C. 麦克风　D. 图像采集卡

3. 以下(　　)不是机器视觉系统的图像处理流程。

A. 图像采集　B. 预处理　C. 特征提取　D. 数据存储

4. 机器视觉技术在以下(　　)领域没有应用。

A. 工业自动化　B. 医疗成像　C. 自动驾驶　D. 音频分析

5. 以下(　　)标准是机器视觉领域使用的接口标准。

A. HDMI　B. GigE Vision　C. USB 3.0　D. Camera Link

6. 机器视觉技术面临的挑战不包括(　　)。

A. 实时性要求　B. 算法的准确性　C. 系统的鲁棒性　D. 增加操作成本

7. 以下(　　)不是机器视觉系统的发展趋势。

A. 集成更先进的图像传感器

B. 发展更复杂的图像处理算法

C. 减少系统的自适应性

D. 探索机器学习与人工智能技术

8. 以下(　　)不是机器视觉系统的组成部分。

A. 光源　B. 镜头　C. 图像采集卡　D. 扬声器

9. 机器视觉技术在安防监控中的应用不包括(　　)。

A. 人脸识别　B. 行为分析　C. 音频监测　D. 安全监测

10. 以下(　　)不是机器视觉系统的技术挑战。

A. 图像噪声　B. 光照条件　C. 算法复杂度　D. 增加操作的便利性

二、填空题

1. 机器视觉技术是人工智能领域的关键组成部分，它使计算机系统能够模拟人类视觉，通过________、解析和理解环境。

2. 机器视觉系统的核心组件包括光源、相机、________、图像采集卡和图像处理软件。

3. 在机器视觉技术中，________是机器视觉系统的“眼睛”，负责采集图像或视频信息。

4. 机器视觉系统的图像处理流程包括图像采集、________、特征提取、分析与识别。

5. 机器视觉技术在自动驾驶车辆中的应用包括环境感知和________。

6. 机器视觉技术的发展需要遵守相应的________与伦理准则，确保技术应用的合法性和道德性。

7. 机器视觉系统的________是机器视觉系统中的“大脑”，其主要功能是对传感器采集到的图像进行预处理。

8. 机器视觉系统在工业检测中的作用是进行________和自动化装配与焊接。

9. 机器视觉技术在安防监控中的应用包括人脸识别和________。

10. 机器视觉技术在智能交通系统中的应用包括交通流量监控、________识别、自动驾驶车辆的视觉系统等。

三、简答题

1. 解释机器视觉系统在工业自动化中的应用及其重要性。

2. 描述机器视觉技术在医疗成像领域的应用案例。

3. 讨论机器视觉技术在安防监控中的作用及其带来的优势。

4. 分析机器视觉技术在柔版印刷领域的应用及其对现代印刷业的影响。

四、分析题

1. 根据文档内容,分析机器视觉技术在智能制造中的作用和面临的挑战。

2. 探讨机器视觉技术在环境监测领域的应用,并讨论其对环境保护的潜在贡献。

第二部分

学习机器视觉系统的硬件

单元 2

使用工业相机采集图像

在电子产品生产车间，检测精密度高的电子元件至关重要，细微瑕疵都可能导致产品故障。起初工人用放大镜检查，效率低且易出错。于是引入机器视觉检测系统，其中相机是关键。面阵相机能一次拍下元件全貌，利于检测外观、形状和表面缺陷；线阵相机逐行扫描，适合检测有连续图案或需要测量长度的元件。相机有彩色和黑白之分，彩色相机可分辨元件表面颜色差异，适用于有彩色标识或涂层的元件检测；黑白相机对光线敏感度高，在关注灰度对比的场景中能更好地呈现元件细节。CCD 相机灵敏度高、噪声低，能生成高质量图像，适合光线弱且需高画质的检测；CMOS 相机集成度高、功耗低、数据读取快，利于快速成像和大量数据处理。智能相机自带图像处理功能，可独立完成分析判断；板级相机可与其他硬件、软件配合，满足复杂系统架构需求。这些相机各有优势，共同保障电子元件检测质量和效率。

知识能力目标：

- 了解面阵相机和线阵相机。
- 了解彩色相机和黑白相机。
- 掌握 CCD 相机和 CMOS 相机。
- 了解智能相机和板级相机。

素养要求：

树立终身学习观念，弘扬工匠精神：通过了解工业相机的不断升级和创新，要求学生确立终身学习的理念，紧跟时代步伐。其在工业生产中的广泛应用体现了精益求精的工匠精神和对高品质的追求，引导学生注重细节，追求卓越。

2.1 工业相机的类型分类

视频

工业相机的类型分类

工业相机主要可以分为以下几类：

1. 面阵相机和线阵相机

①面阵相机的传感器是一个矩形的平面，一次可以获取整幅图像的信息。常用于对静态物体进行拍摄，如检测物体的外观、尺寸等，应用场景包括机器视觉中的缺陷检测、质量控制等。例如，在电子元件生产中，用于检测电路板上元件的安装是否正确。

②线阵相机的传感器是一条线,需要通过与被拍摄物体的相对运动来逐行扫描形成图像,适用于连续运动的物体成像,如在印刷品检测、纺织物检测等领域,能够检测高速移动的卷材表面的缺陷。

2. 彩色相机和黑白相机

①彩色相机能够捕捉到物体的色彩信息,适用于对颜色有要求的检测任务,如在食品分拣中根据水果的颜色进行分类。

②黑白相机具有更高的灵敏度和分辨率,常用于对精度要求较高、对颜色信息不敏感的场合,例如,在半导体制造中检测芯片的细微缺陷。

3. CCD 相机和 CMOS 相机

①CCD(电荷耦合器件)相机具有低噪声、高灵敏度和高图像质量的特点,但成本相对较高,功耗较大。常用于高端的工业检测和科学研究。

②CMOS(互补金属氧化物半导体)相机成本较低、功耗小、集成度高,在一些对成本和功耗有要求的应用中广泛使用,如普通的工业自动化检测。

4. 智能相机和板级相机

①智能相机将图像采集、处理和通信功能集成在一个紧凑的单元中,使用方便,易于安装和配置。常用于简单的检测任务,如小型生产线上的计数和定位。

②板级相机则需要与外部的图像采集卡和计算机配合使用,具有更强的灵活性和可扩展性,适用于复杂的视觉系统。

2.1.1 面阵相机和线阵相机

在当今高度自动化的工业生产环境中,图像采集技术扮演着不可或缺的角色。其中,面阵相机和线阵相机作为两种重要的图像采集设备,它们的性能和特点直接影响着工业检测、质量控制、生产流程优化等多个环节的效率和准确性。深入了解这两种相机的工作原理、性能优势以及适用场景,对于工业领域的从业者和技术研发人员来说具有至关重要的意义。

1. 面阵相机

(1)工作原理

面阵相机的传感器是一个由众多像素排列而成的矩形平面。在曝光时,整个传感器同时接收光线,将光信号转换为电信号,并通过后续的处理电路将这些电信号转换为数字图像数据。这意味着面阵相机能够在一次曝光中获取整幅图像的信息,类似于人们日常使用的数码相机。

(2)性能特点

①高分辨率:面阵相机的像素数量众多,可以提供非常高的图像分辨率。这使得它能够捕捉到物体的细微细节和复杂特征,对于需要精确检测和分析的应用场景,如微小电子元件的缺陷检测、高精度机械零件的尺寸测量等,具有显著优势。例如,在半导体制造中,面阵相机可以清晰地显示芯片表面的微小划痕和瑕疵,从而确保芯片的质量。

②高帧率:现代面阵相机在技术上不断突破,能够实现较高的帧率,即在单位时间内拍摄更多的图像。这对于需要快速检测和响应的动态过程,如高速生产线上的产品检测、机器人的视觉引导等,能够提供实时、准确的图像信息。例如,在食品包装生产线上,面阵相机可以迅速捕捉每个包装的状态,及时发现包装破损或封口不严等问题。

③大视场:通过搭配不同焦距的镜头,面阵相机可以实现较大的视场范围。这使得它能够一次性拍摄较大面积的物体,减少了多次拍摄和拼接图像的烦琐过程,提高了检测效率。在汽车车身检测中,利用广角镜头的面阵相机可以一次性拍摄整个车身的外观,快速检测出车身表面的凹陷和划痕。

④色彩还原能力:许多面阵相机具备出色的色彩捕捉和还原能力,能够准确地呈现物体的真实颜色。这在需要根据颜色进行分类、判别或质量评估的应用中非常重要,如水果的分拣、纺织品的颜色检测等。以水果分拣为例,面阵相机可以根据水果的颜色成熟度,将其准确地分为不同等级。

(3)应用场景

①外观检测:在制造业中,产品的外观质量是至关重要的。面阵相机能够对产品的表面进行全面、细致的检测,发现各种外观缺陷,如划痕、凹坑、凸起、变色等。例如,在手机外壳的生产过程中,面阵相机可以检测出外壳表面的细微瑕疵,确保手机外观的完美无瑕。

②尺寸测量:通过精确的图像处理算法,面阵相机可以对物体的尺寸进行高精度测量,包括长度、宽度、高度、直径、角度等。这对于保证产品的尺寸精度和一致性,满足设计要求具有重要意义。在机械加工中,面阵相机可以对加工后的零件进行尺寸测量,判断其是否符合公差范围。

③位置定位:确定物体在空间中的准确位置和姿态,为后续的操作提供准确的坐标信息。这在机器人抓取、装配等应用中非常关键。例如,在自动化仓库中,面阵相机可以引导机器人准确抓取货物并放置到指定位置。

④电子元件检测:电子元件通常具有微小而复杂的结构,面阵相机能够清晰地拍摄其细节,检测元件的安装是否正确、引脚是否焊接良好、外观是否存在缺陷等。在电路板制造中,面阵相机可以检测元件的布局和焊接质量,确保电路板的正常工作。

(4)案例分析

以汽车制造为例,在汽车涂装车间,面阵相机可以对车身漆面进行检测,及时发现漆面的流挂、橘皮、颗粒等缺陷。在总装车间,面阵相机可用于检测内饰部件的安装位置和外观质量,如座椅的缝线是否整齐、仪表盘的显示是否正常等。通过这些检测,可以大幅提高汽车的整体质量和生产效率。

2. 线阵相机

(1)工作原理

线阵相机的传感器是一条由像素组成的线。在拍摄时,相机需要与被拍摄物体保持相对运动,逐行扫描物体,从而形成完整的二维图像。这种工作方式类似于扫描仪,通过不断地扫描线条来构建图像。

(2)性能特点

①高扫描速度:由于线阵相机只需要处理一行像素的数据,其数据处理量相对较小,因此能够实现极高的扫描速度。这使得它能够适应高速运动物体的成像需求,确保图像的清晰度和准确性。在印刷行业中,高速运转的印刷机需要线阵相机以每秒数千行的速度进行扫描,以检测印刷质量。

②连续成像:线阵相机能够对连续运动的物体进行长时间、不间断的成像,不会出现图像的中断或缺失。这对于需要对物体进行全面、连续监测的应用场景,如卷材的检测、流水线的监控等,具有重要意义。例如,在钢铁生产中,对连续轧制的钢带进行表面缺陷检测时,线阵相机能够持续拍摄钢带的图像,确保不会遗漏任何缺陷。

③高分辨率:在扫描方向上,线阵相机可以实现非常高的分辨率,能够检测到物体表面极其细微的缺陷和变化。这对于要求高精度检测的应用,如半导体晶圆的检测、高精度玻璃的表面缺陷检测等是至关重要的。在半导体制造中,线阵相机可以检测到晶圆表面纳米级的缺陷,保证芯片的质量。

④抗干扰能力强：由于线阵相机的数据处理方式相对简单，且通常采用了特殊的设计和防护措施，使其具有较强的抗环境干扰能力，能够在恶劣的工业环境中稳定工作。在高温、高湿度、强电磁干扰等恶劣环境下，线阵相机仍能保持良好的性能。

(3)应用场景

①印刷品检测：在印刷过程中，纸张或卷材高速运动，线阵相机能够实时检测印刷品的颜色、套印精度、墨点分布等质量问题，确保印刷品的质量符合标准。例如，在报纸印刷中，线阵相机可以快速检测每一页的印刷质量，及时发现并纠正问题。

②纺织物检测：纺织物在生产过程中也是连续运动的，线阵相机可以检测纺织物的表面缺陷，如纱线断裂、污渍、孔洞等，同时还可以检测纺织物的纹理、密度等参数。在高档纺织品生产中，线阵相机能够确保产品的质量达到高端市场的要求。

③卷材检测：金属、塑料等卷材在生产和加工过程中需要进行表面质量检测，线阵相机可以安装在卷材生产线的上方或下方，随着卷材的移动进行扫描，检测卷材表面的划痕、裂纹、氧化等缺陷。在铝板生产中，线阵相机可以及时发现铝板表面的瑕疵，避免不合格产品进入市场。

④物流分拣：在物流行业，货物通常在传送带上高速移动，线阵相机可以快速识别货物的形状、尺寸、颜色等特征，实现准确的分拣和分类。例如，在快递分拣中心，线阵相机可以帮助自动分拣系统快速处理大量包裹。

(4)案例分析

在玻璃生产中，线阵相机安装在生产线的末端，随着玻璃带的移动进行扫描。它能够检测到玻璃表面的微小气泡、划痕、杂质等缺陷，并将检测结果实时反馈给控制系统。控制系统根据检测结果对生产工艺进行调整，或者将有缺陷的玻璃进行剔除，从而保证了玻璃产品的质量和生产效率。

3. 面阵相机与线阵相机的比较

(1)视场和分辨率

①视场：面阵相机的视场通常较大，可以一次性拍摄较大面积的物体。但在拍摄大面积物体时，可能会出现边缘变形或分辨率降低的情况。线阵相机的视场相对较窄，通常只能拍摄一条窄带的区域。但通过与物体的相对运动，可以实现对较大面积物体的扫描。

②分辨率：面阵相机在水平和垂直方向上的分辨率相对均衡，可以提供较为均匀的图像清晰度。线阵相机在扫描方向上可以实现非常高的分辨率，而在垂直于扫描方向上的分辨率则取决于相机的行数和扫描速度。

(2)运动要求

①面阵相机：适用于静态物体或物体运动速度较慢的情况。对于物体的运动状态和运动控制精度要求相对较低。

②线阵相机：需要与物体保持精确的相对运动，对运动控制的精度和稳定性要求非常高。否则，可能会导致图像扭曲、变形或缺失。

(3)速度和帧率

①速度：在高速运动物体的成像方面，线阵相机具有明显优势。它能够以极高的速度扫描物体，获取清晰的图像。面阵相机在处理高速运动物体时，可能会出现图像模糊或丢帧的情况。

②帧率：面阵相机的帧率通常受到像素数量、数据传输速度和图像处理能力的限制。线阵相机的帧率主要取决于扫描速度和行数，在高速扫描时可以实现很高的帧率。

(4)成本和复杂度

①成本:面阵相机通常结构较为简单,成本相对较低。特别是在分辨率和帧率要求不高的情况下,具有较高的性价比。线阵相机由于需要与运动控制系统配合使用,且对扫描速度和分辨率要求较高,因此成本相对较高。

②复杂度:面阵相机的使用和安装相对简单,对系统集成的要求较低。线阵相机需要与精确的运动控制装置、数据采集卡等设备协同工作,系统集成的复杂度较高。

4. 面阵相机和线阵相机的选择

(1)根据应用需求

①对于检测静态或低速运动的大面积物体,且对分辨率和视场要求较高的应用,如大型机械零件的检测、建筑物外观的检测等,面阵相机是较好的选择。

②如果检测对象是高速运动的连续物体,如卷材、流水线产品等,且需要在扫描方向上实现高分辨率检测,如检测细小的缺陷或精确测量物体的尺寸,线阵相机更为合适。

(2)考虑成本和复杂度

①在成本预算有限、对系统复杂度要求较低、对检测精度和速度要求不是特别高的情况下,优先选择面阵相机。

②当对检测精度和速度有极高要求,且愿意投入更多成本进行系统集成和调试的应用,如高端制造业中的精密检测,线阵相机可能是更优的选择。

(3)结合运动控制能力

①如果系统具备精确的运动控制能力,能够保证相机与被拍摄物体的相对运动稳定可靠,并且对扫描速度和分辨率有很高的要求,那么线阵相机能够充分发挥其优势。

②如果运动控制能力有限,或者难以实现精确的相对运动,面阵相机可能更易于实现稳定、可靠的图像采集。

面阵相机和线阵相机在工业视觉领域各有其独特的优势和适用场景。在实际应用中,需要综合考虑检测任务的特点、物体的运动状态、对分辨率和速度的要求、成本预算以及系统的集成难度等多方面因素,选择最适合的相机类型。随着工业自动化和智能制造的不断发展,对图像采集技术的要求也将不断提高。面阵相机和线阵相机将在技术创新的推动下,不断提升性能,拓展应用领域,为工业生产的智能化、高效化和高质量发展提供更加强有力的支持。无论是面阵相机还是线阵相机,它们都是工业自动化和机器视觉领域不可或缺的工具,为实现工业4.0时代的智能制造目标发挥着重要作用。

2.1.2 彩色相机和黑白相机

1. 彩色相机

彩色相机作为一种重要的图像采集设备,其工作原理基于对不同波长光线的感知和区分。相机内部的传感器通常由红、绿、蓝(RGB)三种颜色的滤镜阵列组成,每个像素点通过这些滤镜接收特定波长的光,然后通过复杂的图像处理算法和电路,将这些光信号转化为数字形式的彩色图像数据。

彩色相机的显著特点之一是能够精准地捕捉物体的色彩信息。这使得它在众多对颜色具有明确要求的检测任务中发挥着不可替代的作用。

在食品行业,尤其是水果分拣环节,颜色往往是判断水果品质、成熟度和种类的关键依据。例如,橙子在成熟过程中,颜色会从绿色逐渐转变为橙色,最终达到鲜艳的橙红色。彩色相机能够敏锐地捕捉到这些颜色变化的细微差异,从而实现精确的分类。再如蓝莓,成熟的蓝莓通常呈现出深蓝色,而未成熟的蓝莓颜色较浅且偏绿。彩色相机可以依据这些颜色特征,将不同成熟度的蓝莓准确区分开,提高分拣的效率和准确性。

在印刷领域,彩色相机对于确保印刷品的色彩准确性和一致性至关重要。在彩色印刷中,颜色的偏差哪怕是微小的色调变化,都可能影响到印刷品的质量和视觉效果。彩色相机能够检测出颜色的不准确、色调的不均匀以及色彩的饱和度问题。例如,在印刷彩色海报时,彩色相机可以对比原始设计的颜色标准,检测出实际印刷品中颜色的偏差,及时发现并纠正问题,保证印刷品的色彩与预期一致。

在安防监控领域,彩色相机能够提供更具辨识度和细节丰富的图像。人的肤色、衣物的颜色以及车辆的外观颜色等特征在彩色图像中更加清晰可辨,有助于快速准确地识别人员和物体。例如,在公共场所的监控中,彩色相机能够清晰地显示出嫌疑人所穿衣物的颜色,为案件的侦破提供重要线索。

然而,彩色相机也存在一定的局限性。由于需要同时处理多个色彩通道的信息,其生成的数据量相对较大。这可能会对数据的传输、存储和处理速度提出更高的要求,增加系统的成本和复杂性。同时,在一些对色彩信息并非关键,而对灵敏度和分辨率有极致要求的特殊场合,彩色相机可能无法达到理想的效果。

2. 黑白相机

黑白相机的工作核心在于专注于感知光线的强度变化,而不区分颜色。其传感器的设计和构造相对简洁,能够更集中地捕捉光的强度信息。

黑白相机的高灵敏度特性使其在光线条件较为苛刻的环境中展现出独特的优势。在半导体制造这一高精度的领域中,芯片表面的细微缺陷对于产品的性能和可靠性有着至关重要的影响。这些缺陷可能极其微小,如纳米级别的划痕、凸起或凹陷。黑白相机凭借其出色的分辨率和高灵敏度,能够清晰地捕捉到这些细微的变化。例如,在检测芯片上的电路线条时,哪怕是极其细微的断路或短路,黑白相机都能够精准地识别出来,确保芯片的质量达到高标准。

在天文观测中,遥远天体发出的光线往往非常微弱。黑白相机由于不需要处理色彩信息,能够更高效地收集和处理光信号,从而探测到更暗弱的天体。通过长时间曝光和高灵敏度的传感器,黑白相机能够捕捉到更多的天体细节,为天文学家提供宝贵的研究资料。

在医疗影像领域,如X射线成像,黑白相机能够提供更清晰的灰度图像。医生可以通过观察图像中不同灰度层次的变化,准确诊断病情。例如,在胸部X光检查中,黑白相机能够清晰地显示肺部的纹理、骨骼的结构以及可能存在的病变阴影,帮助医生做出准确的诊断。

不过,黑白相机的局限性也显而易见。由于无法提供色彩信息,在一些需要依据颜色进行判断和分类的任务中,如区分不同颜色的药品包装或识别具有特定颜色标识的物品,黑白相机就无法满足需求。

彩色相机和黑白相机各自具备独特的性能特点和适用场景。在实际应用中,必须根据具体的检测任务要求、环境条件和精度需求等多方面因素,科学合理地选择合适的相机类型,以实现最佳的成像效果和检测精度,满足不同领域的应用需求。

2.1.3 CCD相机和CMOS相机

1. CCD相机

CCD(电荷耦合器件)相机的工作原理基于电荷的转移和存储机制。在CCD传感器的结构中,存在着一系列按一定规律排列的微小光敏单元,也就是像素。当光线照射到这些像素上时,光子的能量被半导体材料吸收,从而产生电子-空穴对。这些电荷在像素内被存储起来,并形成与光强成正比的电荷量。

为了将这些电荷转化为电信号并输出图像,CCD 采用了一种特殊的电荷转移方式。在 CCD 中,存在着一系列的垂直和水平移位寄存器。通过控制这些寄存器上的电压,使得电荷能够按照特定的顺序逐行或逐列地进行转移。最终,这些电荷被传输到输出放大器,经过放大和转换,形成可以被处理和记录的电信号。

CCD 相机具有令人瞩目的低噪声特性。在图像采集过程中,噪声的存在会干扰真实信号,导致图像质量下降。然而,CCD 相机能够有效地抑制各种噪声源,如热噪声、散粒噪声等,从而确保所获取的图像具有极高的清晰度和纯净度。这使得在处理微弱信号或对图像细节要求极高的应用中,CCD 相机能够展现出明显的优势。

高灵敏度是 CCD 相机的另一大特点。它能够敏锐地捕捉到极其微弱的光信号,即使在低光照环境下,也能输出高质量的图像。这种特性对于天文观测、荧光显微镜等需要检测微弱光源的科学研究领域以及一些特殊的工业检测场景,如检测微小的缺陷或低对比度的物体,具有不可替代的价值。

CCD 相机还能够提供出类拔萃的图像质量。其像素之间的一致性非常出色,这意味着在整个图像范围内,像素的性能表现相对均匀,不会出现明显的差异。同时,CCD 相机在色彩还原方面表现精准,能够真实地再现被拍摄物体的颜色。其较宽的动态范围也使得它能够同时捕捉到高亮和阴暗区域的细节,展现出丰富的层次和对比度。

CCD 相机并非完美无缺,存在一些显著的局限性。其一,CCD 相机的成本相对较高。这主要是由于其复杂的制造工艺和特殊的材料要求,制造过程需要高度精确的光刻和掺杂技术,以确保电荷的有效转移和存储,从而增加了生产成本。其二,CCD 相机的功耗较大。在运行过程中,电荷的转移和处理需要消耗大量的能量,这对于一些能源供应有限或对功耗有严格要求的应用场景来说,可能会带来一定的挑战。

鉴于其卓越的性能,CCD 相机常被应用于高端的工业检测领域。例如,在航空航天领域,对精密发动机零件的检测需要检测出微米级别的缺陷,CCD 相机凭借其高灵敏度和低噪声特性,能够提供清晰、准确的图像,确保零件的质量和可靠性。在科学研究中,如高能物理实验中的粒子探测、天文学中的深空观测等,CCD 相机能够捕捉到极其微弱和转瞬即逝的信号,为科学研究提供关键的数据支持。

2. CMOS 相机

CMOS(互补金属氧化物半导体)相机的工作原理与 CCD 相机有所不同。在 CMOS 传感器中,每个像素都配备了自己的放大器和相关电路。当光线照射到像素上时,同样会产生电荷,这些电荷会在像素内部直接被放大和处理。光子的能量被半导体吸收后产生电子－空穴对,这些电荷在像素内的电场作用下被分离和收集。由于每个像素都有独立的放大器,所以信号可以在像素级别进行放大和数字化处理,然后通过数字总线逐行或逐列地读出。

CMOS 相机的显著优势首先体现在成本方面。其制造工艺与大规模集成电路的制造工艺相似,采用了标准的 CMOS 制程,生产成本大幅降低。这使得 CMOS 相机在价格上更具竞争力,能够满足更多对成本敏感的应用需求。

同时,CMOS 相机具有功耗小的显著特点。由于其信号处理在像素级别进行,减少了不必要的电荷转移和处理,从而降低了能源消耗。这对于移动设备、便携式检测仪器以及需要长时间运行的监控系统等,具有重要意义,能够延长电池寿命或减少能源供应的负担。

高集成度是 CMOS 相机的另一个突出优点。它能够将图像传感器、驱动电路、信号处理电路以及其他相关功能模块集成在同一块芯片上,大幅度减小了相机的体积和重量。这不仅提高了系统的稳定性和可靠性,还便于系统的设计和集成,降低了整体成本。

在实际应用中,由于其成本和功耗的优势,CMOS 相机在许多领域得到了广泛应用。在普通的工业自动化检测中,如对产品外观的一般性检查、简单的尺寸测量等,CMOS 相机能够在满足检测要求的同时,降低系统的整体成本。在安防监控领域,CMOS 相机的低功耗特性使得监控设备能够长时间稳定运行,而其成本优势则使得大规模部署成为可能。

然而,早期的 CMOS 相机在性能方面与 CCD 相机相比存在一定的差距。例如,在噪声控制方面,由于每个像素都有独立的放大器,可能会导致噪声水平相对较高。在灵敏度和图像质量方面,也可能不如 CCD 相机表现出色。但随着技术的不断发展和改进,现代 CMOS 相机通过采用更先进的制程工艺、优化电路设计以及降噪算法等手段,在性能上已经取得了显著提升,逐渐缩小了与 CCD 相机的差距。

CCD 相机和 CMOS 相机各自具有独特的特点和优势,它们在不同的应用场景中发挥着重要作用。在选择相机时,需要综合考虑诸如图像质量要求、成本预算、功耗限制、应用环境等多种因素,以选择最适合具体应用需求的相机类型。

2.1.4 智能相机和板级相机

1. 智能相机

智能相机是一种将图像采集、处理和通信等多种关键功能高度集成于一体的先进设备。其紧凑的设计将图像传感器、图像处理单元、内存、存储、通信接口以及一系列控制电路等核心部件巧妙地融合在一个相对小巧的单元之中。

智能相机在实际应用中展现出了诸多显著的优势。首先,其高度集成的特性极大地简化了设备的安装和配置流程。无须面对复杂的线缆连接和烦琐的参数设置,只需将智能相机固定在合适的位置,并通过简洁明了的界面进行少量必要的参数调整,即可迅速使其投入正常工作。这种便捷性不仅节省了大量的安装时间和人力成本,还降低了因复杂安装过程可能引入的错误和故障风险。

智能相机的使用方便性也是其突出特点之一。它通常配备了直观易懂的操作界面和预设的图像处理算法,使得无须具备深厚的图像处理专业知识和编程技能,就能轻松地完成常见的图像采集和处理任务。例如,在一些小型生产线上,智能相机可以被迅速部署用于产品的计数工作。其内置的图像识别算法能够实时、准确地捕捉生产线上流动的产品图像,并通过快速分析和计算,精确统计产品的数量。在定位应用中,智能相机能够凭借其高效的图像处理能力,迅速确定物体在生产线上的具体位置和姿态,为后续的自动化操作,如精准抓取、精确组装等,提供至关重要的坐标和方向信息。

智能相机的操作界面通常设计得简洁直观,功能选项清晰明确,可以通过触摸屏、按钮或软件界面等方式,轻松地选择所需的功能模式、调整参数设置,并实时查看处理结果。这种友好的设计理念使得智能相机在各种工业环境中都能够快速上手和高效使用。

智能相机由于其高度集成的设计,硬件和软件的可定制性和可扩展性相对受到一定的限制。对于一些极其复杂和特殊的图像处理需求,智能相机可能无法提供足够的灵活性和强大的性能。例如,在某些需要进行深度定制的图像处理算法开发,或者需要与特定的第三方设备进行高度集成的应用场景中,智能相机的固有功能可能无法完全满足要求。

2. 板级相机

板级相机则以其独特的设计和工作方式在图像采集领域占据着重要地位。它主要由图像传感器和相关的基本电路组成,呈现为一块紧凑的电路板形式。

与智能相机不同，板级相机需要与外部的图像采集卡和计算机协同工作，才能实现完整的图像采集和处理功能。图像采集卡作为连接板级相机和计算机的桥梁，承担着将相机输出的原始模拟或数字信号进行转换、放大、滤波等处理，并将其转换为计算机能够识别和处理的数据格式的重要任务。而计算机则为整个系统提供了强大的计算资源、存储空间和软件运行环境，用于执行复杂的图像处理算法、数据存储和分析。

这种组合式的架构为板级相机带来了极大的灵活性和可扩展性。可以根据具体的应用需求和预算，自由选择不同性能和规格的图像采集卡，以满足对图像采集速度、分辨率、色彩深度、帧率等关键指标的特定要求。同时，对于计算机的选择，也可以根据处理任务的复杂程度和数据量的大小，灵活配置不同性能的处理器、内存、显卡等硬件，以确保系统能够高效地运行复杂的图像处理软件和算法。

在处理复杂的视觉系统任务时，板级相机的优势尤为明显。例如，在大规模的工业自动化生产线上，需要对多个工位的产品同时进行高精度的三维测量、复杂的形状识别、缺陷检测等多种高级图像处理任务。此时，板级相机与高性能的图像采集卡和强大的计算机相结合，能够充分发挥其强大的性能和灵活的扩展性，实现快速、准确、全面的图像处理和分析。通过不断优化和升级硬件配置，以及开发定制化的图像处理软件，板级相机系统能够适应不断变化和提升的生产需求。

板级相机的使用相对较为复杂，对技术要求也较高。在系统搭建过程中，需要具备扎实的图像处理知识、计算机硬件知识以及一定的编程能力，以确保图像采集卡、板级相机和计算机之间的正确连接、驱动安装和参数配置。此外，由于系统涉及多个外围设备的协同工作，其稳定性和可靠性需要更加细致的关注和维护。例如，需要确保各个设备之间的电源供应稳定、数据传输可靠，及时处理可能出现的硬件兼容性问题、驱动冲突等。

智能相机和板级相机在功能、性能、使用便捷性和适用场景等方面存在着明显的差异。在选择时应充分考虑自身的应用需求、技术能力、预算限制以及系统的未来扩展性等多方面因素，权衡各自的优劣，从而选择最适合自身需求的相机类型，以实现高效、准确、可靠的图像采集和处理目标。

2.2 工业相机的主要参数参考

视频

工业相机的主要参数参考和工业相机的选型依据

工业相机的主要参数对于其性能和适用场景起着决定性作用，以下是对这些参数的详细描述。

1. 分辨率

分辨率在工业相机的众多参数中占据着核心地位，它是决定图像质量和细节呈现能力的关键因素。

从本质上讲，分辨率描述了相机能够捕捉到的图像中像素的数量，通过水平像素数乘以垂直像素数来精确表示。常见的分辨率规格如 1 920 × 1 080 像素（全高清）意味着图像在水平方向上有 1 920 个像素，在垂直方向上有 1 080 个像素，共同构成了一幅清晰的图像。而像 2 592 × 1 944（500 万像素）这样的分辨率则拥有更多的像素点，能够提供更为丰富和细腻的图像信息。

高分辨率为工业相机带来了显著的优势。在需要进行精确测量的应用中（例如在机械加工领域对精密零件的尺寸测量），更多的像素意味着能够更精确地捕捉到物体的边缘和细微特征，从而提高测量的准确性。在细微缺陷检测方面，如在半导体制造过程中，芯片线路的缺陷可能极其微小。高分辨率的相机能够分辨出这些细微的变化和瑕疵，哪怕是纳米级别的缺陷也能清晰地呈现在图像中，为质量控制提供了可靠的依据。对于那些对图像内容有高度分析需求的应用(如医学领域中的细胞分析、材料科学中的微观结构研究等),高分辨率使得研究者能够获取更多的细节,从而进行更深入和准确的分析。

然而,高分辨率并非只有优点,随着像素数量的增加,所产生的数据量也会急剧上升,这就对数据的存储提出了巨大的挑战。大量的高分辨率图像需要占用大量的存储空间,如果存储设备容量不足,可能会导致数据丢失或无法完整保存。在数据传输方面,高分辨率图像的数据量较大,需要更高的传输带宽和更快速地传输协议来确保图像能够及时、完整地从相机传输到处理设备。对于数据处理能力,高分辨率图像的处理需要更强大的计算资源,包括处理器性能、内存容量等。否则,在图像处理和分析过程中可能会出现卡顿、延迟甚至系统崩溃的情况。例如,在汽车制造的喷漆环节,使用高分辨率相机检测车身漆面的细微瑕疵。虽然能够清晰地发现微小的划痕和不均匀的喷漆区域,但同时也产生了大量的数据。为了存储这些数据,企业需要配备大容量的存储服务器。在将图像数据传输到质量控制中心进行分析时,高速稳定的网络连接是必不可少的。而且,质量控制中心的计算机需要具备强大的处理能力,以快速处理和分析这些高分辨率图像,及时做出关于车身质量的判断。

分辨率是工业相机的重要参数,在选择时需要综合考虑应用需求、数据存储和处理能力等多方面因素,以实现最佳的图像采集效果和系统性能。

帧率决定了相机在单位时间内能够捕获的图像数量,通常以帧每秒(fps)为单位。高帧率对于拍摄快速移动的物体或需要实时、连续监测的场景具有重要意义。例如,在高速自动化生产线上,为了准确跟踪和检测快速移动的产品,需要相机具备较高的帧率,以避免出现图像模糊或丢失关键瞬间的信息。需要注意的是,提高帧率可能会在一定程度上影响分辨率或其他性能参数。

2. 像素尺寸

像素尺寸,简单地说就是单个像素在相机传感器上所占据的物理空间大小。它是决定相机性能和成像质量的一个至关重要的参数。

当像素尺寸较小时,在给定的相同传感器面积内,能够容纳数量更多的像素。这一特点直接促成了相机分辨率的显著提高。更高的分辨率意味着图像能够呈现出更为精细和丰富的细节,为各种应用提供了更多的信息。例如,在诸如集成电路制造的检测环节,需要对极其微小的芯片线路和元件进行精准的检查,此时更小的像素尺寸能够让相机捕捉到那些细微到纳米级别的特征和瑕疵,从而确保产品的质量和性能。

然而,像素尺寸过小也带来了一系列不可忽视的问题。首先,每个像素接收到的光量与像素尺寸直接相关。像素尺寸越小,单个像素所能捕获的光量就越少。在将光信号转化为电信号的过程中,由于光量的匮乏,可能引发更多的噪声干扰。这些噪声会混入图像的真实信号中,严重影响图像的质量。其具体表现为图像的清晰度大打折扣,色彩的还原出现偏差,甚至在图像上出现明显的颗粒感和杂讯,使得原本应清晰可辨的细节变得模糊不清,影响对物体的准确识别和分析。

其次,像素尺寸过小会导致像素之间的距离大幅缩短。在这种紧密的布局下,像素之间的相互干扰显著增加。这种干扰会干扰每个像素独立感知和处理光信号的能力,从而降低了相机对光的敏感程度,即相机的灵敏度。当相机的灵敏度下降时,在光线较弱的环境或者对光线变化较为敏感的场景中,相机的表现就会不尽人意。它可能无法有效地捕捉到微弱的光信号,导致图像暗淡、缺乏对比度,甚至在极端情况下可能出现部分区域的信息丢失。

在实际的应用场景中,对于像素尺寸的选择是一个需要深思熟虑、综合权衡的过程。光照条件是其中一个极为关键的考量因素。在低光照环境下,例如夜间的户外监控、昏暗的仓库内部或者是需要检测微光环境下物体的科学研究中，较大像素尺寸的相机展现出了独特的优势。由于其单个像素的尺寸较大，能够收集到相对更多的光信号，从而增强了相机对微弱光线的捕捉能力，有效地提高了感光度。这有助于减少噪声的产生，确保拍摄出的图像在低光条件下依然保持相对较高的清晰度、对比度和色彩准确性。

对于那些对图像质量有着极高要求的应用领域，比如医疗影像诊断中对病变部位的精确识别、高端艺术品的数字化过程中对色彩和细节的忠实还原等，在选择像素尺寸时需要更加谨慎地权衡。如果应用场景对于图像细节的分辨要求达到了极致，选择较小像素尺寸的相机或许能够满足获取高分辨率图像的需求。然而，如果更侧重于图像的纯净度、色彩的精准度以及在各种光照条件下的稳定表现，较大像素尺寸的相机可能是更为明智的选择。

以安防监控系统为例，在光线充足、视野开阔的室外环境，如城市街道或广场，较小像素尺寸的相机凭借其高分辨率，能够清晰地分辨出远处的人物面部特征和车辆牌照号码，为公共安全提供有力的保障。但当监控场景切换到光线昏暗、环境复杂的地下停车场或楼道角落时，较大像素尺寸的相机则能够凭借其更强的低光性能，有效地捕捉到潜在的威胁和异常情况。即使在微弱的光线条件下，也能提供具有足够清晰度和可辨识度的图像。

综上所述，像素尺寸的选择并非简单地追求越小越好或者越大越好，而是需要结合具体的应用场景、光照条件的变化以及对图像质量的多方面要求进行全面、细致的分析和权衡。只有这样，才能在不同的实际需求中找到最适合的像素尺寸，从而实现最佳的成像效果，满足各种复杂且多样化的应用需求。

3. 灵敏度

灵敏度作为评判工业相机性能的核心要素之一，深刻地反映了相机感知和处理光线的敏锐程度，从根本上决定了相机在低光照环境下获取并生成清晰、可用图像的能力。

在对相机灵敏度进行量化衡量的过程中，ISO（感光度）值和量子效率是两个被广泛采用且具有关键意义的参数。ISO值作为一种常见且直观的标准，其数值的高低直接与相机的灵敏度成正比。当ISO值较高时，例如从ISO 1600提升至ISO 3200，意味着相机在面对相同强度的光线时，能够捕捉到更为丰富的光信号。这使得在低光照条件下，相机能够将原本微弱的光线转化为更明亮、细节更丰富的图像，大幅增强了图像的可视性和可用性。

量子效率则是从更微观和本质的层面来衡量相机的灵敏度。它直接反映了相机传感器将入射光子转化为电子的效率。一个具有高量子效率的传感器，能够更高效地将每一个入射的光子转化为有价值的电信号，从而为生成高质量的图像奠定基础。当量子效率接近100%时，意味着相机几乎能够完美地利用每一个入射的光子，这在低光环境下尤为重要，因为每一个光子都可能成为构成清晰图像的关键元素。

高灵敏度的相机在众多特殊且具有挑战性的应用场景中展现出了无可比拟的价值。在浩瀚宇宙的探索中，天文观测是一个对相机灵敏度要求极高的领域。遥远的星系、恒星以及其他天体所发出的光线在经过漫长的距离传播后到达地球时，已经变得极其微弱。为了捕捉到这些极其细微的光线信号，相机必须具备卓越的灵敏度。只有这样，才能让天文学家有机会观测到天体的细微结构、颜色变化以及其他珍贵的信息，从而深入研究宇宙的起源、演化以及各种神秘的天体现象。

在夜间监控方面，无论是保障城市的公共安全，还是对野生动物的夜间活动进行观察和研究，高灵敏度相机都发挥着不可或缺的作用。在城市的黑暗角落、偏远的公路或者是没有人工照明的自然保护区，光线条件往往非常有限。高灵敏度相机能够在月光微弱的照耀、星光的稀疏点缀甚至几乎没有任何外部光源的情况下，依然清晰地捕捉到人物的移动、车辆的行驶轨迹或者野生动物的独特行为，为及时发现潜在的威胁和获取珍贵的科研数据提供了有力支持。

对于工业检测中那些需要检测低亮度物体的场景，例如在深海环境中对设备部件的检查，或者在昏暗的工厂车间里对精细电子产品的质量把控，高灵敏度相机的重要性更是不言而喻。在深海中，由于水压巨大且光线难以穿透，环境中的光线极度微弱。高灵敏度相机能够敏锐地捕捉到设备部件表面的细微变化、损伤或者腐蚀迹象，确保在极端环境下的设备安全和正常运行。在电子产品制造中，即使是在光线较暗的生产线上，高灵敏度相机也能够精确检测到产品表面的微小瑕疵、电路的连接问题或者电子元件的发光异常，从而严格保证产品的质量和性能。

然而，要实现高灵敏度的成像性能，并非仅仅依赖于相机传感器的固有特性。相机内部的电子电路设计在整个过程中扮演着至关重要的角色。精心优化的电子电路能够最大限度地减少信号在传输过程中的衰减和失真，确保从传感器接收到的每一个微弱的光信号都能够被准确、迅速且无损失地处理和转换为数字图像数据。例如，采用低噪声的放大器能够在增强信号的同时，有效地抑制背景噪声的干扰；高精度的模数转换器则能够将模拟的光信号精确地转换为数字形式，保留更多的细节和动态范围。

与此同时，噪声控制技术也是影响相机灵敏度的关键因素之一。在低光照条件下，噪声的影响会被显著放大，从而掩盖了有用的光信号。通过先进的降噪算法和硬件设计，如采用冷却装置降低传感器的热噪声、优化电路布局减少电磁干扰产生的噪声等，能够有效地降低图像中的噪声水平，提高信噪比。这使得原本微弱但有价值的光信号能够在噪声的海洋中凸显出来，为生成清晰、高质量的低光图像提供了坚实的保障。

以一款专门为深海石油开采设备检测而设计的工业相机为例，其传感器采用了最先进的背照式技术和高量子效率的材料，大幅提高了对微弱光线的吸收和转化能力。同时，相机内部的电子电路采用了多层屏蔽和低噪声的电源管理系统，确保信号传输的纯净和稳定。此外，通过内置的智能降噪算法和实时图像处理芯片，能够在瞬间对采集到的图像进行降噪和增强处理，使得相机在深海的高压、低温和极度微弱光线的恶劣环境下，依然能够拍摄到清晰、准确且细节丰富的设备部件图像，为及时发现潜在的故障和安全隐患提供了关键的视觉依据。

综上所述，灵敏度作为衡量工业相机在低光照条件下成像能力的关键指标，不仅取决于传感器的物理性能和量子效率等固有特性，还与相机内部的电子电路设计、信号传输效率、噪声控制技术以及图像处理算法等多个环节的协同优化密切相关。在实际选择工业相机时，必须综合考虑这些因素，以满足不同特殊应用场景对低光成像的严苛要求，从而为科学研究、安全监控和工业生产等领域提供高质量的视觉支持和数据保障。

4. 动态范围

动态范围在工业相机的性能评估体系中占据着举足轻重的关键地位，它精准而全面地刻画了相机在同一时刻能够有效捕捉和处理的最亮区域与最暗区域之间所涵盖的亮度对比度的宽广范畴。

从深层次的原理和机制来剖析，动态范围本质上反映了相机的感光元件和相关图像处理系统对于光线强度大范围变化的适应与驾驭能力。当动态范围相对狭窄时，相机在应对那些光线分布极度不均匀、亮度差异极其显著的复杂场景时，往往会暴露出明显的局限性和缺陷。例如，在拍摄包含有强烈且直接的阳光照射区域以及深沉厚重的阴影遮蔽区域的画面时，常见的问题是亮部区域由于接收到过多的光线而出现过度曝光的现象，导致亮部变成一片毫无细节的白色；与此同时，暗部区域则由于接收到的光线过少而陷入欠曝光的困境，变成一团难以分辨任何细节的黑色阴影。

然而，配备了宽动态范围技术的相机则展现出令人瞩目的卓越性能和强大优势。这意味着它具备了在同一张图像中实现精妙平衡和完美呈现的能力，既能够确保高光部分在承受强烈光线照射时不会因过度曝光而丧失原有的色彩饱和度、纹理清晰度和细腻的细节特征，又能够使阴影部分在光线稀缺的情况下依然保留足够丰富、详尽和准确的信息，清晰地展现出那些原本可能被黑暗所隐匿的微妙细节和精细结构。

这种独特而关键的特性在众多现实应用场景中具有无法估量的重要价值和深远意义。以逆光拍摄这一具有挑战性的场景为例，当被拍摄主体背对强烈且集中的光源（如炽热耀眼的阳光或者明亮夺目的灯光）时，普通相机由于在动态范围方面的局限，常常无法有效地平衡亮部和暗部之间巨大的光线差异，从而导致主体的面部特征被黑暗所吞噬，轮廓模糊不清，或者背景的光源部分变成一片刺目且毫无层次的白色强光，完全失去了应有的细节和色彩层次。然而，宽动态范围的相机凭借其出色的性能，能够巧妙地应对这种极端的光线对比状况，使得主体的面部表情、肌肤纹理以及服饰细节等都能在逆光环境中得以清晰、自然和准确地呈现，同时背景的光源部分也能展现出丰富的色彩变化和光线过渡，营造出真实、生动且富有艺术感染力的画面效果。

在涉及金属表面反光的复杂情况中，由于金属材料独特的物理性质，其表面往往会反射出强烈而集中的光线，同时在反光区域的周边或者内部也可能存在着深邃、隐晦的阴影或暗部。对于动态范围较窄的相机而言，在处理这种情况时可能会陷入两难的困境，要么只能捕捉到反光的高亮部分，而完全忽略了阴影中的关键细节；要么过度关注阴影的暗部，导致反光区域变成一片过亮且无法分辨细节的光斑。而宽动态范围的相机则能够有效地应对这一挑战，清晰而准确地展现出金属表面的光泽质感、细腻纹理以及任何可能存在的微小瑕疵或缺陷，无论是在高亮的反光区域，还是在深邃隐晦的阴影角落，都能够提供详尽、精准且可靠的图像信息。

在汽车制造这一对于品质和精度要求极高的领域中，对车身漆面的检测是确保产品质量和外观完美的关键环节之一。由于车身漆面的特性以及光线照射角度和强度的不断变化，漆面表面可能会在不同部位产生截然不同的光线反射和阴影效果。宽动态范围的相机在这个场景中发挥了不可替代的关键作用。它能够在同一帧图像中，同时清晰、鲜明且准确无误地呈现出车身漆面在强光直接照射下所产生的高光亮点，包括清晰逼真的反射影像、光滑如镜的漆面平整度和均匀一致的色彩效果；同时，也能够细致入微地捕捉到位于车门把手附近、车身线条凹陷处或者其他阴影遮蔽区域内可能存在的极其细微的划痕、凹凸不平的表面瑕疵以及难以察觉的颜色不均匀区域。这一能力不仅有助于在汽车生产线上及时、精准地发现和诊断出任何潜在的漆面质量问题，而且能够为后续的修复和改进工作提供详尽、可靠的视觉依据和数据支持，从而确保每一辆出厂的汽车都拥有无可挑剔的外观品质和卓越的工艺水准。全面、深入且高精度的检测能力极大地提升了汽车制造过程中的质量控制水平和效率，显著降低了次品率和不必要的返工率，为企业节省了大量的时间、成本和资源，同时也进一步巩固和提升了产品在市场上的声誉和竞争力。

动态范围，特别是宽动态范围这一关键性能指标，是工业相机在有效应对具有显著亮度差异和复杂光线分布场景时的核心能力体现，为众多对图像质量、细节精度和可靠性要求严苛的应用领域提供了坚实、可靠且不可或缺的技术支持和保障。

5. 噪声

噪声在工业相机的图像生成过程中是一个显著影响图像质量的关键因素。它涵盖了多种类型，其中暗电流噪声和读出噪声是较为常见且重要的组成部分。

暗电流噪声源于传感器自身的物理特性。即使在完全没有光照的环境下，传感器仍会自发地产生少量电荷。这就如同一个微小但持续的“电流泄漏”，这些额外产生的电荷会被误认为是光信号，从而在最终生成的图像中引入噪声。这种噪声的存在使得图像在本应漆黑的区域出现一些不期望的亮点或斑纹，影响了图像的纯净度和准确性。

读出噪声则发生在将传感器中像素所积累的电荷转换为数字信号的阶段。在这个转换过程中，由于电子元件的固有特性和电路设计的不完善性，不可避免地会引入一定程度的干扰和误差。这些干扰表现为读出噪声，导致像素值的测量出现偏差，使得图像的灰度值或色彩值产生波动，从而降低了图像的清晰度和细节表现力。

较低的噪声水平对于获得高质量的图像具有极其重要的意义。当噪声水平较低时，图像能够呈现出更高的清晰度和纯净度。图像中的细节更加锐利和明确，物体的边缘更加清晰可辨，色彩过渡更加平滑自然。这不仅减少了图像中的干扰和模糊现象，还使得图像中的有用信息更加突出和易于识别。

在一些对图像质量要求极高的应用场景中，例如医疗影像领域和高精度测量工作，控制噪声水平就显得至关重要。在医疗影像中，如X射线成像、核磁共振成像或超声波检查等，医生需要依靠清晰、准确且无噪声干扰的图像来诊断疾病、评估病情和制定治疗方案。哪怕是微小的噪声都可能掩盖重要的病理特征，导致误诊或延误治疗。同样，在高精度测量中，例如对微小零件的尺寸测量、材料表面粗糙度的评估或复杂结构的三维建模，噪声可能导致测量结果的偏差和误差，影响产品的质量控制和研发精度。

以心脏血管的医学造影为例，使用的工业相机需要捕捉极其细微的血管结构和血液流动情况。如果存在较高的噪声，可能会使血管的边界变得模糊，细微的血管分支难以分辨，甚至可能误判血管的狭窄程度或堵塞情况。而在高精度机械零件的尺寸测量中，噪声可能导致测量值在微米甚至纳米级别上出现偏差，这对于要求精密配合和高精度组装的零件来说是不可接受的。

噪声是影响工业相机图像质量的重要因素。通过降低暗电流噪声和读出噪声等各类噪声源，能够显著提高图像的质量和可靠性，满足在医疗影像、高精度测量等对图像质量要求苛刻的应用场景中的需求，为准确的诊断和精密的测量提供有力支持。

6. 快门类型

(1)全局快门

全局快门是工业相机中一种独特而重要的曝光控制方式。其工作原理是让所有像素在完全相同的瞬间同时开始曝光，并在同一时刻同时结束曝光。

在拍摄快速移动的物体时，全局快门的这一特性具有无可替代的优势。由于所有像素同步曝光，无论物体的移动速度有多快、运动轨迹有多复杂，都能够在一个极其短暂且统一的时间点上捕捉到物体的完整形态和确切位置。这就避免了因不同像素曝光时间不一致而导致的图像失真和变形。这种能够精准且瞬间定格物体状态的能力，在众多对物体形状和位置信息的准确性有着严苛要求的应用中，发挥着至关重要的作用。例如，在高度自动化的机器人视觉系统中，机器人需要在瞬息万变的环境中对快速移动的物体进行迅速而精确的识别和定位。无论是在繁忙的物流仓库中抓取快速传送带上的货物，还是在复杂的生产线上准确对接高速移动的零部件，全局快门都能确保机器人所获取的视觉图像中，运动物体的形状和位置信息保持高度的准确性和真实性。这使得机器人能够基于这些精准的图像信息，做出及时、恰当且无误的动作决策，如精准地抓取目标物体、灵活地避让障碍物或者稳定地跟踪运动轨迹，从而大幅提高了机器人操作的效率、精度和安全性。

(2)卷帘快门

卷帘快门的工作机制是像素逐行依次进行曝光，即先曝光第一行像素，然后依次是第二行、第三行，依此类推。

在拍摄快速移动的物体时，这种逐行曝光的方式往往会引发一系列问题。由于不同行的像素在不同的时间点进行曝光，当物体在这段时间内发生了明显的移动时，就会导致在最终生成的图像中，物体的形状出现扭曲和变形，这种现象被形象地称为“果冻效应”。物体看起来可能会被拉伸、压缩或者歪斜，严重影响了对物体真实形态和位置的准确判断和分析。

尽管卷帘快门在处理快速运动物体时存在明显的局限性，但卷帘快门通常具有相对较低的成本。这一成本优势在某些特定的应用场景中仍然具有一定的吸引力和适用性。在一些相对静态或者物体运动速度较为缓慢的场景中，对图像中物体形状和位置的准确性要求不是极其严格的情况下，为了控制设备成本和系统复杂度，选择卷帘快门的相机可能是一个更为经济实惠的选择。例如，在某些简单的工业检测流程中，如对产品表面的基本标识或简单图案的检测，只要物体的运动速度不快且对检测精度的要求不是极高，卷帘快门相机所产生的轻微图像变形可能在可接受的范围内，此时其成本优势就能够得以体现。假设在一个小型电子厂的生产线上，需要检测电路板上缓慢移动的电子元件的大致位置和方向，以进行初步的分类和整理。由于对检测精度的要求并非达到微米级别，且元件的移动速度相对较慢，使用成本较低的卷帘快门相机就足以满足这一基本的生产需求。但如果是在无人驾驶汽车的视觉系统中，面对道路上以高速行驶的其他车辆和行人，任何微小的图像失真都可能导致严重的安全隐患，因此必须采用能够提供精确、无失真图像的全局快门相机。

全局快门和卷帘快门各自具有独特的工作原理、性能特点和适用场景。在实际选择工业相机时，需要综合考虑具体的应用场景、对图像质量的严格要求、预算限制以及技术可行性等多种因素，权衡全局快门和卷帘快门的利弊，以做出最为合适和明智的决策，确保相机能够满足特定应用的需求并实现最佳的性能表现。

7. 接口类型

(1) USB 接口

USB 接口在工业相机领域是一种广泛存在且被普遍接受的接口类型，它具备显著的易用性和普及性。从连接的角度来看，USB 接口的插拔操作十分简便，无须经过复杂的培训或具备深厚的专业知识就能轻松完成相机与计算机或其他设备的连接。其驱动程序的安装通常也相对直观，大多数操作系统都能自动识别并安装所需的驱动程序，使得能够迅速启动和使用相机。

在一般的工业应用场景中，比如对小型零部件的外观初步检查，或者是在生产流程中进行基本的状态监控，USB 接口的工业相机往往能够胜任工作。这些场景可能并不要求极高的图像分辨率和实时性，只需获取大致的图像信息以进行简单的判断和记录。

然而，USB 接口存在一个不容忽视的短板，就是其相对有限的数据传输速率。由于其带宽的限制，当面对高分辨率的图像，特别是那些像素数量众多、细节丰富的图像时，USB 接口在短时间内能够传输的数据量就显得捉襟见肘。同时，如果应用需要高帧率来实时捕捉快速变化的场景，例如在高速旋转的机械部件检测中，为了清晰地观察到每个瞬间的状态，需要相机以极高的帧率拍摄并快速传输图像数据，USB 接口可能无法满足这种对数据传输速率的苛刻要求。这可能导致图像的传输出现延迟、卡顿，甚至在极端情况下会丢失关键的图像帧，从而影响检测的准确性和可靠性。例如，在食品包装生产线中，如果使用 USB 接口的相机来检测高速移动的包装上的标签是否正确粘贴，由于其传输速率的限制，可能无法及时跟上生产线的速度，导致部分标签的检测结果不准确或不完整。

(2) GigE 接口

GigE 接口在工业相机的接口选择中展现出了独特的优势。它通过以太网技术实现数据传输，这一基础赋予了它较高的数据传输速率以及较远的有效传输距离。

在数据传输速率方面，GigE 接口相较于 USB 接口有了显著的提升，使其能够应对更多数据量的快速传输需求。这使得它在一些对图像质量和实时性有一定要求的应用中表现出色，比如在大型制造工厂的生产线上，需要对产品的多个面同时进行检测，获取高分辨率的图像，并及时进行分析和判断，GigE 接口能够确保数据的快速稳定传输。

长传输距离是 GigE 接口的另一个重要特点。在工厂、仓库等大面积的工业环境中，可能需要将相机安装在距离控制中心较远的位置，而 GigE 接口能够在不损失信号质量的前提下，实现数十米甚至上百米的数据传输。这为相机的灵活布置提供了极大的便利，无须因为传输距离的限制而频繁增设中继设备或信号放大器。

此外，由于以太网是当今广泛应用的网络技术，GigE 接口易于与其他网络设备进行集成。这意味着它可以方便地融入现有的工业网络架构，与交换机、路由器等设备无缝对接，实现数据的高效路由和共享。

但需要指出的是，尽管 GigE 接口在性能上有了很大的提升，在某些对数据传输速率和实时性要求达到极致的应用场景中，例如在超高速的半导体晶圆检测中，需要在极短的时间内处理海量的高精度图像数据，GigE 接口可能仍然无法完全满足需求，需要更高速的接口解决方案。例如，在一个大型物流仓库中，使用 GigE 接口的相机来监控货物的装卸过程，即使相机安装在距离监控室较远的角落，也能稳定地将高分辨率的图像数据传输回来。但如果是在对时间精度要求微秒级的精密加工生产线中，GigE 接口可能就难以达到要求。

（3）Camera Link 接口

Camera Link 接口专为满足最严苛的高端机器视觉应用需求而精心打造，是专业领域的高性能选择。

其最突出的特点是提供了令人惊叹的数据传输速率和无与伦比的稳定性。在处理高分辨率、高帧率的图像数据时，Camera Link 接口能够以极短的时间传输海量的信息，确保每一个细节都能被准确、及时地捕捉和传输。这对于那些对图像精度和实时性要求达到极致的应用场景来说，是至关重要的保障。

在半导体制造行业，芯片上的微观结构检测需要极高的分辨率和帧率，以确保能够发现任何微小的缺陷或瑕疵。在这种情况下，Camera Link 接口能够稳定地支持相机以每秒数百帧甚至更高的速度拍摄，并迅速将大量的高精度图像数据传输到处理系统，为及时发现和处理问题提供了关键的技术支持。同样，在高精度电子元件的检测中，如微小电阻、电容的参数检测，Camera Link 接口能够确保图像数据的完整性和准确性，避免任何细微的误差对检测结果产生影响。

然而，这种高性能的背后也伴随着一些挑战。首先，Camera Link 接口的设备通常成本较高，包括相机本身、线缆以及配套的采集卡等。其次，系统的配置和调试相对复杂，需要专业的技术人员进行操作和优化。此外，由于其高性能的要求，对周边的硬件设备和软件环境也有较高的要求，需要更强大的计算能力和优化的软件算法来处理和分析传输过来的大量数据。例如，在一家先进的半导体制造工厂中，使用 Camera Link 接口的相机进行芯片检测，虽然能够实现极高的检测精度和效率，但需要投入大量的资金用于设备采购和系统集成，同时需要专业的技术团队来维护和优化整个系统。

USB、GigE 和 Camera Link 这三种接口类型各自具有独特的特点和适用范围。在选择工业相机接口时，必须综合考虑应用的具体需求、预算限制、技术能力以及未来的扩展需求等多方面因素，从而做出最为恰当和明智的选择，以确保工业相机能够在实际应用中发挥最佳性能，满足生产和检测的严格要求。

8. 镜头接口

在工业相机的世界中，镜头接口的类型多种多样，其中 C 接口和 CS 接口是较为常见且具有重要地位的两种。

C 接口作为一种被广泛认可和应用的标准接口，拥有一套严谨定义的尺寸规格和机械构造。它的设计旨在确保镜头与相机之间的稳固连接和高效的光学信息传递。其法兰焦距通常为 17.526 mm，这一特定的数值对于光线的准确聚焦和成像效果起着关键作用。

CS 接口则是基于 C 接口发展演变而来。尽管它与 C 接口有一定的相似性，但在法兰焦距等关键参数上存在细微差异。CS 接口的法兰焦距一般为 12.5 mm。

在实际应用中，镜头接口的选择是一项需要极度谨慎和精确操作的任务。这是因为只有当所选的镜头接口与相机和镜头各自的规格达到完美匹配时，才能实现理想的光学耦合效果。所谓光学耦合，简单来说，就是确保从镜头进入的光线能够以最高的效率和精度传递到相机的图像传感器上，尽可能减少光线在传输过程中的损失、散射和偏差。

当接口选择不当，也就是出现不匹配的情况时，可能会引发一系列严重且显著的图像质量问题。首先是图像模糊这一常见且令人困扰的现象。由于接口不匹配，镜头与相机之间的相对位置和角度可能无法达到理想的校准状态。这将直接导致光线在通过镜头后无法准确无误地聚焦在相机传感器的特定位置，从而使最终形成的图像失去应有的清晰度和锐利度，细节变得模糊不清，严重影响对物体特征和细节的准确观察和分析。

暗角问题也是不匹配接口可能导致的后果之一。暗角表现为图像的边缘或者角落区域相对于中心部分出现明显的亮度降低。这种现象的产生通常是因为不匹配的接口使得镜头所形成的有效成像圈无法完整地覆盖相机的传感器区域，导致边缘和角落部分接收的光线量大幅减少，进而在图像上呈现出暗区。

除了上述两个问题之外，不匹配的接口还可能引发其他多种光学异常。比如色差问题，这会导致图像中不同颜色的光线无法准确地聚焦在同一平面上，使得物体边缘尤其是色彩过渡区域出现模糊、色彩分离或者彩色条纹等现象。另外，畸变也是可能出现的问题之一，它会使图像中的直线或者规则形状发生扭曲和变形，例如直线变成曲线、正方形变成梯形等，这将极大地干扰对物体真实形状、尺寸和比例的准确判断。

以一个汽车零部件生产线上的自动化视觉检测系统为例，如果在该系统中相机所采用的镜头接口与实际安装的镜头不匹配，那么在检测过程中所获取的零部件图像可能会出现上述各种问题。图像的模糊可能导致微小的裂纹、瑕疵无法被清晰地识别；暗角可能会掩盖零部件边缘部分的重要特征；色差和畸变则可能导致对零部件尺寸和形状的测量出现严重误差，最终影响产品质量的评估和分类，甚至可能导致不合格产品流入市场，给企业带来声誉和经济上的双重损失。

在选择工业相机的镜头接口时，必须进行深入细致的研究和分析，对相机和镜头的各项规格参数，如法兰焦距、安装方式、适配的传感器尺寸等进行全面比对和精确匹配。只有这样，才能确保在实际应用中获得清晰、准确、高质量的图像，满足诸如工业检测、机器视觉、科学研究等各种对图像精度和准确性有着极高要求的应用场景的需求。

9. 色彩深度

色彩深度在工业相机的性能评估中占据着举足轻重的地位，它本质上决定了相机在捕捉和呈现色彩信息时所能达到的丰富程度和精细程度。色彩深度通常是以位(bit)作为衡量单位的，其中常见的规格如 8 位、12 位等，各自具有不同的特性和应用场景。以 8 位色彩深度为例，对于每一个颜色通道(红、绿、蓝)，相机能够区分并表示为 2 的 8 次方，也就是 256 个不同的亮度级别。这意味着通过这三个颜色通道的相互组合与作用，相机理论上总共可以呈现出大约 1 670 万种颜色。然而，在实际应用中，这样的色彩表现能力在一些对色彩要求极为苛刻和精细的场景下，往往会暴露出一定的局限性。比如，在表现色彩渐变过渡的区域，8位色彩深度可能会导致明显的色彩阶梯感，无法展现出自然、流畅和细腻的色彩变化。

将色彩深度提升到12位时，情况则发生了显著的改善和提升。对于每个单独的颜色通道，相机能够精确区分多达2的12次方，即4 096个亮度层次。这一巨大的提升使得通过三原色的组合，相机能够呈现的颜色数量呈指数级增加，所能描绘和表达的色彩范围变得更加宽广、丰富和细腻。

这种更高的色彩深度所带来的最显著优势，就是能够实现极其细腻、平滑和自然逼真的色彩过渡效果。在图像中，无论是从一种颜色逐渐过渡到另一种颜色，还是在同一颜色的不同亮度和饱和度之间变化，都不再呈现出明显的、生硬的阶梯式跳跃，而是展现出如同丝绸般顺滑、连续和自然的色彩流动。

对于那些需要进行极度精确的颜色分析和研究的应用领域，或者是对色彩还原的准确度有着苛刻要求的特殊场景（例如印刷品检测和颜色校准工作），高色彩深度的重要性就变得尤为突出和关键。

在印刷品检测方面，无论是精美绝伦的艺术画册、色彩斑斓的商品包装，还是内容丰富的杂志期刊，任何细微的色彩偏差都可能对整体的视觉效果和产品质量产生显著影响。哪怕是极为轻微的色调偏移、饱和度变化或者亮度差异，都可能导致印刷品质量下降，不符合严格的行业标准和用户的高期望。高色彩深度的工业相机在这种情况下能够发挥出其强大的优势，它能够以极高的灵敏度和精确度捕捉到这些微小但关键的色彩变化。无论是在大面积的纯色区域还是在复杂的色彩混合和过渡区域，都能够准确地检测出任何不符合标准的色彩偏差，为印刷品的质量控制提供了强大而可靠的技术支持。

在颜色校准领域，无论是用于专业影视后期制作的高端显示器校准，以确保在大屏幕上呈现出逼真、生动且符合创作意图的色彩效果，还是在工业生产过程中，对各种颜料、涂料、纺织品等产品的颜色进行精确的调配和校准，以满足特定的颜色规范和质量要求，都需要对颜色进行最为精细和准确的测量与调整。高色彩深度的相机在这个过程中扮演着不可或缺的角色，它能够提供丰富、准确且细致入微到几乎极致的颜色数据。这些数据不仅包含了颜色的基本属性，如色调、饱和度和亮度，还能够捕捉到颜色在不同光照条件下、不同观察角度下以及与周边颜色相互作用时的微妙变化。通过这些详尽和高精度的颜色信息，专业人员能够进行精确的颜色分析和计算，制定出最为准确和有效的颜色校准方案，从而实现从显示器到实际产品的色彩一致性和准确性，满足从艺术创作到工业生产等各种领域对颜色的高度要求。

色彩深度虽然只是工业相机众多性能参数中的一个方面，但它对于那些对色彩表现有着极高要求和严格标准的应用来说，却具有决定性的影响和不可替代的价值。在选择工业相机时，充分考虑和评估色彩深度这一关键因素，结合具体的应用需求和工作环境，能够确保获取最适合、最能满足需求的相机设备，从而实现高质量、高精度的色彩捕捉和呈现，为各种相关的工作和业务提供坚实的技术保障和有力的支持。

2.3 工业相机的选型依据

在为特定的应用场景选择工业相机时，这是一个需要全面、细致考量和深入分析的复杂过程，以确保最终能够挑选出最贴合实际需求的相机型号以及最为恰当的配置。

首先，清晰明确应用需求是整个选型流程中至关重要且具有奠基意义的第一步。在这一环节中，需要从多个角度进行深入思考和评估：

①检测或测量的对象特性：所面对的是尺寸极其微小的电子元件，如微米级别的芯片引脚；也可能是体积庞大的大型机械部件，如飞机发动机的叶轮；还可能是以极高速度移动的物体，如高速运转的传送带上的产品。不同的对象在尺寸、形状、运动状态等方面的差异，会直接对相机的分辨率、帧率以及景深等关

键参数提出截然不同的要求。例如,对于微小的电子元件,可能需要具备超高分辨率以清晰分辨其细微结构;而对于快速移动的物体,则更侧重于高帧率以避免图像模糊。

②精度要求:在某些需要进行高精度尺寸测量或对细微缺陷进行检测的应用中(例如航空航天领域中关键零部件的检测),对相机的分辨率和测量精度有着近乎苛刻的要求。这时,不仅需要选择具有高像素数量的相机以获取更多细节,还需要关注相机的光学畸变程度,以确保测量结果的准确性。

③速度要求:当处理高速运动的物体,如自动化生产线上以每秒数米速度移动的产品,或者是体育赛事中的高速动作捕捉,相机的帧率就成了决定能否成功获取清晰、连续图像的关键因素。高帧率的相机能够在单位时间内拍摄更多的图像帧,从而有效地捕捉到物体的瞬间状态,避免出现运动模糊或图像缺失的情况。

其次,对工作环境条件进行全面、准确的评估也是不可忽视的重要环节。

①光照情况:工作环境中的光照条件变化多样,可能是强光直射的户外环境,也可能是光线微弱的室内角落,或者是光照强度不断变化的动态场景。在强光环境下,需要相机具备良好的动态范围以避免过曝;在弱光环境下,则要求相机具有高感光度以捕捉足够的光线。此外,对于光线变化频繁的场景,相机的自动曝光调节能力和快速响应特性就显得尤为重要。

②温度和湿度:在一些特殊的工业环境中,如高温的铸造车间、潮湿的化工生产区域,极端的温度和湿度条件可能对相机的电子元件、光学部件以及机械结构产生不利影响。因此,需要选择能够在这些恶劣条件下稳定运行、具有良好散热设计和防潮保护的相机型号,以确保其长期可靠的工作性能。

③电磁干扰:在存在强电磁辐射的环境,如大型电力设备附近、无线通信基站周围,电磁干扰可能会影响相机的信号传输和图像质量。在这种情况下,必须选择具有良好电磁屏蔽和抗干扰设计的相机,以保障图像数据的准确性和完整性。

然后,考虑系统集成和连接方面的需求同样至关重要。

①接口类型:不同的接口类型,如 USB、GigE、Camera Link 等,在数据传输速率、稳定性、兼容性以及成本等方面存在差异。需要根据现有设备和系统的架构,选择与之兼容并且能够满足数据传输带宽要求的接口类型。例如,如果系统中已经部署了以太网基础设施,那么 GigE 接口的相机可能更易于集成;而对于对数据传输速率和稳定性要求极高的专业应用,Camera Link 接口可能是更好的选择。

②数据传输距离:在一些大型工厂或分布式监控系统中,相机可能需要安装在距离控制中心较远的位置。这时,就需要考虑接口的信号衰减特性和传输距离限制。某些接口在长距离传输时可能需要使用中继设备或光纤扩展来保证数据的稳定传输,而有些接口则能够在数十米甚至上百米的距离内实现可靠的直接连接。

接下来,深入关注相机的各项参数特性是做出明智选型决策的核心步骤。

①分辨率:直接决定了图像中能够呈现的细节丰富程度。选择分辨率时,不仅要考虑当前的检测需求,还要预留一定的升级空间以适应未来可能的更高精度要求。高分辨率相机能够提供更多的图像信息,但同时也会带来数据量增大和处理成本增加的问题。

②帧率:决定了相机在单位时间内能够拍摄的图像帧数,对于捕捉快速变化的场景至关重要。如果帧率过低,可能会导致运动物体的图像出现拖影或失真,影响检测和分析的准确性。然而,过高的帧率也可能会增加系统的负载和成本,需要在实际需求和系统能力之间找到平衡。

③像素尺寸:像素尺寸的大小会影响相机的灵敏度和噪声性能。较小的像素尺寸可以在相同面积上容纳更多像素,从而提高分辨率,但可能会导致灵敏度下降和噪声增加;较大的像素尺寸则能够提高光收

集效率和灵敏度，但会限制分辨率的提升。因此，需要根据具体的光照条件和对图像质量的要求来权衡像素尺寸的选择。

④灵敏度和动态范围：灵敏度反映了相机在低光照条件下的成像能力，而动态范围则决定了相机能够同时清晰捕捉到亮部和暗部细节的能力。在光线不足或场景中存在较大亮度差异的情况下，如夜间监控或逆光拍摄，具有高灵敏度和宽动态范围的相机能够提供更清晰、更具对比度的图像。

⑤噪声水平：噪声会降低图像的质量和清晰度，干扰对物体特征和细节的准确识别。低噪声水平的相机能够在各种光照条件下提供更纯净、更准确的图像，尤其在对图像质量要求极高的应用中（如医疗影像诊断和高精度测量），噪声控制是一个关键因素。

此外，相机的品牌和供应商的支持服务也是选型时需要慎重考虑的因素。

①品牌信誉：知名品牌通常在相机的研发、生产和质量控制方面积累了丰富的经验，其产品往往在性能、稳定性和可靠性方面更具优势。选择具有良好口碑和市场占有率的品牌，可以在一定程度上降低选型风险。

②供应商支持：一个优秀的供应商不仅能够提供高质量的产品，还能在安装调试、培训、售后维修以及技术升级等方面提供及时、专业和全面的支持服务。可以快速解决在使用过程中遇到的问题，确保相机系统的稳定运行，并在需要时能够及时获得技术更新和升级。

最后，综合预算进行权衡也是必不可少的环节。在选型过程中，需要在满足应用需求的前提下，充分考虑成本效益，尽量选择性价比高的相机。但需要注意的是，不能仅仅因为价格因素而过度牺牲关键的性能指标，否则可能会导致整个系统无法达到预期的效果和效率，甚至需要在短期内进行二次投资和升级，反而增加了总体成本。

例如，在汽车零部件生产线上进行缺陷检测的应用中。由于汽车零部件的种类繁多，包括尺寸较小但精度要求高的喷油嘴，以及体积较大且形状复杂的车身结构件，同时生产线的运行速度较快，需要在短时间内对大量零部件进行检测。因此，在选择工业相机时，需要综合考虑以下因素：

①对于精度要求较高的小型零部件检测，如喷油嘴的内孔和喷油孔的尺寸测量，应选择分辨率高达数百万像素甚至更高、光学畸变极小的相机，以确保测量结果的准确性能够达到微米级别。

②为了应对生产线的高速运行，相机的帧率应至少达到数百帧每秒，以确保能够清晰捕捉到快速移动的零部件的图像，避免出现运动模糊和漏检的情况。

③由于生产车间内的光照条件可能不均匀，既有强光照射的区域，也有阴影部分，所以相机需要具备较宽的动态范围和良好的自动曝光调节能力，以在不同光照条件下能获取清晰、对比度良好的图像。

④考虑到生产线的自动化程度较高，需要将相机与其他检测设备和控制系统进行集成，因此选择具有常见且稳定的接口类型（如 GigE 接口）的相机，以便于数据传输和系统整合。

⑤鉴于汽车生产对质量和稳定性的严格要求，应优先选择知名品牌且具有良好售后服务支持的相机供应商，确保在设备安装调试、日常使用和维护过程中能够得到及时有效的技术支持和保障。

⑥在预算方面，需要在保证满足上述关键性能指标的前提下，合理控制成本。可以通过对比不同品牌和型号的相机价格，以及评估长期使用和维护成本，选择性价比最优的方案。但不能仅仅为了追求低价而选择性能无法满足生产需求的相机，以免因检测不准确导致产品质量问题和生产效率下降。

总之，工业相机的选型是一个综合性的系统工程，需要综合考虑应用需求、工作环境、系统集成、相机参数、品牌服务以及预算等众多因素，并在这些因素之间进行精细的权衡和优化，以实现最佳的图像采集效果和系统性能，满足各种复杂多样的工业应用场景的要求。

单元小结

本单元全面介绍了工业相机,涵盖其分类、主要参数及选型要点。工业相机分类多样,包括面阵与线阵相机、彩色与黑白相机、CCD与CMOS相机、智能相机与板级相机等,它们在性能特点和适用场景上各有不同。主要参数有分辨率、帧率、像素尺寸、灵敏度、动态范围、噪声、快门类型、接口类型、镜头接口和色彩深度等,这些参数对相机性能和图像质量具有重要影响。选型时需综合考虑应用需求、工作环境、系统集成、相机参数、品牌服务和预算等因素,以选择最适合的工业相机,满足工业应用场景的多样化需求。

习　题

一、单项选择题

1. 在工业相机的主要参数中,决定相机在单位时间内能够拍摄图像帧数的是(　　)。

A. 分辨率　　B. 像素尺寸　　C. 帧率　　D. 动态范围

2. 一台工业相机的分辨率为 1 920×1 080 像素,它的总像素数是(　　)。

A. 2 073 600　　B. 1 920　　C. 1 080　　D. 3 000

二、多项选择题

1. 关于CMOS相机的优势,以下说法正确的是(　　)。

A. 成本低　　B. 功耗小　　C. 集成度高　　D. 图像质量高

2. 影响工业相机灵敏度的因素有(　　)。

A. ISO值　　B. 量子效率　　C. 像素尺寸　　D. 噪声水平

三、填空题

1. 工业相机主要分为面阵相机和________相机。
2. 彩色相机的传感器通常由________三种颜色的滤镜阵列组成。
3. CCD相机具有________、高灵敏度和高图像质量的特点。
4. 工业相机的分辨率是指相机能够捕捉到的图像中________的数量。
5. 帧率的单位是________。

四、简答题

1. 简述面阵相机和线阵相机的工作原理及各自的主要应用场景。
2. 彩色相机和黑白相机在性能特点上有哪些区别?在实际应用中如何选择?
3. 简述工业相机分辨率、帧率、像素尺寸这三个参数对图像质量的影响。

单元 3

选择合适的工业镜头

在一家专门生产高端智能手机的工厂里，质量检测环节至关重要。每一部手机都有大量精密的零部件，哪怕是极其微小的瑕疵，都可能影响手机的性能和用户体验。为了实现高精度的检测，工厂决定引入一套先进的视觉检测系统，而工业镜头在这个系统中就像人的眼睛一样重要。

工业镜头有着不同的分类。从结构上看，有定焦镜头和变焦镜头。定焦镜头就像是一个忠诚的卫士，始终坚守自己的焦距，对于那些固定位置和尺寸的手机芯片检测非常有效。它能稳定地提供清晰图像，让检测人员可以精准地查看芯片上每一个电路的连接情况。而变焦镜头则更加灵活，它可以根据需要改变焦距。当检测不同大小的手机零部件(例如从微小的电阻、电容到较大的主板)时，变焦镜头通过调整焦距就能轻松应对，确保每个零部件都能完整、清晰地成像。

从功能特性上，还有普通镜头和远心镜头。普通镜头满足一般的成像需求，在对手机外壳表面平整度等基本检测中发挥作用。远心镜头则比较特殊，它的独特设计使得成像不会因为物体的距离变化而产生较大误差。在检测手机摄像头模组这种对尺寸精度要求极高的零部件时，远心镜头就非常适用，无论摄像头模组在检测平台上的位置如何微调，都能准确测量其各个部件的尺寸。

在选择工业镜头时，要参考几个主要参数。首先是焦距，它决定了镜头的放大倍数和视野范围。如果要检测手机屏幕上微小的像素点缺陷，就需要短焦距镜头来获得较大的放大倍数，让那些几乎看不见的瑕疵暴露无遗。如果是对手机整机外观进行快速扫描检查，长焦距镜头能提供更宽广的视野。光圈也很重要，它就像镜头的“进气阀门”。在手机生产车间某些光线较暗的角落，大光圈镜头能保证足够的光线进入，获取清晰的图像进行检测。分辨率则决定了镜头分辨微小细节的能力，对于手机内部高精度的线路和微小元件检测，高分辨率镜头是不二之选。

此外，还要根据检测目标的大小、检测距离以及环境光线条件等因素来选择工业镜头。例如，检测手机按键这种较小且距离较近的目标，就需要选择适合近距离成像且能突出细节的镜头；如果是在不同光照强度的车间环境中对手机进行全方位检测，就要综合考虑光圈和其他参数的配合。有了合适的工业镜头，视觉检测系统就能为高质量生产手机保驾护航。

知识能力目标：

- 了解工业镜头的分类。
- 掌握工业镜头的主要参数。
- 掌握选择工业镜头的依据。

素养要求：

培养严谨态度，强调团队协作：工业镜头的高精度和精准聚焦能力体现了对精确性和准确性的追求，要求学生在学习和工作中秉持严谨认真的态度。其研发和生产是团队协作的成果，凸显了团队协作的重要性，教导学生学会合作。

3.1 对工业镜头进行分类

视频

工业镜头的类型分类

工业镜头作为工业相机系统中的关键组件，其分类方法多样，主要可以根据镜头的结构、材质、焦距等不同参数进行分类。下面详细介绍工业镜头的分类方法。

首先，工业镜头的分类可以基于镜头的结构特点。常见的结构类型包括：

①定焦镜头：这种镜头的焦距是固定的，即在拍摄过程中，镜头的位置是固定不变的。定焦镜头因为结构简单，通常具有较好的光学性能和较低的价格，适合于要求不高的场合使用。

②变焦镜头：具有可以调节焦距的功能，能够让用户在不同的拍摄距离之间快速切换，非常适合需要大范围拍摄的应用场景。

③变倍镜头：结合了定焦和变焦镜头的特点，能够在一定范围内调整焦距，通常应用于需要在一定范围内调整视场和焦距的工业环境。

其次，工业镜头的分类还可以根据镜头的材质来划分。常见的材质主要有：

①玻璃镜头：由玻璃材质制成的镜头，具有优良的光学性能和较高的价格。它们通常用于对图像质量有较高要求的应用中。

②塑料镜头：通常成本较低，但其光学性能通常不如玻璃镜头，适用于成本敏感型项目或者作为低成本解决方案的一部分。

最后，工业镜头还可以根据焦距的不同进行分类。不同的焦距适用于不同的拍摄场景：

①短焦距镜头：适合近距离拍摄，能够捕捉到更多的细节。

②长焦距镜头：适合远距离拍摄，能够在不牺牲图像质量的情况下，对远处的目标进行拍摄。

③中焦距镜头：中焦距镜头的焦距长度介于短焦距和长焦距之间，适用于需要在一定范围内调整焦距的场景。

在选择工业镜头时，需要根据具体的应用需求，综合考虑镜头的结构类型、材质、焦距以及其他关键参数，以确保选用的镜头能够满足特定的工作条件和性能要求。例如，在选择变焦镜头时，可能需要重点考虑其变焦范围、最大焦距、最小焦距以及是否需要3D处理等特性。而对于定焦镜头，则可能更注重其在特定焦距下的分辨率和景深性能。

3.2 参考工业镜头的主要参数

在光学系统设计和选择的过程中，工业镜头的主要参数是决定镜头性能和应用适应性的关键因素。这些参数不仅影响着成像的质量和性能，还可能涉及成本、物理尺寸和环境适应性等多方面的考量。以下是对工业镜头主要参数的详细说明：

①焦距：指镜头光心到成像平面（或被测物）焦点的距离，通常用毫米（mm）表示。焦距决定了成像的大小和视场的大小。在选择镜头时，需要根据具体的工作距离和成像要求来确定合适的焦距范围。

视频

工业镜头的主要参数及选型的原则

②视角：指通过镜头所能观察到的视野范围。视角的大小直接与镜头的焦距有关，焦距越短，视角越大，可以捕捉到更广阔的场景；相反，焦距越长，视角越小，可以对远处的细节进行详细观察。

③光圈：光圈大小决定了镜头允许进入的光线量。常见的光圈值有 f/2、f/2.8、f/4 等。光圈越大，进入镜头的光量越多，适合低光环境的拍摄；但光圈越大，景深越浅，影响对焦的准确性。

④最小物距：指镜头最近距离能清晰成像的距离，这个参数对于需要近距离观察的应用场合非常重要。

⑤最大物距：指镜头最远距离能清晰成像的距离，这个参数定义了镜头的工作距离范围。

⑥放大倍数：指通过镜头形成的图像相对于实际物体的大小比例。例如，一个 5 倍的镜头意味着物体的大小在成像时将是其实际大小的五分之一。

⑦成像质量：指镜头的解像力和对焦能力，通常包括分辨率、对比度、色彩还原度、畸变、色差等指标。高质量的成像可以提供更清晰、更真实的视觉效果。

在选择工业镜头时，需要综合考虑这些参数与具体应用的要求。例如，在选择一个用于显微镜的镜头时，可能需要高的放大倍数和优良的成像质量，同时对最小物距的要求也比较严格。而在选择一个用于望远镜的镜头时，则可能更注重其焦距、视角和最大物距，以获得更广阔的视野和更远距离的观察能力。此外，成本、物理尺寸、重量和安装接口等也是在选择工业镜头时需要考虑的因素。高性能的工业镜头往往价格更高，而且体积重量也会有所不同，这可能会对机械设计和系统集成带来一定的限制。因此，在实际应用中，需要在镜头的性能要求和系统的预算、空间、重量等限制之间进行平衡，以选择最合适的镜头产品。

综上所述，工业镜头的主要参数多种多样，且各参数之间相互关联，对镜头的选择和应用场景有着重要的影响。正确理解和应用这些参数是确保光学系统设计成功的关键。

3.3　选择工业镜头的依据

3.3.1　选型的原则

在选择工业镜头时，需要考虑一系列的原则和因素，以确保选用的镜头能够满足特定的应用需求。以下是一些主要的选型原则：

1. 实际需求

①分辨率：根据所需的图像细节程度选择合适的分辨率。高分辨率可以提供更详细的图像，适用于需要高分辨率图像的应用场合。

②视场角：视场角决定了相机能够捕捉到的图像范围。根据应用场景中需要覆盖的物体大小来选择视场角。

③工作距离：指镜头至目标的距离，它影响到机械设计和安装方式。需要根据安装空间来选择合适的工作距离。

2. 预算

①成本效益:在满足技术要求的前提下,选择性价比高的镜头。不仅要考虑初始成本,还要考虑长期运行成本,如能耗、耗材等。

②扩展性:考虑镜头的升级可能性,是否可以通过更换镜头组件来提升性能,以应对未来可能的技术发展。

3. 使用环境

①温度:镜头必须能够在特定的温度范围内工作,确保设备在不同环境下的可靠性。

②湿度:高湿度环境可能对镜头的材料和电子部件造成腐蚀或损害,选择适合的镜头时要考虑其对湿度的防护等级。

③震动和冲击:工业环境中可能存在的震动和冲击需要镜头有良好的机械结构以保证图像质量不受影响。

4. 其他因素

①光源:镜头的光源兼容性也是一个考虑因素,确保光源的光强、色温等参数与镜头匹配,以获得最佳的图像效果。

②接口类型:根据相机和其他设备的接口类型选择合适的镜头,如 C 接口、F 接口等。

③镜头接口:选择与相机内部接口相匹配的镜头,例如,某些相机可能使用特殊的镜头接口,需要寻找兼容的镜头。

在进行工业镜头的选型时,需要综合考虑上述原则和因素,以确保选用的镜头能够满足特定的应用需求,同时在成本和性能之间取得最佳平衡。正确的选型原则不仅能够保证项目的顺利进行,还能在长期使用过程中提供稳定可靠的性能和服务支持。

3.3.2 选型的方法

在选择工业镜头时,选型的方法是一个多步骤的决策过程,它涉及对镜头的规格、性能以及与其他设备兼容性的综合考虑。以下是一些常用的选型方法:

①参考产品手册:每款工业镜头都会配有详细的产品手册,其中包含了镜头的详细技术参数、应用领域、接口类型等关键信息。通过手册,用户可以初步了解镜头的性能特点,以及它是否符合项目的技术要求。例如,根据资料中提到的 MV-UB300 相机,可以查找相应的镜头手册,比对镜头的最大分辨率、最大帧率、像元尺寸等参数是否满足相机的技术规格。

②咨询专业人士:工业镜头的选型往往需要一定的专业知识,如果用户自身缺乏相关经验,可以咨询专业人士或技术销售人员。他们可以基于用户的具体应用需求,提供专业的选型建议。例如,根据资料中提到的 CameraLink 接口性能优越但成本较高,专业人士可能会推荐在对性能要求较高的应用场合使用该接口的镜头。

③实际测试:理论上的选择可能无法完全覆盖所有实际应用中的细节,因此实际测试是非常重要的选型方法。通过搭建实验平台,将不同的镜头与工业相机等关键设备配合使用,可以直观地评估镜头的成像质量、焦距范围、自动对焦性能等。实际测试可以帮助用户更全面地理解镜头的实际表现,以及它在实际工作中的适用性。

④考虑兼容性和接口:工业镜头的接口类型(如 C 和 F 接口)也是选型时的重要考虑因素。不同的接口可能需要不同的适配器或转换器,这将会影响到镜头的安装和调试。因此,在选型时,需要确认镜头的

接口类型与现有设备(如工业相机、光源等)的兼容性,确保可以实现设备之间的顺利连接。

⑤预算与成本效益分析:最后,预算也是选型过程中必须要考虑的因素。在满足技术要求的前提下,选择性价比高的镜头可以在保证项目质量的同时,控制项目成本。有时候,便宜的镜头可能无法满足所有性能要求,而性能优异的镜头则可能带来较高的投资成本。因此,进行成本效益分析,平衡投资与回报是非常重要的。

综上所述,工业镜头的选型是一个需要综合多种因素考量的过程。通过参考产品手册、咨询专业人士、实际测试等方法,可以帮助用户选择出最适合其特定应用需求的镜头。在实际操作中,可能需要结合多种方法来进行综合判断,以选择出最佳的工业镜头产品。

3.3.3 选型的注意事项

在选择工业镜头时,有几个关键的注意事项需要考虑,以确保选择的镜头能够满足特定应用的需求。以下是一些选型的注意事项,特别是关于镜头的兼容性、尺寸、重量等因素。

首先,兼容性是选择工业镜头时的一个重要考虑因素。兼容性不仅涉及镜头与相机的兼容性,也包括镜头与其他系统或部件的兼容性。例如,某些镜头可能设计用于与特定品牌或型号的相机配合使用,而其他镜头则可能设计成更加通用的。因此,在选择镜头之前,必须确保所选镜头与现有或预期的相机系统兼容。

其次,尺寸是选择工业镜头时必须考虑的另一个重要因素。镜头的尺寸会影响整体系统的设计、安装和运行。例如,在空间有限的应用中,如自动化生产线或机器指令中,镜头的尺寸必须与设备的尺寸相匹配,以确保安装和运行的便利性。此外,镜头的尺寸也会影响其在设备中的布局,以及它对其他部件的影响,如光源的位置等。

重量也是一个不容忽视的选型因素。镜头的重量会直接影响安装过程的复杂性以及长期使用中对安装部件的负担。在需要频繁移动或调整的应用中,选择重量较轻、易于安装和调整的镜头会大幅降低维护成本和劳动力成本。除此之外,还需要考虑镜头的光学性能,如放大倍率、焦距、工作距离、景深等。

这些参数直接关系到镜头能否满足工作场景中的特定需求,如大视场还是高倍率、需要近距离还是远距离监控等。同时,还应考虑镜头的光学性能是否能够在要求的光谱范围内工作,例如在红外或紫外光下的性能。

除上述因素之外,还应考虑镜头的环境适应性,如防尘防水等级、温度范围等,以确保镜头在特定工作环境下的稳定性和可靠性。

最后,价格也是在选择工业镜头时需要考虑的因素之一。在预算允许的范围内选择性价比高的镜头,可以在保证性能的同时,控制项目的总体成本。

综上所述,工业镜头的选型是一个涉及多方面因素考量的复杂过程。在实际操作中,需要对每一个细节进行仔细的评估和比较,以确保所选镜头能够满足应用的特定要求,同时在成本和性能之间取得最佳平衡。

单元小结

工业相机作为机器视觉系统的关键组件,其性能直接影响着整个系统的应用效果和可靠性。在选择工业相机时，除了考虑其基本的成像参数如分辨率、像素、帧率等，还需要综合考虑其环境适应性、接口类型、功耗以及后期数据处理能力等因素。

以 MV-UB300 工业相机为例，其具备的 USB 2.0 数据接口使得相机与计算机的连接更为便捷，便于进行图像的实时传输和处理。然而，USB 接口的带宽限制可能成为高带宽图像数据传输的瓶颈。因此，在设计机器视觉系统时，可能需要考虑使用千兆以太网或高速 USB 3.0 接口的工业相机，以满足更高的数据传输速率需求。

此外，工业相机的光学系统设计也是一个重要的考量因素。镜头的选择不仅要与传感器的尺寸和分辨率相匹配，还要考虑到实际应用中的工作距离、视场角度以及是否需要防水防尘等特性。例如，对于水下应用，除了需要选择具有良好防水性能的镜头，还需要考虑镜头的材料和设计是否能够抵抗水下的压力和腐蚀，以及是否支持水下照明系统的安装。

图像数据预处理单元的设计也是提高机器视觉系统性能的关键。FPGA(现场可编程门阵列)作为预处理单元的核心，其处理速度和数据处理能力直接影响到图像的处理效率。同时，DDR4 存储器和 Flash 存储器的选型和配置也需要考虑到整体系统的数据处理和存储需求。例如，DDR4 存储器的读/写速度和容量需要与 FPGA 的数据处理能力相匹配，而 Flash 存储则需要有足够的空间来存储系统配置信息和程序。

最后，工业相机的电源单元设计也不容忽视。由于工业环境中存在各种电磁干扰(EMI)和射频干扰(RFI)，电源单元需要具备良好的防护性能，确保相机的稳定运行。此外，电源的稳定性和纹波控制也是设计时需要考虑的因素，以保证图像采集的准确性和相机的长期稳定性。

综上所述，工业相机的设计和选择是一个涉及多个技术参数和应用场景的复杂过程。只有综合考虑各种因素，才能选用合适的工业相机，以满足机器视觉系统在精度、速度和可靠性等方面的高标准要求。

习 题

一、选择题

1. 工业镜头主要用于(　　)系统。

A. 家庭摄影　　B. 机器视觉　　C. 音频录制　　D. 移动通信

2. 工业镜头的分类不包括(　　)。

A. 定焦镜头　　B. 变焦镜头　　C. 远心镜头　　D. 音频镜头

3. 工业镜头的主要参数不包括(　　)。

A. 焦距　　B. 光圈大小　　C. 分辨率　　D. 存储容量

4. 工业镜头选型时不需要考虑(　　)因素。

A. 工作距离　　B. 视野大小　　C. 所需分辨率　　D. 音频质量

5. 镜头与相机匹配时需要考虑(　　)。

A. 相机传感器的尺寸和类型　　B. 相机品牌

C. 相机颜色　　D. 相机价格

6. 工业镜头接口类型不包括(　　)。

A. C 接口　　B. CS 接口　　C. HDMI 接口　　D. F 接口

7. 高质量的工业镜头通常具备(　　)特性。

A. 高畸变　B. 低对比度　C. 色彩还原能力　D. 重量轻

8. 工业镜头设计用于适应(　　)。

A. 办公室环境

B. 各种环境条件,如温度变化、湿度、振动等

C. 海洋环境

D. 太空环境

9. 工业镜头的技术发展趋势不包括(　　)。

A. 更高分辨率　B. 更宽光谱响应　C. 更大尺寸　D. 更轻重量

10. 工业镜头知识图谱的核心概念节点是(　　)。

A. 计算机视觉　B. 工业镜头　C. 光学成像　D. 图像处理

二、简答题

1. 解释工业镜头与普通摄影镜头的主要区别。
2. 描述工业镜头选型过程中需要考虑的关键因素。
3. 讨论工业镜头的环境适应性对于特定应用的重要性。
4. 分析工业镜头技术发展趋势对机器视觉系统未来发展的影响。

三、分析题

1. 根据文档内容,分析工业镜头在自动化生产线中的应用及其优势。
2. 探讨工业镜头接口类型对于系统集成和兼容性的影响,并给出选择合适的接口类型的建议。

单元 4 搭建光源系统

在一家繁忙的汽车零部件生产车间里，每一个零部件的质量都关乎汽车的整体性能和安全，因此质量检测是重中之重。为了实现高精度的检测，厂里决定引入一套先进的机器视觉检测系统，而在这个系统中，光源起着至关重要的作用。

下面先看一下光源的分类。光源大致可以分为自然光源和人造光源。自然光源就是我们熟悉的太阳光，不过在车间内，主要使用的是人造光源。人造光源又有很多种（如荧光灯），它就像一个温和的发光体，光线比较均匀柔和，在一些对光照强度要求不是特别高，且需要大面积照明的检测区域，荧光灯是个不错的选择。还有 LED 光源，这是个大家族，其中有普通的白光 LED，其亮度高、功耗低，就像一个明亮又节能的小太阳；还有彩色 LED，不同颜色的光在特定的检测场景中有着独特的用途，例如，检测有颜色标识的零部件时，利用彩色 LED 光源发出与标识颜色对比明显的光，可以更清晰地呈现出标识的完整性和准确性。另外，还有一种特殊的激光光源，它就像一把锐利的光剑，能产生高强度、高方向性的光线，在需要精确测量距离或者检测物体表面微小起伏的情况下，激光光源就可以大显身手。

了解光源，还要知道它的主要参数。其中，光照强度是一个关键参数，它就像光源的力量大小，决定了物体被照亮的程度。如果光照强度不足，图像可能会模糊不清，导致检测出现误差；而光照强度过高，又可能产生反光等问题，同样影响检测结果。光源的光谱分布也很重要，不同的光谱成分对不同颜色的物体反射和吸收情况不同，这会影响我们观察物体的颜色和细节。例如，在检测金属零部件表面的细微划痕时，需要选择合适光谱的光源，使划痕与周围正常金属表面在图像上形成明显的对比。此外，发光角度也是一个重要因素，它决定了光线覆盖的范围，在检测形状不规则且有凹陷或凸起的零部件时，要根据其形状特点选择合适发光角度的光源，确保光线能够均匀地照射到需要检测的各个部位。

那么，如何为检测系统选择合适的光源呢？这就需要考虑光源的选型依据。首先是检测对象的特征，如果是检测表面光滑的金属零件，要避免选择容易产生镜面反射的光源，防止图像出现反光光斑而掩盖零件表面的瑕疵。若是检测有颜色的塑料零件，就要根据零件颜色选择与之形成鲜明对比的光源颜色，增强图像的对比度。其次是检测环境，在有灰尘或者其他杂质的环境中，可能需要选择防护性较好且光照稳定的光源，以保证检测系统的正常运行。而且，检测的精度要求也决定了光源的选型，如果是高精度的检测，需要能够突出微小细节的光源，如激光光源或者高分辨率的 LED 光源；如果是对精度要求不是特别高的一般性检测，普通的荧光灯或者白光 LED 光源可能就足以满足需求。总之，只有根据这些依据选择合适的光源，机器视觉检测系统才能更好地发挥作用，为汽车零部件的高质量生产保驾护航。

知识能力目标：

- 了解光源的分类。
- 掌握光源的主要参数。
- 掌握光源的选型依据。

素养要求：

传递可持续发展理念，彰显人文关怀：光源系统的设计需考虑节能环保因素，这体现了可持续发展的理念，引导学生关注环境保护和资源利用。其在不同领域的应用体现了科技的人文关怀，使学生明白科技应关注人类健康和福祉。

4.1　对光源进行分类

在机器视觉系统中，光源主要分为以下几类：

视频

光源的类型

1. 环形光源

环形光源的构造别具一格，其发光部分通常以一个完整且闭合的环形进行分布，如图4-1所示。这一独特的设计使得光线能够从全方位且近乎均匀的角度投射到被检测物体上。由于光线的环绕式分布，能够在物体的表面形成相对均匀且一致的照明效果。这种均匀照明的特性赋予了环形光源在检测物体轮廓和表面特征方面的显著优势。例如，当对圆柱形物体进行外观检测时，环形光源所产生的环绕光线能够360°无死角地照射到物体的各个部分。特别是在物体的边缘区域，光线的均匀投射能够有效地增强边缘的对比度和清晰度。任何细微的缺陷，如极其微小的凸起、凹陷、细微的裂缝或者表面的不平整，在这种均匀且明亮的照明下都难以遁形。通过显著突出物体的边缘轮廓，检测人员或者机器视觉系统能够更加轻松、准确地发现和识别这些潜在的缺陷，从而大幅提高了检测的精度和效率。举个实际的例子，在对精密加工的圆柱形金属零件进行检测时，环形光源能够将零件的边缘照亮得十分清晰。哪怕是只有几微米的加工误差或者表面划痕，都能够在强烈且均匀的光线对比下被敏锐地捕捉到，确保了零件的质量符合严格的生产标准。

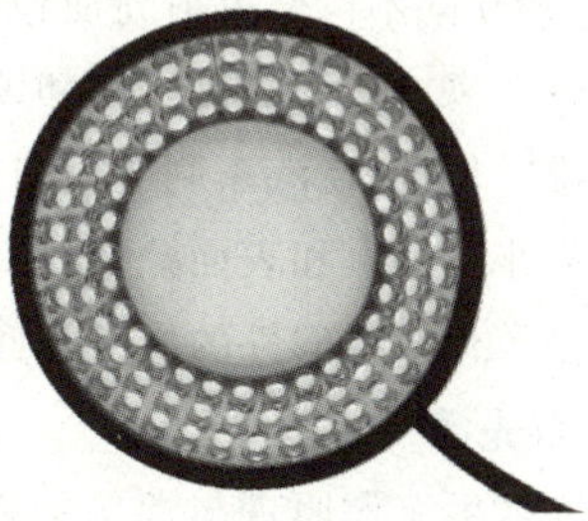

图4-1　环形光源

2. 条形光源

条形光源在形状上呈现为长而窄的条状结构，如图4-2所示。其沿着长度方向的发光区域能够集中且持续地提供线性的、具有明确方向性的光照。这种独特的线性光照特性使得条形光源在应对一些特定的检测需求时展现出独特的价值。

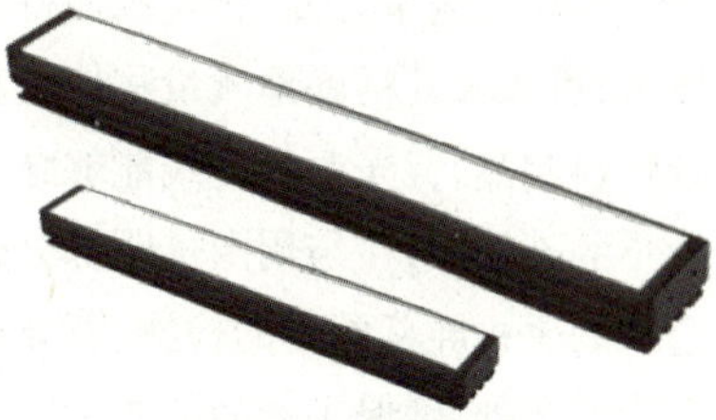

图4-2　条形光源

当需要检测较大平面上的缺陷和划痕时，条形光源可以沿着特定的方向进行照明。这样一来，平面上的任何不平整、破损或者划痕，都会在光线的照射下产生明显的阴影或者对比度变化。这些阴影和对比度的差异为检测系统提供了清晰的视觉线索，帮助其快速而准确地识别出问题所在。

对于物体的一维特征（如纸张的边缘检测），条形光源能够沿着边缘的走向进行精准照明。通过突出边缘的线条，使得边缘的整齐度、弯曲度或者是否存在破损等问题一目了然。这对于保证纸张生产的质量控制，如纸张尺寸的精度和边缘的完整性，具有重要的意义。

例如，在造纸厂的生产线上，条形光源可以安装在纸张传送路径的一侧，对快速移动的纸张边缘进行持续照明。任何边缘的毛边、缺口或者不规则的弯曲都能够在条形光源的照射下被及时发现和标记，从而确保生产出的纸张符合质量要求。

3. 同轴光源

同轴光源的显著特点在于其光线的传播方向与相机的光路严格保持同轴，如图 4-3 所示。这一特殊的设计在处理具有高反射特性的物体检测时发挥了关键作用。在检测金属等具有强烈反光表面的物体时，普通光源的光线照射往往会引发大量的反射光，这些反射光可能会掩盖物体表面的真实细节和潜在缺陷。然而，同轴光源的同轴设计巧妙地解决了这个问题。由于光线与相机的观测方向一致，能够最大限度地减少反射光的干扰，使得物体表面的真实特征得以清晰呈现。

图 4-3　同轴光源

特别是对于金属表面的划伤、凹坑、凸起等细微缺陷，在同轴光源的照明下，这些缺陷不再被反射光所遮蔽，而是能够以清晰的对比度和明确的形状展现出来。这为准确检测和评估金属表面的质量提供了可靠的视觉条件，确保了产品符合高精度的质量标准。例如，在汽车制造业中，对于发动机零部件的金属表面检测，同轴光源能够帮助检测人员清晰地看到微小的划痕和表面缺陷，哪怕这些缺陷只有几十分之一毫米的大小，也能够被准确地发现和评估，从而保证了汽车零部件的质量和性能。

4. 背光源

背光源的工作原理与常见的前向照明光源截然不同，它是从被检测物体的背面提供照明，如图 4-4 所示。这种独特的照明方式能够在物体的前方产生一种鲜明的剪影效果，从而将物体的轮廓以极高的清晰度和对比度呈现出来。

图 4-4　背光源

在物体的外形检测中，背光源的应用具有不可替代的优势。它能够清晰而准确地勾勒出物体的外部形状，包括复杂的曲线、锐角、钝角以及其他精细的几何特征。通过与预先设定的标准形状进行对比，能够迅速发现任何形状上的偏差、变形或者不规则之处。

在尺寸测量方面，背光源使得物体的轮廓在清晰的明暗对比下变得一目了然。借助先进的图像处理技术，可以极其精确地测量物体的长度、宽度、高度以及其他关键尺寸参数。对于透明物体，如玻璃制品或者塑料制品，背光源的光线能够穿透物体，使得其内部的任何缺陷，如气泡、杂质、微小的裂纹等，在与周围透明部分的对比下清晰可见。例如，在电子行业中，对于透明的手机屏幕面板的检测，背光源能够清晰地显示出屏幕内部的任何瑕疵或者不均匀之处，确保了产品的质量和显示效果。在食品行业，对于透明包装的食品，背光源可以帮助检测包装内部食品的完整性和是否存在异物。

图 4-5　点光源

5. 点光源

点光源的核心特点是能够集中且高强度地提供点状的照明，如图 4-5 所示。这种高度集中的照明方式在特定的应用场景中发挥着关键作用。

当需要突出物体的局部微小细节时，点光源能够精准地将强烈的光线聚焦在特定的部位。这使得原本难以察觉的微小特征，如零件表面极其细微的标记、纹理的微小变化或者极小的缺陷，在强烈的光线对比下得以显著显现。

在某些特定的情况下，需要在特定的位置产生强烈而集中的光照效果，以引起特别的关注或者进行特定的光学实验和检测。点光源能够满足这种精准而强烈的照明需求。例如，在半导体制造行业中，对于芯片上微小焊点的检测，点光源可以将光线精确地聚焦在焊点上，使得焊点的形状、完整性和连接质量能够得到细致的检查和评估。在珠宝鉴定领域，点光源能够集中照亮宝石的特定部位，帮助鉴定师观察宝石内部的结构和瑕疵，从而确定宝石的品质和价值。

4.2 学习光源的主要参数

机器视觉中光源的主要参数如下：

1. 亮度

亮度在光源的众多参数中占据着关键地位，它本质上决定了光源所能提供的照明强度和能量输出。较高的亮度意味着光源能够在检测环境中投射出更加强劲和集中的光线，从而有效地创造出鲜明且显著的光暗对比效果。这种强烈的对比对于突出物体的各种特征，尤其是微小的、不明显的特征以及潜在的缺陷，具有至关重要的作用。例如，当面对低反射率的物体，如黑色的橡胶制品或表面粗糙、吸光性强的材料时，普通强度的光线可能在其表面被大量吸收，导致物体表面的细节和可能存在的微小划痕、裂缝等缺陷难以被清晰地分辨。此时，高亮度的光源就能够发挥其优势，通过强大的光线投射，增加物体表面的反射光量，使得这些细微的特征与背景之间形成足够明显的对比度，从而更容易被相机捕捉和识别。然而，需要注意的是，亮度并非越高越好。如果光源的亮度过度增强，可能会导致图像中的某些区域出现过曝现象。过曝区域会呈现为一片白色，完全丢失了细节和纹理信息，这对于准确的检测和分析是极为不利的。因此，在实际应用中，需要根据具体检测对象的材质、颜色、表面特性以及周围环境的光线条件等因素，进行精细的调整和优化，以找到一个最适合的亮度平衡点，既能够突出物体的特征和缺陷，又能够避免过曝导致的信息丢失。

2. 颜色

光源的颜色是一个对机器视觉系统成像效果有着深远影响的重要参数。不同颜色的光线在与物体表面相互作用时，表现出截然不同的反射、吸收和穿透特性，这直接影响了物体的外观呈现以及特征的可见性。

在常见的光源颜色中，白色光源通常被认为是一种通用的选择，因为它包含了广谱的波长，能够在大多数常规检测场景中提供相对全面和平衡的照明效果。然而，在某些特定的应用场景中，特定颜色的光源能够展现出更为独特和显著的优势。例如，蓝色光源在检测白色塑料表面的黄色污渍时具有出色的表现。这是由于黄色污渍对蓝色光具有较高的吸收率，而白色塑料表面则对蓝色光有较强的反射能力。这种差异导致在蓝色光源的照射下，黄色污渍会显得格外暗淡，与周围明亮的白色塑料表面形成强烈的对比度，从而清晰地凸显出来。再如，在电子电路板检测中，红色光源有时用于突出某些特定的标识或元件。这是因为红色光对于特定的电路板材料和涂层可能具有独特的反射和穿透特性，使得这些需要特别关注的元素在红色光源的照明下能够更加醒目地呈现在图像中，方便检测人员或机器视觉系统进行识别和分析。

3. 稳定性

光源输出的稳定性是确保机器视觉系统能够持续、可靠地获取高质量图像的关键因素之一。不稳定的光源意味着其输出的光照强度、颜色以及其他相关特性会随着时间的推移、工作环境的变化或者自身的工作状态而发生不可预测的波动和变化。

这种不稳定性首先会对光照条件造成直接的影响，导致图像中出现亮度不均、色彩偏差等问题。进而，这些问题会严重干扰对物体特征的准确提取和分析，降低检测结果的准确性和可重复性。例如，在一次检测中发现的缺陷可能在下次检测中由于光源的不稳定而无法被检测到，或者被误判为不同类型或严重程度的缺陷。

光源的稳定性通常受到多个因素的综合影响。电源质量的优劣是一个重要方面，不稳定的电源供应可能导致电流和电压的波动，从而直接影响光源的发光强度和稳定性。光源的散热设计也起着关键作用，如果散热不良，光源在工作过程中会因为温度升高而导致发光效率和特性发生变化。此外，发光元件自身的性能和质量，如发光二极管（LED）的一致性、老化速度等，也会对光源的稳定性产生重要影响。

为了确保稳定的照明条件，在系统设计中，需要采用高质量、稳定输出的电源供应设备，并为光源配备有效的散热系统，如散热片、风扇或液冷装置等。同时，选择性能优良、一致性好且老化速度慢的发光元件也是提高光源稳定性的重要措施。

4. 均匀性

光源的均匀性是衡量其在照明区域内光强分布一致性的重要指标。在理想情况下，均匀的光源应该能够在整个照明区域内提供完全相同的光照强度，使得被照射物体的各个部分在图像中都呈现出相同的亮度和对比度。

然而，在实际应用中，由于光源的设计、制造工艺以及安装位置等因素的影响，完全均匀的照明往往难以实现。但仍需要尽量追求高程度的均匀性，以避免图像中出现明显的明暗不均区域。不均匀的光源可能导致部分区域过亮，使得这些区域的细节被过度曝光而丢失；同时，过暗的区域则可能隐藏物体的特征或缺陷，导致检测的误判和遗漏。例如，在检测大幅面的平面物体（如纸张或织物）时，如果光源不均匀，可能会在图像中出现明暗相间的条纹或斑块，影响对整个检测区域质量的准确评估。为了实现均匀的照明，光源的设计需要考虑发光元件的布局、光学透镜的使用以及照明角度的控制等多个方面。同时，在安装和调试光源时，也需要进行精确的调整和校准，以确保其能够在检测区域内提供尽可能均匀的光照。

5. 寿命

光源的使用寿命是评估其在机器视觉系统中长期性能和成本效益的重要参数。长寿命的光源意味着在系统的运行过程中，需要更少的更换次数和维护工作，从而降低了因更换光源而导致的系统停机时间、人力成本以及材料成本。

光源的寿命通常受到多种因素的制约，其中包括发光元件的类型和质量、工作温度、驱动电流以及工作环境的条件等。例如，LED 光源相比传统的白炽灯光源通常具有更长的使用寿命，因为 LED 具有更低的发热、更高的能量转换效率和更好的抗老化性能。

工作温度对于光源的寿命也有着显著的影响。过高的工作温度会加速发光元件的老化和性能衰退，缩短其使用寿命。因此，良好的散热设计和适宜的工作环境温度对于延长光源的寿命至关重要。

驱动电流的大小也会影响光源的寿命。过大的电流可能会导致发光元件过度发热和疲劳，从而缩短其使用寿命；而适当的驱动电流能够在保证发光性能的同时，最大限度地延长光源的使用寿命。

在一些需要 24 小时不间断运行的工业检测环境中，光源的长寿命特性显得尤为重要。选择具有长寿命特性的光源可以显著降低系统的总体拥有成本，提高生产效率和检测的稳定性。

6. 色温

色温作为光源的一个重要颜色特性参数，以开尔文(K)为单位进行度量。它直观地反映了光源所发出光线的颜色倾向，较低的色温会使光线呈现出暖黄色调，给人一种温暖、舒适的感觉；而较高的色温则使光线呈现出冷蓝色调，具有一种清新、明亮的视觉效果。在机器视觉应用中，选择合适的色温对于准确还原物体的真实颜色以及在不同照明条件下保持图像的一致性具有关键意义。对于一些对颜色精度要求极高的检测任务(如印刷品质量检测、纺织面料颜色分选等)，稳定且符合标准的色温能够确保颜色的准确识别和分类，避免因色温偏差导致颜色误判。例如，在印刷行业中，为了确保彩色印刷品的颜色符合预期标准，需要使用色温稳定且接近标准日光的光源进行检测，以便能够准确地发现颜色的偏差和瑕疵。

7. 发光角度

光源的发光角度决定了光线从光源发射出来后的扩散范围和照射区域。不同的发光角度适用于不同的检测对象和场景，为机器视觉系统提供了多样化的照明选择。

较窄的发光角度能够实现集中且高强度的照明效果，将光线聚焦在一个相对较小的区域内。这种集中照明方式对于突出特定区域的细节、强调物体的局部特征或者在有限的空间内提供强烈的光照非常有用。例如，在检测小型立体物体的关键部位，如微小零件的精密接口或宝石的特定刻面时，窄角度光源能够将光线集中在这些需要精细观察的区域，提高对比度和清晰度，帮助检测人员发现细微的缺陷或特征变化。

较宽的发光角度则适用于大面积均匀照明的需求。当检测对象是大型平面物体，如大幅面的纸张、平板显示器或车身面板时，宽角度光源能够确保整个检测区域都能接收到相对均匀分布的光线，减少阴影和明暗差异，从而实现全面、一致的照明效果，有助于发现大面积的缺陷、平整度问题或颜色不均匀性。

8. 频闪特性

对于涉及高速运动物体的检测应用，光源的频闪特性成为影响图像捕捉效果的一个关键因素。频闪是指光源在单位时间内快速闪烁或交替发光的特性。

具有良好频闪控制的光源能够与相机的快门速度精确同步。当相机的快门打开时，光源恰好在瞬间发出高强度的光线，确保在高速运动状态下的物体能够被清晰地照亮并被相机捕捉到。这种同步机制有效地避免了因物体运动速度过快而导致的图像模糊、拖影等问题，使得每一次曝光都能够获取到物体在特定瞬间的清晰、静止的图像。例如，在检测高速旋转的机械零件(如发动机曲轴或涡轮叶片)时，光源的频闪频率需要与相机的快门速度紧密配合。如果频闪频率过低或与快门速度不同步，可能会导致拍摄到的图像中零件的轮廓变得模糊不清，无法准确地识别零件表面的缺陷、变形或磨损等问题。通过精确调整光源的频闪特性，能够在高速运动的场景中获得高质量、无模糊的图像，从而实现对高速运动物体的准确检测和分析。

4.3 掌握光源的选型依据

光源的选型需要综合考虑多个因素，以确保机器视觉系统能够达到最佳的检测效果。

1. 检测物体的特性

检测物体的特性是光源选型的重要依据。对于表面反光强烈的物体(如常见的金属制品)，其表面具有很高的反射率，反射的光线容易在成像过程中形成干扰，导致图像出现过亮区域、模糊或失真等问题，从而严重影响成像质量和检测精度。在这种情况下，同轴光源因其独特的光路设计成了一个理想的选择。

同轴光源的光线传播方向与相机的观测光路同轴,这种特殊结构能够有效地减少物体表面的反光。当光线照射到金属表面时,反光被最大限度地抑制,使得物体表面的细节得以清晰呈现,无论是微小的划痕、凹坑还是细微的纹理,都能在图像中准确地显示出来,因此同轴光源可能是此类应用场景中的最佳选择。

而对于透明物体(如玻璃制品或透明塑料包装),由于其材质的特殊性,光线能够穿透物体。此时,背光源就能够发挥其独特的作用。背光源从物体的背面提供照明,当光线穿过透明物体时,物体内部的结构和可能存在的缺陷会因为与周围环境的光透过率差异而形成明显的轮廓和阴影。这种清晰的对比效果使得透明物体内部的气泡、杂质或结构缺陷能够被轻易地发现和识别。这对于确保透明物体的质量和完整性(例如,检测玻璃制品中的微小气泡或透明塑料包装内的异物),具有非常重要的意义。

对于具有复杂形状的物体,由于其形状的不规则和多面性,单一类型的光源往往难以实现全面、均匀的照明。在这种情况下,可能需要巧妙地组合使用多种光源来满足照明需求。例如,可以同时使用环形光源、条形光源甚至点光源。环形光源能够提供一个相对均匀的环绕式照明,从多个角度照亮物体,有助于展现物体的整体轮廓和大致特征;条形光源则可以针对物体的特定线性区域(如边缘、沟槽或细长的结构),提供集中的线性照明,突出这些部位的细节;点光源能够在需要特别强调的局部区域提供高强度的集中照明,用于检测微小而关键的部位。通过从不同的角度和方向进行照明,可以确保物体的各个部位都能得到充分的光照,避免出现阴影或照明不均的情况,从而保证检测的准确性和完整性。

2. 工作环境的条件

工作环境的条件对光源的选型有着不可忽视的影响。如果工作环境温度较高,例如在高温的铸造车间或热处理生产线,普通光源可能会因为无法承受高温而出现性能下降甚至损坏的情况。在这种恶劣的温度条件下,就需要选择专门设计的能够在高温环境下稳定工作的光源。这些光源通常具有一系列特殊的设计和材料选择,以确保其正常运行。首先,它们具有良好的散热设计,可能包括高效的散热片、风扇或液冷系统,能够快速将光源工作时产生的热量散发出去,防止温度过高对光源性能造成影响。其次,采用耐高温的材料制作关键部件,如灯泡外壳、电路板和连接线路,确保在高温下不会变形、老化或失效。此外,稳定的电气性能也是至关重要的,能够在高温环境中保持电流和电压的稳定输出,从而保证光源的发光强度和颜色的稳定性。只有具备这些特性的光源,才能在高温环境下正常发光并保持稳定的照明效果,满足机器视觉系统的检测需求。

在灰尘较多或潮湿的环境中(如矿山、食品加工厂等),光源面临着被灰尘堵塞或被水汽侵蚀的风险。为了应对这种情况,光源需要具备良好的防护性能。这可能包括采用密封的外壳设计,阻止灰尘和水汽进入光源内部。同时,配备防尘滤网可以有效地过滤空气中的灰尘颗粒,防止其进入光源并堆积在发光元件或光学部件上,影响照明效果。防水涂层则能够保护光源的电路和连接部分免受水汽的侵蚀,避免短路或腐蚀等问题的发生。通过这些防护措施,可以保护光源内部的发光元件和电路不受外界污染物的影响,延长光源的使用寿命并保证其性能的稳定性,确保在恶劣环境下仍能为机器视觉系统提供可靠的照明。

3. 检测任务的具体要求

检测任务的具体要求也是决定光源选型的关键因素。如果需要检测微小的缺陷(例如电子元件上极其细微的裂纹或芯片表面纳米级的缺陷),或者进行高精度的尺寸测量(例如机械零件微米级的尺寸测量),对于照明光源的性能提出了极高的要求。在这种情况下,就需要选择具有高亮度和良好均匀性的光源。这样的光源能够提供足够强大且均匀分布的照明强度,使得微小的缺陷和细微的尺寸差异能够在图像中形成明显而清晰的对比。高亮度的光线能够确保即使是极其微小的缺陷也能产生足够的反射或散射,从而在图像中形成可识别的信号;同时,良好的均匀性能够保证整个检测区域的照明条件一致,避免因光照不均导致的局部过亮或过暗，从而影响对缺陷和尺寸差异的准确判断。通过这种方式，能够实现对微小缺陷和高精度尺寸的准确检测和测量，满足高要求的检测任务。对于颜色检测任务，光源的颜色准确性和稳定性就显得尤为重要。不同颜色的光源对于物体颜色的呈现效果有着显著的影响。例如，某些颜色的光源可能会增强或减弱物体的某些颜色特征，导致颜色的失真或偏差。而且，光源本身的颜色输出也需要保持高度的一致性和稳定性，避免在检测过程中出现颜色的波动或变化。这是因为即使是微小的颜色偏差或波动，都可能导致检测结果出现错误。例如，在纺织业中对布料颜色的检测，需要使用能够提供稳定、准确颜色光的光源。这种光源能够确保在不同的光照条件和时间下，对不同颜色和色调的布料进行精确的分类和质量评估，避免因颜色检测不准确而导致的产品质量问题和商业纠纷。

4. 系统的成本和预算

系统的成本和预算也是在光源选型过程中必须考虑的实际因素。市场上的光源产品种类繁多，不同类型、性能和品牌的光源价格差异较大。在满足检测需求的前提下，应当通过对市场上各种光源产品的全面比较和深入分析，选择性价比高的光源方案。这不仅需要考虑光源本身的购买价格，还需要综合考虑其在使用过程中的一系列成本因素。例如，光源的使用寿命直接关系到更换光源的频率和相关成本。较长寿命的光源虽然初始购买价格可能较高，但由于更换频率低，长期来看能够降低维护成本。同时，光源的能耗也是一个重要的考虑因素，低能耗的光源在长期使用中能够节省大量的电力成本。此外，光源的维护成本，包括维修费用、备件成本和因维护导致的停机时间成本等，也需要纳入考虑范围。通过综合权衡这些因素，能够在满足检测需求的同时，实现长期的成本效益最大化，为企业节省资金并提高生产效率。

例如，在电子电路板的检测中，由于电路板上的元件密集且形状多样，单一的光源往往难以满足全面检测的需求。环形光源能够提供大面积的均匀照明，照亮整个电路板，突出元件的整体轮廓和布局，帮助检测人员快速定位和初步评估。其均匀的光线分布能够确保电路板的各个区域都得到充分的照明，减少阴影和明暗差异，使得整体外观一目了然，便于发现较大范围的问题或异常。而条形光源则可以针对电路板上的线路和焊点进行重点照明。由于其线性的光照特点，能够更好地突出线路的走向、焊点的形状和连接情况。条形光源的集中照明能够在特定方向上提供更高的光照强度，使得线路的细微缺陷、焊点的虚焊或短路等问题在强烈的对比下更加明显，便于发现和诊断这些局部但关键的问题。通过这种组合使用，既能够提高检测的效率和准确性，又能够在一定程度上控制成本，达到性能和成本的平衡。

在食品包装检测中，为了检测透明包装内的异物，背光源能够发挥独特的作用。当背光源从包装的背面照射时，异物会在透明包装内形成明显的阴影或与周围环境形成鲜明的对比。即使是微小的杂质、颗粒或者昆虫等异物，也能够在这种强烈的对比下凸显出来。这种方式能够有效地检测出包装内可能存在的各种异物，确保食品的质量和安全。通过利用背光源的特性，可以在不破坏包装的情况下，对内部情况进行快速、准确的检测，提高生产效率和产品质量。

综上所述，光源的选型是一个综合性的过程，需要充分考虑检测物体的特性、工作环境条件、检测任务要求、成本预算等多个因素，并通过实际测试和验证，选择最适合的光源类型和参数，以确保机器视觉系统能够达到最佳的检测效果，提高生产效率和产品质量。

单元小结

机器视觉系统的光源主要有环形光源、条形光源、同轴光源、背光源和点光源。它们各具特点，适用于不同的检测场景。光源主要参数包括亮度、颜色、稳定性、均匀性、寿命、色温、发光角度和频闪特性等。这些参数会影响光源的照明效果和机器视觉系统的成像质量,需要根据实际情况进行选择和调整。光源选型需要综合考虑检测物体特性(如表面反光情况、是否透明、形状复杂程度等)、工作环境条件(温度、灰尘、湿度等)、检测任务要求(检测微小缺陷、高精度尺寸测量、颜色检测等)以及成本预算等因素。选择最合适的光源类型和参数,可实现最佳检测效果,提高生产效率和产品质量。

习　题

一、单项选择题

1. 当需要检测纸张上的文字时,优先选择(　　)光源。

A. 背光源　　B. 条形光源　　C. 环形光源　　D. 同轴光源

2. 光源的均匀性越好,意味着照明区域内(　　)。

A. 光强差异越大　　B. 光强完全相同

C. 光强分布越均匀　　D. 颜色偏差越小

3. 对于透明物体内部的气泡检测,以下(　　)光源效果最佳。

A. 点光源　　B. 条形光源　　C. 环形光源　　D. 背光源

4. 光源的寿命通常与以下(　　)因素关系最小。

A. 光源的价格　　B. 发光元件的质量

C. 工作温度　　D. 驱动电流

二、填空题

1. 在机器视觉系统中,光源主要分为环形光源、条形光源、同轴光源、背光源和________。
2. 光源输出的________对于机器视觉系统获取高质量图像至关重要。
3. 对于高速运动物体的检测,光源的________需要与相机的快门速度精确同步。
4. 在高温环境下工作,需要选择具有________的光源。
5. 光源的选型需要综合考虑________、成本预算等因素。

三、判断题

1. 环形光源只能用于检测圆柱形物体。(　　)
2. 稳定的光源输出能够保证图像质量的稳定性。(　　)
3. 均匀性好的光源在任何情况下都能提供最佳的照明效果。(　　)
4. 在高温环境下,所有光源都需要特殊的散热设计。(　　)

四、简答题

1. 简述环形光源的工作原理及其在机器视觉检测中的优势。
2. 说明条形光源在检测较大平面上的缺陷和划痕时的工作原理及作用。
3. 光源的亮度对检测效果有哪些影响?在实际应用中如何选择合适的亮度?
4. 在多尘和潮湿的环境中,为保证光源的正常工作,需要采取哪些防护措施?

第三部分

机器视觉的软件编程

单元 5 初识数字图像处理技术

十一国庆节放假，小明和父母一起去爬黄山。秋高气爽，举世闻名的黄山，以其雄奇的地貌、悠久的历史和绚丽的自然景观吸引着无数游客。从高耸入云的始信峰，到令人惊叹的丹霞地貌，黄山每个角落都闪耀着大自然的精妙与壮美。小明及家人拍摄了很多照片，回到家小明想将照片存入计算机中，并对照片进行美化。其做法是：首先把手机里的照片导入到计算机中，然后使用数字图像处理软件读取图像、显示图像、对图像进行处理，并将生成的新图像存储在计算机中。

知识能力目标：

- 了解数字图像处理的发展和目的。
- 掌握获取和显示图像的方法。
- 能够显示灰度直方图。
- 了解图像的存储格式。

素养要求：

培养耐心和毅力，强化法律道德意识：通过了解数字图像处理技术的发展历程，体现了长期积累和持续创新的过程，有助于培养学生的耐心和毅力。其在某些领域的应用涉及个人隐私和信息安全问题，借此强化学生的法律意识和道德观念。

5.1 数字图像处理

视频

初始数字图像处理

数字图像处理(digital image processing)又称计算机图像处理，它是指将图像信号转换成数字信号并利用计算机对其进行处理的过程。数字图像处理是通过计算机对图像进行去除噪声、增强、复原、分割、提取特征等处理的方法和技术。数字图像处理的产生和迅速发展主要受三个因素的影响：一是计算机的发展；二是数学的发展；三是广泛的农牧业、林业、环境、军事、工业和医学等方面应用需求的增长。

1. 数字图像处理发展概况

数字图像处理的起源可以追溯到20世纪50年代,在那个时期,电子计算机的发展取得了显著的进步,逐渐具备了处理图形和图像信息的初步能力。这一技术的发展为后续数字图像处理领域的开拓奠定了重要的基础。

在20世纪60年代初期,数字图像处理开始作为一门独立的学科崭露头角。在早期阶段,数字图像处理的核心目标聚焦于提升图像的质量,其服务对象主要是人,旨在最大限度地优化人的视觉感受。

在初始发展阶段,数字图像处理所面对的往往是那些在质量方面存在不足的图像,而经过一系列处理操作后,最终输出的是质量得到显著改善的图像。在众多常用的图像处理方法中,图像增强技术扮演着关键的角色。这一技术通过巧妙地调整图像的对比度、亮度等关键参数,成功地突出了图像中具有重要意义的信息,使得原本模糊不清或者不太显著的特征得以清晰地展现。

图像复原技术则致力于去除或减轻图像在获取、传输或者处理过程中所引入的各种失真和噪声。通过一系列复杂的算法和数学模型,尽力还原图像的原始面貌,使得被干扰的图像能够重新呈现出其应有的清晰度和准确性。

图像编码是另一种重要的处理手段,它通过采用更为高效和优化的方式来表示图像数据,从而有效地减少了图像所需的存储空间,提高了数据的存储和传输效率。

图像压缩技术则在尽量保留图像重要信息的前提条件下,显著地减小了图像的数据量,使得图像在存储和传输过程中更加便捷和高效。

数字图像处理的首次重大实际成功应用发生在美国喷气推进实验室(JPL)。1964年,航天探测器徘徊者7号从遥远的太空发回了数千张珍贵的月球照片。这些照片在经过精心的图像处理技术应用后,取得了令人瞩目的成果。例如,通过几何校正技术,精准地修正了图像在获取过程中可能产生的几何变形,确保了图像的空间准确性;灰度变换技术则巧妙地调整了图像的亮度分布,使得图像中的明暗对比更加合理,突出了关键的细节;去除噪声技术则有效地消除了图像中的干扰和杂讯,提高了图像的清晰度和可读性。

在充分考虑太阳位置和月球环境等多种复杂因素的影响下,借助强大的计算机运算能力,成功地绘制出了月球表面的精确地图。这一开创性的成就不仅在当时引起了巨大的轰动,也为后续的太空探索和研究奠定了坚实的基础。

随后,JPL对探测飞船发回的近十万张照片进行了更为复杂和精细的处理。通过运用各种先进的图像处理技术,成功地生成了月球的地形图、彩色图以及全景镶嵌图等一系列具有极高价值的成果。这些成果不仅为人类对月球的深入了解提供了丰富的资料,也为未来的登月计划提供了至关重要的参考和依据。

数字图像处理技术在对火星、土星等其他星球的探测研究中也发挥了不可或缺的作用。通过对探测器发回的海量图像进行处理和分析,科学家们能够更加清晰地了解这些星球的表面特征、地质结构以及气候环境等重要信息,为人类探索宇宙的奥秘提供了有力的支持。

数字图像处理在医学领域同样取得了具有里程碑意义的重大成就。1972年,英国EMI公司的工程师Housfield开创性地发明了用于头颅诊断的X射线计算机断层摄影装置,也就是通常所熟知的CT(computer tomograph)。

CT的基本工作原理是基于人的头部截面的投影数据,通过复杂的计算机算法和数学模型进行处理,从而重建出截面的图像。这一技术的出现彻底改变了医学诊断的方式,使得医生能够更加直观和准确地观察到人体内部的结构和病变情况。

1975年,EMI公司再接再厉,成功研制出了全身用的CT装置。这一装置能够为人体的各个部位生成清晰、明确的断层图像，为疾病的诊断和治疗提供了更为全面和准确的信息。1979 年，这一无损伤诊断技术因其对人类健康事业的巨大贡献而荣获诺贝尔奖，充分证明了其在医学领域的划时代意义和不可估量的价值。

与此同时，图像处理技术在众多领域引起了广泛的关注，并取得了一系列开创性的成就。在航空航天领域，图像处理技术帮助科学家和工程师更加清晰地分析卫星图像、监测航天器的运行状态；在生物医学工程领域，它为医学研究和临床诊断提供了强大的支持，如对细胞图像的分析、心血管疾病的诊断等；在工业检测方面，能够快速准确地检测产品的质量和缺陷；在机器人视觉领域，使机器人能够通过图像识别和处理来感知周围环境，实现自主导航和操作；在公安司法领域，用于指纹识别、人脸识别、物证分析等，提高了犯罪侦查和司法审判的效率和准确性；在军事制导领域，为导弹制导、目标跟踪等提供了关键的技术支持；在文化艺术领域，如数字绘画、文物保护和数字媒体创作等方面发挥了重要作用。

这些领域的成功应用使得图像处理技术迅速发展成为一门备受瞩目的新兴学科，吸引了越来越多的研究人员和资源投入。

自 20 世纪 70 年代中期开始，随着计算机技术的飞速发展以及人工智能和思维科学研究的不断深入，数字图像处理迈向了更高层次和更深度的研究方向。研究人员开始致力于探索如何让计算机系统像人类视觉系统一样理解和解释图像，从而实现更加智能和自动化的图像分析和处理，这一领域称为图像理解或计算机视觉。

在这个过程中，许多国家，特别是科技发达的国家，纷纷投入大量的人力、物力和财力进行相关研究。其中，具有代表性的成果是 20 世纪 70 年代末由麻省理工学院（MIT）的 Marr 提出的视觉计算理论。这一理论在随后的十多年间成了计算机视觉领域的主导思想，为该领域的发展提供了重要的理论基础和研究方向。

尽管图像理解在理论和方法研究方面取得了一定的进展，但由于人类对自身视觉过程的认知仍然存在诸多未知和谜团，计算机视觉仍然是一个充满挑战和有待深入探索的前沿领域。目前，我们对人类视觉系统的工作机制和认知过程的理解还非常有限，这给计算机视觉的发展带来了巨大的困难和障碍。

数字图像处理在国民经济的各个领域都得到了广泛而深入的应用。在农林领域，通过对遥感图像的精确分析，能够实时了解植物的生长状况、准确评估农作物的产量，并有效地监视病虫害的发展趋势以及采取相应的治理措施。水利部门借助先进的图像处理技术对遥感图像进行深入分析，及时获取水害灾情的变化情况，为防洪减灾和水资源管理提供科学依据。气象部门通过对气象云图的细致处理和分析，显著提高了天气预报的准确性和可靠性，为人们的生产生活提供了更加及时和有效的气象服务。

国防及测绘部门利用航测或卫星所获取的大量图像数据，结合图像处理技术，能够精确地绘制出地域地貌及地面设施的详细信息，为国防安全和国家建设提供了重要的地理信息支持。机械部门采用图像处理技术对金相图进行自动分析和识别，大幅提高了材料检测和质量控制的效率和准确性。医疗部门广泛应用各种先进的数字图像技术，如 X 光、CT、MRI 等，实现了对各种疾病的自动诊断和精确分析，为患者提供了更加及时和有效的医疗服务。

数字图像处理在通信领域也展现出了独特的价值和广阔的应用前景。传真通信通过对图像的数字化处理和传输，实现了文件和图像的快速、准确传递；可视电话和会议电视利用实时的图像处理技术，让人们能够在远距离进行面对面的交流，极大地提高了沟通的效率和质量；多媒体通信融合了声音、图像、文字等多种信息形式，提供了更加丰富和生动的通信体验；宽带综合业务数字网（B-ISDN）和高清晰度电视（HDTV）则凭借强大的图像处理能力，带来了更加清晰、流畅和逼真的视觉享受。

图像处理技术的广泛应用和迅速发展，使得为机器人配备视觉系统的科学设想逐渐成为现实，有力地推动了计算机视觉或机器视觉领域的蓬勃发展。然而，计算机视觉实际上是图像处理和图像识别的高度融合，其技术复杂度极高，需要设计专门的高速硬件来满足其对计算能力和数据处理速度的苛刻要求。

数字图像处理技术在国内外都取得了飞速发展，并且在各个领域得到了广泛的应用。然而，就其学科建设而言，目前仍处于不断完善和发展的阶段，尚未形成一套成熟、通用的研究模型和完整、权威的质量评价体系指标。大多数图像处理方法的适用性因处理对象的不同而存在较大差异，需要根据具体的应用场景和需求进行针对性的选择和优化。因此，数字图像处理的未来研究方向之一是构建一套完整、统一的理论体系，为该领域的发展提供坚实的理论基础和指导框架。

2020年，中国数字图像处理应用端市场规模已经达到了217.3亿元，其年复合增长率高达252.4%。据预测，到2025年，市场规模将进一步增长至6 001.5亿元，年复合增长率有望达到94.2%。随着应用端需求的持续爆发式增长，数字图像处理行业一直保持着强劲的增长态势。这一技术已经在众多领域得到了广泛应用（如手机、汽车、金融服务、互联网打车和线上租赁公寓等），成了人工智能技术中应用范围最广泛、落地效果最显著的技术之一。

现在，安防影像分析、金融身份认证以及互联网娱乐已经稳固地确立为数字图像处理行业至关重要的技术发展方向，各自展现出独特且关键的作用和价值。

在安防领域，影像分析技术正经历着前所未有的重要变革和快速发展。随着监控摄像头的广泛部署和高清化趋势，产生了海量的视频数据。通过先进的数字图像处理技术，对这些监控视频进行实时且深入的分析变得至关重要。能够迅速且精准地识别出异常行为，例如突发的暴力冲突、非法入侵、人群的异常聚集等。同时，对于可疑人员的面部特征、体态特征以及行动轨迹的捕捉和分析能力也大幅提升，从而在潜在的安全威胁尚未形成实际危害之前，及时发出预警并采取相应的防范措施。这不仅显著提高了公共区域如城市街道、商场、车站等场所的安全保障水平，也为各类特定场所（如企业园区、学校、政府机构等）提供了更为精细和有效的安全管理手段。

在金融行业，身份认证环节对于数字图像处理的依赖程度日益加深。随着金融交易的数字化和网络化趋势不断加强，防范欺诈和确保交易安全成为首要任务。利用基于人脸、指纹、虹膜等生物特征的图像识别技术，能够实现高精度、高可靠性的身份验证。通过对这些生物特征图像的采集、提取和比对，金融机构可以在瞬间确认身份，有效杜绝身份冒用、欺诈交易等风险，为金融交易的安全与稳定构建起一道坚实的防线。同时，这种基于图像的身份认证技术还能够为用户提供更加便捷和高效的服务体验，减少烦琐的身份验证流程，提升金融服务的质量和效率。

在互联网娱乐领域，数字图像处理技术带来前所未有的丰富和逼真的视觉体验。在游戏方面，通过精细的建模、纹理映射、光影效果等图像处理技术，营造出极具沉浸感的虚拟世界。玩家能够身临其境地感受逼真的场景、生动的角色和精彩的特效，极大地提升了游戏的趣味性和吸引力。在短视频领域，特效滤镜、虚拟形象生成、动态贴纸等技术的广泛应用，能够轻松创作出富有创意和个性化的内容。同时，直播行业中的美颜、背景替换等功能，也依赖于数字图像处理技术，为观众和主播带来更好的互动体验。

与此同时，众多领域如智慧安防、电商消费、智慧金融、手机娱乐、交通运输、智能家居、智能制造、医疗卫生和物流快运等的应用端数量呈现出极为显著的增长态势。

在智慧安防领域，智能化的监控系统不断进化和完善。除了基本的视频采集功能，结合先进的图像处理算法，实现了对复杂场景的实时理解和分析。例如，在大型活动现场，能够准确统计人员数量、分析人流走向，及时发现潜在的拥堵和安全隐患。在社区环境中，通过对车辆和人员的行为模式学习，实现精准的异常行为预警，为居民提供更安心的生活环境。

电商消费领域，商品图像的处理和优化成为提升消费者购物体验的关键因素。通过高清晰度、多角度的商品图片展示，以及虚拟试穿、试戴等技术的应用，让消费者在未接触实物的情况下，能够更直观地感受商品的效果和尺寸适配性，从而减少购买决策的不确定性，有效促进了线上交易的增长和满意度的提升。

智慧金融领域，除了身份认证这一关键环节，风险评估和用户画像等方面也越来越多地依赖于数字图像处理技术。通过对用户的消费行为图像、财务报表图像等的分析，能够更全面、深入地了解用户的风险偏好、消费习惯和财务状况，为金融机构提供更精准的风险评估模型和个性化的金融服务方案。

手机娱乐行业，随着移动设备性能的不断提升，对于高画质游戏和特效丰富的短视频等应用的需求持续增长。这就要求数字图像处理技术在移动端实现高效能、低功耗的运行，同时保证画面的流畅性和视觉效果的震撼性。通过实时渲染、动态光影调整等技术，带来更加精彩绝伦的娱乐体验。

交通运输领域，自动驾驶技术的发展离不开对周围环境图像的精准处理和快速分析。车辆上的摄像头和传感器采集到的大量图像数据，需要经过高效的图像处理算法，实时识别道路标识、其他车辆、行人等障碍物，并迅速做出驾驶决策，保障行车的安全和顺畅。在智能交通管理方面，通过对路口监控图像的分析，实现交通流量的实时监测和优化调控，提高道路的通行效率。

智能家居场景下，数字图像处理技术使得家庭设备具备了更智能的感知和响应能力。通过对家庭环境图像的实时采集和分析，智能家电能够自动识别家庭成员的存在和活动状态，从而实现灯光的自动调节、家电的智能控制以及个性化的场景模式切换。例如，当检测到主人回家时，自动打开灯光、调整室温，并播放喜欢的音乐。

智能制造过程中，产品质量检测环节借助高分辨率的图像采集设备和精密的图像处理算法，能够对产品表面的微小缺陷、尺寸精度等进行快速而准确的检测，大幅提高了检测效率和准确性，降低了次品率。在生产流程监控方面，通过对生产线图像的实时分析，及时发现设备故障、生产异常等问题，实现生产过程的优化和智能化管理。

医疗卫生领域，医学影像如 X 光、CT、MRI 等的诊断和分析在很大程度上依赖于数字图像处理技术。通过对这些影像的增强、分割、量化分析等处理，医生能够更清晰地观察到病变部位的形态、结构和功能变化，从而做出更准确的诊断和治疗方案。同时，远程医疗中的医学图像传输和处理也需要高效的数字图像处理技术来保障图像质量和诊断的准确性。

物流快运行业，包裹的自动分拣和识别系统依靠对包裹图像的快速采集和处理，实现准确的分类和跟踪。通过图像处理技术读取包裹上的条码、文字等信息，结合机器学习算法，提高分拣的效率和准确性，减少人工操作的错误和劳动强度，提升物流配送的整体速度和服务质量。

这些应用端的迅猛发展，产生了对数字图像处理技术的更高需求，有力地推动了行业上游硬件性能的显著提升和算法的不断优化。为了满足处理大量高清图像数据的需求，更先进的图像传感器不断推出，具备更高的分辨率、更快的采集速度和更低的噪声水平。同时，计算芯片的性能也在飞速发展，如 GPU、TPU 等专门用于图像处理的硬件加速设备，为复杂的图像处理任务提供了强大的计算支持。在算法方面，深度学习算法特别是卷积神经网络(CNN)的不断创新和改进，使得图像识别、分类、分割等任务的准确性和效率大幅提高。同时，针对不同应用场景的特定算法研究也在不断深入，如针对实时处理需求的轻量级算法、针对低光照环境的图像增强算法等。

这一发展态势也驱动了数字图像处理行业中游技术方向的持续创新。例如，实时处理技术成为研究的重点，以满足自动驾驶、工业生产等对响应速度要求极高的应用场景。边缘计算技术的兴起使得图像处理能够在靠近数据源的边缘设备上进行，减少数据传输延迟，提高系统的整体性能。低功耗图像处理技术的发展则对于移动设备、物联网设备等电池供电的设备至关重要，在保证处理效果的同时降低能耗，延长设备的使用时间。

展望未来，随着5G通信技术的普及、人工智能技术的进一步发展以及新兴应用场景的不断涌现，数字图像处理行业有望继续保持强劲的增长势头。新的应用需求，如增强现实（AR）/虚拟现实（VR）中的沉浸式体验、智能医疗中的远程手术指导、智能城市中的环境监测等，将为数字图像处理技术提供更广阔的发展空间。同时，技术创新将不断突破现有的性能瓶颈，提高图像处理的精度、速度和智能化水平。预计未来数字图像处理行业将在技术融合、应用拓展和产业升级等方面取得更大的成就，为社会的数字化转型和智能化发展注入持续的动力。

2. 数字图像处理的目的

一般而言，对图像进行处理、加工或深入分析，主要存在以下三个关键且明确的目的：

①致力于显著提升图像的视感质量。这一目标的达成，需要综合运用多种技术手段，其中包括对图像的亮度和色彩进行精心的调整与巧妙的变换。例如，当面对一幅亮度明显不足的图像时，通过科学合理地增加其亮度数值，能够使图像中的细节从昏暗模糊变得清晰可辨，从而大幅提升其可视性和可理解性。同样，对于存在色彩偏差或失真的图像，借助专业的色彩校正技术进行精准的调整，能够准确还原图像原本应有的真实、自然的色彩，使其呈现出更加逼真和吸引人的视觉效果。

此外，通过有针对性地增强图像中的某些关键成分，同时抑制那些相对次要或可能产生干扰的部分，能够突出图像的重点信息，使观察者更容易聚焦于重要的内容。而对图像实施几何变换，如旋转、缩放、平移、镜像等操作，则能够根据具体的应用需求和观看场景，灵活调整图像的展示方式和角度，以达到最佳的视觉呈现效果。

②专注于精准提取图像中所蕴含的特定特征或独特的特殊信息。这些被精心提取出来的特征或信息，对于后续的计算机对图像的深入分析工作具有至关重要的价值，并且往往构成了模式识别或计算机视觉进行预处理的核心环节和关键基础。

提取的特征涵盖了极其广泛且丰富多样的方面。在频域特征方面，通过对图像进行频域变换（如傅里叶变换等），能够揭示出图像在频率域中的能量分布和周期性规律，为进一步的分析提供重要的依据。灰度或颜色特征则反映了图像中像素的亮度和色彩分布情况，这些特征可以帮助区分不同的物体或区域。

边界特征的提取能够准确界定图像中物体的轮廓和边缘，对于物体的识别和定位具有关键意义。区域特征则关注图像中具有相似属性的连续区域，如面积、形状、纹理等特征，有助于对图像进行分割和分类。

纹理特征描述了图像中重复出现的模式和结构，例如木纹、织物纹理等，能够反映物体的表面特性。形状特征包括物体的几何形状、对称性、长宽比等，对于物体的识别和分类具有重要的指示作用。拓扑特征关注图像中物体之间的连接关系和空间布局，关系结构特征则侧重于描述物体之间的相互关系和层次结构。

通过对这些丰富多样的特征进行准确提取和深入分析，能够为图像的更高层次理解和复杂任务处理提供坚实的支撑和有力的保障。

③着力于对图像数据进行有效的变换、高效的编码以及合理的压缩。在当今数字化信息爆炸的时代背景下，图像数据量常常呈现出极其庞大的规模。未经精心处理和优化的原始图像数据，可能会占据海量的存储空间，并在传输过程中消耗大量的带宽资源。

通过运用适当的变换技术,如离散余弦变换(DCT)、小波变换等,能够将图像数据转换到更便于处理和压缩的域中。结合高效的编码算法,如霍夫曼编码、算术编码等,能够以更紧凑和优化的方式表示图像数据。

同时,采用有效的压缩技术,如有损压缩(如JPEG压缩)和无损压缩(如ZIP压缩),能够在最大限度保持图像关键信息和视觉质量的前提下,显著减小图像数据的规模。这样不仅能够大幅节省存储空间,降低存储成本,而且能够显著提高图像在各种网络环境中的传输效率和速度,确保图像能够在不同的设备和平台之间快速、流畅地进行存储、传输和共享。

无论数字图像处理的具体应用场景和特定需求如何变化,都离不开由功能强大的计算机和专业、精密的图像设备所共同构建而成的图像处理系统。这个系统在整个图像处理流程中发挥着不可或缺的核心作用,负责对图像数据进行准确、高效的输入采集,运用复杂的算法和技术进行精细入微的加工处理,最终实现高质量、高精度的输出呈现,从而确保整个图像处理过程的顺利推进和最终成果的卓越品质。

3. 数字图像处理的常用方法

①图像变换:由于图像阵列很大,直接在空间域中进行处理,涉及计算量很大。因此,往往采用各种图像变换的方法,如傅里叶变换、沃尔什变换、离散余弦变换等间接处理技术。将空间域的处理转换为变换域处理,不仅可减少计算量,而且可获得更有效的处理,如傅里叶变换可在频域中进行数字滤波处理。新兴研究的小波变换在时域和频域中都具有良好的局部化特性,它在图像处理中也有着广泛而有效的应用。

②图像编码压缩:图像编码压缩技术可减少描述图像的数据量,即比特数,以便节省图像传输、处理时间和减少所占用的存储器容量。压缩可以在不失真的前提下获得,也可以在允许的失真条件下进行。编码是压缩技术中最重要的方法,它在图像处理技术中是发展最早且比较成熟的技术。

③图像增强和复原:图像增强和复原的目的是提高图像的质量(如去除噪声)、提高图像的清晰度等。图像增强不考虑图像降质的原因,突出图像中所感兴趣的部分。例如,强化图像高频分量,可使图像中物体轮廓清晰、细节明显;强化低频分量可减少图像中噪声影响。图像复原要求对图像降质的原因有一定的了解,一般应根据降质过程建立"降质模型",再采用某种滤波方法,恢复或重建原来的图像。

④图像分割:图像分割是数字图像处理中的关键技术之一。图像分割是将图像中有意义的特征部分提取出来,如图像中的边缘、区域等,这是进一步进行图像识别、分析和理解的基础。虽然已研究出不少边缘提取、区域分割的方法,但还没有一种普遍适用于各种图像的有效方法。因此,对图像分割的研究还在不断深入之中,是图像处理中研究的热点之一。

⑤图像描述:图像描述是图像识别和理解的必要前提。作为最简单的二值图像可采用其几何特性描述物体的特性,一般图像的描述方法采用二维形状描述,它有边界描述和区域描述两类方法。对于特殊的纹理图像可采用二维纹理特征描述。随着图像处理研究的深入发展,已经开始进行三维物体描述的研究,提出了体积描述、表面描述、广义圆柱体描述等方法。

⑥图像识别:图像识别属于模式识别的范畴,其主要内容是图像经过某些预处理后,进行图像分割和特征提取,从而进行判决分类。图像分类常采用经典的模式识别方法,有统计模式分类和句法模式分类,近年来新发展起来的模糊模式识别和人工神经网络模式分类在图像识别中也越来越受到重视。

4. 数字图像处理的应用领域

图像是人类获取和交换信息的主要来源,因此,图像处理的应用领域必然涉及人类生活和工作的方方面面。随着人类活动范围的不断扩大,图像处理的应用领域也将随之不断扩大。

(1)航天和航空方面

在航天和航空这一高度科技化的领域,数字图像处理技术正发挥着举足轻重且无可替代的关键作用。除了喷气推进实验室(JPL)在对月球、火星照片处理方面所取得的显著成就之外,其在飞机遥感和卫星遥感技术中的应用更是展现出了广泛而深入的影响力。

众多国家每天都会不遗余力地派遣数量众多的侦察飞机,针对地球上那些备受关注和具有重要战略、经济或科学价值的区域,展开大规模且全方位的空中摄影行动。在过去的传统处理模式中,对如此海量且复杂的照片进行详尽的处理和深入的分析,往往需要耗费大量的人力,甚至可能需要雇佣数以千计的专业人员。这不仅涉及巨大的人力成本投入,还不可避免地导致处理过程的冗长和效率的低下。

然而,随着科技的飞速发展,配备有先进高级计算机系统的图像处理技术应运而生,为这一局面带来了革命性的改变。这些尖端的图像处理系统不仅显著地节省了庞大的人力需求,还以惊人的速度大幅提升了处理效率。更为重要的是,它们具备从海量照片中敏锐捕捉和挖掘出众多以往人工处理难以察觉和发现的珍贵情报的强大能力。

自20世纪60年代末开始,一些国际组织相继发射了一系列具有重要意义的资源遥感卫星和天空实验室。然而,由于多种复杂且难以完全控制的因素,如飞行器在太空中的位置变化、姿态调整的不确定性以及外部恶劣的环境条件等诸多方面的综合影响,所获取的图像质量往往难以达到理想的高标准和高清晰度。

考虑到获取这些图像所投入的极为高昂的成本和巨大的资源,如果仅仅依赖于简单和直观的判读方式来获取有限的信息,显然是一种极不经济、缺乏效率且无法充分发挥其潜在价值的做法。因此,迫切需要借助于前沿和先进的数字图像处理技术,对这些图像进行深入的加工和优化,从而最大限度地提升其质量、增强其信息量,并挖掘出其中隐藏的关键价值和重要特征。

以具有代表性的LANDSAT系列陆地卫星为例,其采用了多波段扫描器这一先进的技术手段,在距离地球表面高达900 km的高空,对地球上的各个区域以规律的18天为一个完整周期进行全面而细致的扫描成像。然而,其图像分辨率在地面上的等效水平大致相当于十几米甚至达到100 m左右。

在整个图像的生成、存储、传输以及后续至关重要的判读分析流程中,每一个环节都紧密依赖于众多复杂且精细的数字图像处理方法的有效应用和协同工作。

在当今的全球范围内,各个国家都在积极且广泛地利用陆地卫星所获取的珍贵图像资源,开展一系列涉及多个领域和具有重大意义的实际应用。

在资源调查这一关键领域,数字图像处理技术在森林资源的全面清查工作中发挥了重要作用。通过对卫星图像的分析,能够准确评估森林的覆盖面积、树木的种类和生长状况,为森林资源的合理开发和保护提供科学依据。在海洋泥沙和渔业资源的监测方面,图像处理技术有助于了解海洋生态系统的动态变化,为渔业的可持续发展提供决策支持。水资源的勘察工作也因数字图像处理技术而得到了极大的助力,能够更精确地确定水源的分布、储量和水质状况。

在灾害检测的重要工作中,数字图像处理技术在病虫害的早期监测方面表现出色。通过对植被图像的细微分析,可以及时发现病虫害的迹象,从而采取有效的防治措施,减少农业损失。在火灾和水灾的预警方面,能够迅速识别火源和水患区域,为灾害救援和预防提供关键的信息。环境污染的检测中,通过对大气、水体和土壤等相关图像的处理和分析,能够准确评估污染的程度和范围,为环境保护和治理提供有力的数据支持。

在资源勘察的关键任务中,数字图像处理技术在石油资源的勘查工作中发挥了不可或缺的作用。通过对地质结构图像的深入分析,能够推测潜在的石油储藏区域,提高勘探的效率和准确性。在矿产产量的探测方面,能够根据矿山的图像信息评估矿产的开采状况和剩余储量。大型工程地理位置的勘探分析中,为工程的选址和规划提供了重要的地形和地质信息,确保工程的安全和顺利进行。

在农业规划的重要工作中,数字图像处理技术能够对土壤的营养成分和水分含量进行精确评估。通过对土壤图像的分析,了解土壤的肥力状况,为合理施肥和灌溉提供指导。在农作物生长状况和产量的估算方面,利用卫星图像可以监测农作物的生长阶段、密度和健康状况,结合数据分析模型,比较准确地预测农作物的产量,为农业生产的科学管理和市场供应的合理安排提供重要依据。

在城市规划的复杂任务中,数字图像处理技术在地质结构的分析工作中发挥了关键作用。通过对地下地质图像的解读,能够了解地质的稳定性和潜在的地质灾害风险,为城市建设的基础工程提供安全保障。在水源及环境状况的研究方面,能够评估水资源的分布和质量,以及城市环境的生态状况,为城市的可持续发展和居民的生活质量提升提供科学的规划依据。

我国在上述各个具有重要意义的领域逐步开展了一系列切实可行且成效显著的实际应用,并在资源调查、灾害检测、资源勘察、农业规划和城市规划等方面取得了令人瞩目的良好成果。

此外,在气象预报这一关系到国计民生的重要领域,数字图像处理技术能够对复杂多变的气象云图进行精细的分析和处理。通过准确识别云团的形态、运动趋势和特征,能够显著提高天气预报的准确性和及时性,为人们的生产生活和防灾减灾工作提供重要的决策依据。

在对广袤宇宙中其他星球的深入研究方面,数字图像处理技术同样发挥了不可小觑的作用。通过对从太空探测器和卫星所获取的关于其他星球的图像进行高精度的处理和深入分析,有助于科学家更加清晰和全面地了解这些星球的独特地貌特征、复杂的气候模式、神秘的地质结构以及其他诸多重要的科学信息。这不仅为人类对宇宙的探索和认识提供了有力的技术支持,也为未来可能的星际探索和资源开发奠定了坚实的科学基础。

(2)生物医学工程方面

数字图像处理在生物医学工程领域广泛且显著的应用。

数字图像处理在生物医学工程方面的应用展现出了极为广泛且成效卓著的态势,为医学领域带来了深刻的变革和巨大的进步。

除了前文所着重介绍的具有划时代意义的 CT 技术之外,还有众多至关重要且极具价值的应用范畴。

在医用显微图像的处理分析这一关键领域,其应用场景丰富且意义重大。就红细胞和白细胞的分类而言,数字图像处理技术发挥着极其精准和关键的作用。通过运用高分辨率的成像设备获取细胞图像,再借助复杂而精细的数字图像处理算法,能够对红细胞和白细胞的众多细微特征进行深入而精确的测量和分析。这些特征涵盖了细胞的形态结构,如形状、大小、边缘轮廓的规则性;细胞内部的成分分布,如细胞核的位置、大小和染色程度;以及细胞表面的特征,如细胞膜的光滑度和突起情况等。基于这些详尽而准确的特征分析,得以实现对红细胞和白细胞的准确分类。这一技术在血液疾病的诊断、治疗效果的评估以及健康状况的监测等方面都发挥着不可或缺的作用,为临床医生提供了极具价值的决策依据。

染色体分析作为另一个重要的应用方向,数字图像处理技术同样展现出了强大的能力。在显微镜下获取的染色体图像往往复杂且微小,通过先进的图像处理技术,能够对染色体的形态、结构和数量进行精确的识别和测量。例如,可以清晰地分辨染色体的长臂、短臂、着丝粒的位置和形态,准确计算染色体的数目,检测染色体的缺失、重复、易位等异常情况。这对于遗传疾病的诊断、产前筛查以及遗传学研究都具有不可估量的重要意义,为揭示生命的遗传密码和预防遗传疾病的发生提供了关键的技术手段。

癌细胞的识别是医学诊断中至关重要且极具挑战性的任务，数字图像处理在此方面发挥了关键作用。在高倍显微镜下获取的组织切片图像中，癌细胞往往具有独特的形态和特征。数字图像处理技术能够对这些细微且复杂的图像进行深入分析，精确识别癌细胞的细胞核增大、核质比异常、染色质分布不均、细胞形态不规则等典型特征。同时，还可以通过图像分析算法对癌细胞的分布范围、密度和侵袭程度进行评估，为癌症的早期诊断、分期判断以及治疗方案的制定提供了极为重要的依据，极大地提高了癌症诊断的准确性和及时性，为患者的治疗和康复带来了更多的希望和机会。

②在医学诊断的其他多个方面，数字图像处理技术同样展现出了不可或缺的重要作用。

在X光肺部图像的处理中，由于原始的X光成像技术存在一定的局限性，所获得的图像可能存在对比度不够理想、细节信息不够清晰等问题。通过运用数字图像处理技术，能够采用多种方法对图像进行增强和优化。例如，通过调整灰度值的分布范围，增强肺部组织与周围结构的对比度，使得肺部的纹理、血管、支气管等结构更加清晰可见。同时，还可以运用滤波技术去除图像中的噪声干扰，突出显示微小的病变区域，如早期的肺部结节、轻微的炎症浸润等。这使得医生在诊断过程中能够更加敏锐地发现潜在的病变，提高了疾病诊断的敏感性和特异性，为肺部疾病的早期发现和准确诊断提供了有力的技术支持。

超声波图像处理技术在医学诊断中也具有重要地位。超声波检查作为一种非侵入性的诊断方法，广泛应用于心血管、妇产科、腹部脏器等多个领域。然而，超声波回波所形成的原始图像可能存在分辨率不高、边界模糊、噪声较大等问题。数字图像处理技术能够通过多种算法对这些图像进行优化和分析。例如，采用边缘增强算法可以突出器官和组织的边界轮廓，使得医生能够更清晰地观察到器官的形态和结构变化；运用去噪算法可以减少图像中的随机噪声，提高图像的信噪比，从而更准确地评估器官的功能和病变情况。在心血管疾病的诊断中，能够清晰地显示心脏的腔室大小、心肌的运动情况；在胎儿发育监测中，可以准确评估胎儿的生长发育情况、胎位以及有无先天性畸形；在腹部脏器疾病的检查中，能够发现肝脏、胆囊、胰腺等脏器的病变，如肿瘤、结石、炎症等。

心电图分析是心血管疾病诊断中常用的方法之一，数字图像处理技术在这方面也发挥了重要作用。心电图是通过电极记录心脏电活动所产生的图形信号，然而原始的心电图信号可能存在干扰和波动，使得医生难以准确判断心脏的功能状态。通过数字图像处理技术，能够对心电图的波形进行精确的测量和分析。例如，采用滤波算法去除基线漂移和高频噪声，使得心电图的波形更加平稳和清晰；运用特征提取算法可以准确识别心电图中的P波、QRS波群、T波等关键特征，并测量其幅度、间期、频率等参数。基于这些精确的测量和分析结果，能够更准确地检测心律失常、心肌缺血、心肌梗死等异常情况，为心血管疾病的诊断和治疗提供了重要的依据。

立体定向放射治疗作为一种精准的肿瘤治疗方法，数字图像处理技术在其中起到了关键的支撑作用。在治疗前，需要对患者进行多模态的医学影像扫描（如CT、MRI等），以获取肿瘤及其周围正常组织的详细信息。通过数字图像处理技术，能够对这些多模态的影像数据进行融合和三维重建，生成高精度的三维模型。在此基础上，可以精确地确定肿瘤的位置、形状、大小以及与周围重要器官和组织的空间关系。然后，运用优化算法制定出最优的放射治疗方案，包括照射角度、剂量分布等参数，确保在最大限度杀灭肿瘤细胞的同时，尽可能减少对周围正常组织的损伤。在治疗过程中，还可以通过实时的图像引导技术，对患者的体位和肿瘤位置进行监测和调整，保证治疗的准确性和安全性。

综上所述，数字图像处理技术在生物医学工程领域广泛而深入的应用，为医学诊断和治疗带来了革命性的变化。通过对医学图像的精确处理和分析，提高了医疗诊断的准确性和效率，为疾病的早期发现、治疗方案的制定以及患者的预后评估提供了强大的技术支持，有力地推动了医学科学的发展和进步，为人类的健康事业做出了重要贡献。

(3)通信工程方面

当前,通信领域正朝着声音、文字、图像和数据相互融合的多媒体通信方向大步迈进。这种融合的具体实现方式,是将电话、电视和计算机这三个至关重要的元素,通过三网合一的先进模式在数字通信网络中进行高效传输。

在这个复杂而精妙的多媒体通信架构里,图像通信无疑是其中最为复杂且充满挑战的关键环节。之所以如此,其根本原因在于图像本身所承载的数据量达到了极其庞大的规模。仅以传送彩色电视信号为例,其所需的数据传输速率竟然高达 100 Mbit/s 以上。面对如此惊人的高数据传输速率,如果想要达成实时传送这一目标,必然会遭遇众多艰巨的技术难题,同时也会对通信资源造成巨大的压力。

为了成功应对这一巨大的挑战,编码技术的运用就显得至关重要且不可或缺。通过编码技术对信息的比特量进行精准且有效的压缩,成为解决问题的关键所在。从某种深刻且具有决定性的意义上讲,编码压缩技术的精良程度和性能优劣,将直接决定这些通信技术在实际应用中的成败得失。

在已经投入实际应用且取得一定成效的编码技术当中,熵编码、DPCM 编码以及变换编码等都占据了重要的地位,并获得了相对广泛的应用。

熵编码作为一种基于信息论原理的编码方法,其核心在于对信源符号出现的概率进行深入且精确的统计与分析。在此基础上,运用最为优化的编码策略来最大限度地减少平均码长,从而实现数据的高效压缩。这种编码方式充分利用了信息的概率分布特性,以达到节省存储空间和提高传输效率的目的。

DPCM(差分脉冲编码调制)编码则巧妙地基于相邻像素之间存在的内在相关性这一重要特征。通过对相邻像素之间的差值进行精心编码,而不是对每个像素的原始值进行单独处理,有效地降低了数据量。这种方法充分挖掘了图像在空间上的局部相似性,从而实现了数据的有效精简。

变换编码则引入了一种全新的思路,即将图像从传统的空间域巧妙地转换到变换域。在变换域中,能够更加清晰地识别和去除那些冗余的信息。通过这种方式,实现了对图像数据的显著压缩,同时在一定程度上保持了图像的关键特征和视觉质量。

然而,随着科技的日新月异和社会需求的不断升级与拓展,国内外众多顶尖的研究机构以及富有创新精神的学者们,正在以极大的热情和不懈的努力投入到新的编码方法的开发与研究工作之中。

分行编码作为一种具有创新性的编码方式,独辟蹊径地针对图像的行数据进行了特殊且精细的处理和编码操作。通过深入挖掘图像在行方向上所蕴含的独特特征和内在规律,实现了更为高效和精准的压缩效果。这种方法为图像编码领域带来了新的思路和可能性。

自适应网络编码则展现出了对网络动态特性和传输条件的高度适应性和灵活性。它能够实时且敏锐地感知网络的状态变化,包括带宽的波动、延迟的变化以及丢包率的起伏等重要参数。基于这些实时获取的网络状况信息,自适应地调整编码策略,从而显著提高了数据在复杂多变的网络环境中传输的效率和可靠性。

小波变换图像压缩编码作为一种基于先进的小波分析理论的前沿编码技术,展现出了卓越的性能和潜力。小波变换具有将图像分解为不同尺度和频率子带的强大能力,使得每个子带都能够展现出图像在特定尺度和频率范围内的特征。针对这些不同子带各自独特的特性,进行有针对性的精细编码操作,从而在保持图像高质量和清晰度的前提条件下,实现了令人瞩目的压缩效果。

这些新兴的编码方法的研究和开发工作,旨在进一步突破现有技术的局限,大幅提高图像编码的效率和性能指标。其目标是满足日益增长和不断变化的多媒体通信需求,提供更加流畅、清晰和丰富的通信体验。在通信技术不断演进和发展的未来征程中，编码压缩技术必将持续发挥核心关键作用，为实现更高速、更优质、更智能的图像通信目标提供坚实且强大的技术支撑和保障。

(4)工业和工程方面

在工业和工程这两个涵盖众多分支且至关重要的领域中，图像处理技术展现出了全方位、深层次且极具影响力的应用场景，为生产效率的大幅提升、质量控制的精准优化以及前沿创新技术的蓬勃发展提供了坚实且强大的支撑。

以自动装配线为例，这是图像处理技术发挥关键作用的重要舞台之一。在这个高度自动化的生产流程中，图像处理技术扮演着质量检测与分类的核心角色。通过先进的高分辨率图像采集设备，能够以极高的精度和清晰度获取零件的详尽图像。随后，运用一系列复杂而精妙的算法，对这些图像中每一个细微的部分进行深入而全面的分析。这种分析不仅能够敏锐地检测出哪怕是极其微小的表面缺陷，如划痕、凹坑、凸起等，还能精确测量零件的尺寸，与预设的标准进行对比，从而发现任何可能存在的尺寸偏差。同时，对于零件的形状，能够准确判断其是否符合设计要求，避免形状不规则的零件流入后续生产环节。基于这些全面而精准的检测结果，图像处理技术还能够实现对零件的智能化分类。根据预设的质量标准和分类规则，将合格的零件与存在质量问题的零件清晰地区分开，确保最终产品的整体质量达到高度的一致性和可靠性。

在印制电路板的制造过程中，疵病检查是确保产品质量的关键环节。由于印制电路板上线路密集交织，元件数量众多且布局复杂，传统的人工检查方式不仅效率极其低下，而且难以避免人为因素导致的错误和疏漏。然而，借助强大的图像处理技术，这一难题得到了有效的解决。通过高清晰度的图像采集设备，能够获取印制电路板的清晰图像，然后运用专门设计的图像处理算法，能够快速而准确地检测出各种难以察觉的问题。例如，线路的断路和短路，哪怕是极其细微的线路断开或异常连接，都能被精准地识别出来。焊点的缺陷，包括虚焊、焊锡过多或过少等问题，也能在图像处理的分析下无所遁形。此外，元件的安装错误，如元件的位置偏差、方向错误或缺失等，都能够被及时发现，从而确保每一块印制电路板的质量都符合严格的标准，大幅提高了生产的效率和产品的可靠性。

在弹性力学这一科学研究领域，对照片进行应力分析具有至关重要的意义，直接关系到材料性能的准确评估和工程结构的安全设计。图像处理技术在此发挥了不可或缺的作用。通过在弹性力学实验中运用专业的摄影设备拍摄高清晰度的照片，然后运用图像处理技术对这些照片进行极其精细的分析。能够通过测量照片中物体在受力情况下产生的变形程度，包括长度、宽度、厚度等维度的变化，以及物体表面纹理的微妙变化，进而运用复杂的数学模型和算法，精确计算出应力在物体内部的分布情况和具体大小。这些通过图像处理技术获取的精确数据，为工程设计人员提供了关键的决策依据，使他们能够在设计阶段就充分考虑材料的力学性能，优化结构设计，确保工程结构在实际使用中的安全性和可靠性。

在流体力学的研究和应用中，图片的阻力和升力分析对于飞行器、船舶、汽车等交通工具的设计优化具有极其重要的意义。图像处理技术在这一领域能够从复杂且动态的流体流动图像中提取出关键而有价值的信息。通过使用高速摄影设备或先进的流体可视化技术获取流体流动的图像，然后运用图像处理算法，能够准确识别和测量物体表面的压力分布情况。例如，能够确定压力较高和较低的区域，以及压力变化的梯度。同时，还能对流体中的涡旋结构进行精确的识别和分析，包括涡旋的大小、形状、位置和运动轨迹等。基于这些详细的图像分析结果，可以运用流体力学的理论和计算方法，精确计算出物体在流体中所受到的阻力和升力。这些数据对于优化物体的外形设计，减少阻力、增加升力，提高交通工具的性能和能源效率，具有不可估量的价值。

在邮政信件的处理流程中,自动分拣是提高效率和准确性的关键环节。图像处理技术在这一过程中发挥了核心作用。通过安装在分拣设备上的图像采集装置,能够快速获取信件上的地址、邮编、条码等关键信息的图像。然后,运用高效的图像识别算法,对这些图像进行实时处理和解读。能够准确识别各种字体和书写风格的地址信息,以及不同格式的邮编和条码。根据识别结果,结合预设的分拣规则和逻辑,控制分拣设备将信件自动分类到不同的投递区域或邮袋中。这种自动化的图像识别和分拣技术,不仅大幅提高了邮政分拣的效率,减少了人工操作所需的时间和劳动强度,而且显著降低了人工分拣可能产生的错误率,确保每一封信件都能准确、快速地送达目的地,提升了邮政服务的质量和可靠性。

在一些特殊且具有潜在危险的工作环境中,例如存在有毒物质、放射性物质的场所,图像处理技术为实现远程监控和操作提供了可能,在保障人员安全的同时确保生产的正常进行。通过在这些危险环境中安装具备防护功能的远程图像采集设备,能够实时获取工件及物体的图像信息。然后,这些图像信息被传输到安全区域的控制中心,在那里运用图像处理技术进行分析和处理。能够准确识别工件及物体的形状、大小、位置和排列状态等关键特征,即使在复杂和恶劣的环境条件下也能提供清晰而准确的信息。基于这些分析结果,操作人员可以在安全的环境中远程控制生产设备和工艺流程,进行必要的调整和操作,从而避免了人员直接暴露在危险环境中,保障了工作人员的生命健康安全,同时确保了生产活动的连续性和稳定性。

在先进的设计和制造技术领域,采用工业视觉作为关键组成部分,充分体现了图像处理技术的重要性和广泛应用。在产品设计的初始阶段,通过对实物模型或数字图像的细致分析,能够获取丰富的设计灵感和改进方向。例如,对现有产品的外观图像进行分析,可以发现使用习惯和审美趋势的变化,从而为新产品的设计提供有针对性的建议。对竞争对手产品的图像研究,可以了解市场上的流行元素和技术趋势,为自身产品的差异化设计提供思路。在制造过程中,实时的图像监测技术能够对生产流程进行全方位的监控和评估。通过安装在生产线上的高清摄像头,能够实时获取产品在各个制造环节的图像信息,然后运用图像处理技术对这些图像进行即时分析。此外,还能够检测出生产中的偏差和异常,如零件的安装位置错误、加工表面的质量问题、装配过程中的配合不当等,并及时发出警报或自动调整生产设备的参数,确保生产流程的准确性和稳定性,从而提高产品的质量和生产效率。

特别值得一提的是,研制具备视觉、听觉和触觉功能的智能机器人是工业和工程领域的一项具有开创性和变革性的重大创新成果。这类智能机器人融合了多种前沿技术,其中视觉功能的实现高度依赖先进的图像处理技术。它们能够在复杂多变且充满挑战的工业环境中,自主地感知、理解和适应周围的各种情况,从而准确、高效地执行一系列关键任务。

在工业生产中的喷漆作业方面,智能机器人凭借其强大的视觉功能展现出了卓越的性能和精准的控制能力。在进行喷漆操作之前,机器人首先通过其视觉系统获取工件的三维形状、表面纹理和几何特征等详细信息。然后,根据这些信息,结合预设的喷漆工艺参数和质量标准,精确计算出喷漆的最佳角度、速度和涂料的喷射量。在喷漆过程中,能够实时监测喷漆的效果,根据表面的变化和涂料的分布情况动态调整喷漆参数,确保涂层的均匀性、厚度和附着力都达到理想的要求。这种基于图像处理技术的智能喷漆方法,不仅大幅提高了喷漆的质量和效率,减少了涂料的浪费,还能够适应各种复杂形状和特殊要求的工件,为产品的外观质量和防护性能提供了可靠的保障。

在焊接这一关键的制造工艺中,智能机器人同样展现出了显著的优势。通过其先进的视觉系统,机器人能够在焊接操作开始前,精确识别焊缝的位置、形状、尺寸和坡口的类型等关键特征。基于这些视觉信息,结合焊接材料的特性和工艺要求,自动调整焊接电流、电压、焊接速度和焊丝的送丝速度等重要参数。

在焊接过程中，能够实时监测焊缝的形成情况，检测是否存在焊接缺陷，如气孔、夹渣、未熔合等，并及时进行修正和调整。这种基于图像处理技术的智能焊接方法，不仅提高了焊接的质量和稳定性，降低了废品率，还能够适应不同类型和规格的焊件，提高了生产的灵活性和效率。

在装配环节，智能机器人的视觉功能再次发挥了关键作用。机器人能够通过其高精度的视觉系统准确识别零件的形状、颜色、纹理和标识等特征，从而确定零件的位置和方向。在抓取零件时，能够根据零件的几何形状和重量分布，自动调整抓取的力度和姿势，确保零件的安全和稳定抓取。在进行装配操作时，能够实时监测零件之间的配合情况，根据视觉反馈调整装配的角度和力度，避免出现装配误差和零件损坏。这种基于图像处理技术的智能装配方法，大幅提高了装配的精度和效率，减少了人为因素导致的错误，为产品的质量和可靠性提供了有力保障。

这些具备视觉、听觉和触觉功能的智能机器人的广泛应用，不仅极大地提高了工业生产的效率和产品质量，显著降低了人工劳动强度和生产成本，还为工农业生产带来了全新的发展机遇和竞争优势。目前，它们已经在工业生产的各个领域得到了有效的应用和验证，并有望在未来随着技术的不断进步和创新，发挥更加重要的作用，推动工业和工程领域向更高水平的智能化、自动化和高效化方向持续发展和演进。

(5)军事与公安方面

在军事领域，图像处理和识别技术占据着举足轻重的地位，发挥着一系列至关重要且影响深远的作用。

在导弹的精确末制导这一关键环节中，图像处理技术的应用达到了极高的精度和可靠性要求。在导弹飞行的末段，先进的图像传感器能够迅速而敏锐地捕捉目标区域的实时图像。这些图像数据随后被快速传输至导弹的制导系统，通过复杂而高效的图像处理算法进行即时处理和分析。该过程能够极其精确地识别目标的细微位置变化、独特的形状特征以及复杂的运动模式。基于这些精准的图像处理和识别结果，制导系统能够进行极其精细的调整和计算，从而确保导弹能够以惊人的精度命中目标。这一技术的应用不仅极大地提高了导弹的打击准确性，将误差控制在极小的范围内，而且显著增强了作战的效能和战略威慑力，使军事行动能够更有效地实现其预期目标。

在侦察领域，各种侦察照片的判读是获取关键情报的重要手段。现代军事侦察手段丰富多样，包括卫星遥感、无人机航拍等，所获取的海量图像数据蕴含着极其丰富的信息。图像处理技术在这一过程中发挥了不可或缺的作用。通过对这些图像进行去噪、增强、锐化等一系列处理操作，能够使原本模糊不清、细节缺失的图像变得清晰可辨，突出重要的目标和特征。进一步的图像分析和识别技术能够从复杂的背景中精确提取出诸如敌军部队的部署情况、武器装备的具体位置和类型、军事设施的分布和结构等关键情报。这些经过精心处理和分析得出的情报信息，为军事指挥人员制定战略决策、规划战术行动提供了坚实的依据，使军事行动能够更加有的放矢、精准高效。

军事自动化指挥系统是现代战争中实现高效指挥和协同作战的核心平台，其中图像的传输、存储和显示功能起到了关键的支撑作用。高清晰度、实时性强的战场图像通过先进的通信技术能够迅速而稳定地传输至指挥中心。在指挥中心，这些图像数据经过高性能的图像处理设备和算法的处理和分析，去除冗余信息，突出关键目标和态势变化。处理后的图像被安全、有序地存储在大容量的存储设备中，以便后续进行深入的研究和复盘。同时，通过先进的显示技术，如大屏幕拼接显示、虚拟现实和增强现实等，将处理后的图像以直观、清晰、多角度的方式呈现给指挥人员。这种全方位、实时、直观的图像展示方式，使指挥人员能够如同身临其境般地把握战场态势，迅速做出准确、果断的决策，从而有效地指挥部队，实现协同作战,充分发挥各作战单元的优势,提高整体作战效能。

在军事模拟训练领域,飞机、坦克和军舰模拟训练系统借助图像处理技术为士兵提供了高度逼真的训练环境。这些模拟训练系统通过构建精细的虚拟战场环境,包括地形地貌、气候条件、建筑物分布等,以及真实的武器装备操作界面和敌方目标的图像模拟,使训练场景与实际作战情况高度相似。图像处理技术能够实时生成逼真的视觉效果,如动态的光影变化、烟雾效果、爆炸特效等,让士兵在虚拟环境中感受到真实的战斗压力和情境。同时,系统能够根据士兵的操作和反应,实时调整图像显示,提供即时的反馈和评估,帮助士兵不断改进战术技巧,提高应对各种复杂和突发情况的能力。这种基于图像处理技术的模拟训练,不仅降低了训练成本,减少了实际装备的损耗,而且能够在安全的环境中让士兵进行大量的实战化训练,有效缩短了士兵的训练周期,提高了训练效果,为培养高素质的军事人才提供了有力支持。

在公安业务领域,图像处理技术的应用同样广泛且深入,为维护社会秩序、打击犯罪提供了强大的技术支持。

在案件调查和线索分析中,对于图片的判读分析是一项至关重要的工作。警方在犯罪现场收集到的照片、周边监控摄像头拍摄的录像等图像资料,往往隐藏着关键的线索和证据。通过图像处理技术,能够对这些图像进行增强处理,提高图像的清晰度和对比度,使原本模糊不清的细节得以显现。同时,利用图像分析算法,可以对图像中的人物、物品、场景等进行特征提取和比对,帮助警方发现嫌疑人的行踪轨迹、作案工具的特征、犯罪现场的异常情况等重要线索,为案件的侦破指明方向。

指纹识别作为一种成熟且可靠的生物识别技术,在公安工作中发挥着重要作用。通过专门的指纹采集设备获取指纹图像后,图像处理技术能够对指纹图像进行预处理,包括去除噪声、增强脊线和谷线的对比度等。然后,提取指纹的独特特征,如端点、分叉点、脊线的形状和走向等,并将这些特征转化为数字形式进行存储和比对。在大规模的指纹数据库中,能够快速准确地进行匹配和识别,从而实现身份认证和犯罪嫌疑人的排查,为刑侦工作提供了有力的技术手段。

人脸鉴别技术在公安工作中的应用也日益广泛。在公共场所的监控系统、出入境口岸、重要活动的安检环节等,都可以通过摄像头采集人脸图像。图像处理技术能够对这些人脸图像进行实时处理和分析,提取人脸的特征信息,如面部轮廓、五官的形状和位置、肤色等。通过与数据库中的人脸模板进行比对,可以快速识别出特定的人员,实现对在逃犯的追踪、嫌疑人的排查以及身份的验证。同时,随着深度学习技术的发展,人脸鉴别技术的准确性和适应性不断提高,能够在不同光照条件、角度和表情变化下保持较高的识别率,为公安工作提供了更加高效和便捷的手段。

对于不完整图片的复原,图像处理技术也展现出了强大的能力。在一些案件中,由于拍摄条件限制、图像损坏或部分缺失等原因,获取的图片可能不完整或存在模糊区域。通过运用图像修复算法,结合图像的先验知识和上下文信息,能够对这些不完整的图片进行合理的推测和复原,填补缺失的部分,恢复出可能的原始图像。这有助于警方从有限的图像资料中获取更多有价值的信息,为案件的侦破提供新的线索和可能性。

在交通管理领域,图像处理技术在交通监控和事故分析中发挥着关键作用。通过道路上广泛分布的摄像头,能够实时采集车辆行驶的图像信息。图像处理技术能够对这些图像进行实时分析,识别车辆的类型、颜色、车牌号码等特征,同时监测车辆的行驶速度、行驶轨迹和交通流量等参数。当发现车辆存在违规行为,如超速、闯红灯、违法变道等,能够自动记录并生成相应的违法证据。在交通事故发生后,对事故现场的图像进行详细分析,可以还原事故发生的全过程,包括车辆的行驶路线、碰撞瞬间的状态、各方的责任等。通过对事故图像的精确分析,能够为事故的认定和责任的划分提供科学、客观的依据,有助于提高交

在运动员动作分析和评分的应用中,数字图像处理技术展现出了强大的功能和精准性。通过高速摄像机以极高的帧率拍摄运动员的动作过程,获取到丰富而详细的图像数据。然后,利用专业的图像分析软件对这些图像进行逐帧的分解和分析,可以精确测量运动员在每个瞬间的动作角度、速度、力量等关键参数。

结合运动学和力学的专业知识以及先进的数据分析算法,能够对运动员的技术动作进行全面而深入的评估。不仅可以发现动作中的不足之处,如姿势的偏差、发力的不均匀、动作的不协调等,还可以为运动员提供有针对性的改进建议和训练方案。在比赛评分中,数字图像处理技术为评委提供了客观、准确的依据,减少了人为判断的主观性和误差,确保评分的公正性和科学性。

由于上述这些丰富多样且具有深远影响的应用,数字图像处理在艺术领域的发展已经逐渐汇聚形成了一门全新的艺术门类——计算机美术。计算机美术融合了数字技术的精确性和艺术创作的想象力,打破了传统艺术在工具、材料和表现形式上的限制。

艺术家可以运用数字图像处理技术创造出超越现实的视觉效果和奇幻的艺术场景,也可以对传统艺术形式进行数字化的重新诠释和创新。计算机美术不仅能够模拟传统绘画、雕塑、摄影等艺术形式的表现手法和风格,还能够借助算法生成独特的艺术作品,探索人类创造力与科技结合的无限可能。

总之,数字图像处理在创意与艺术领域的广泛应用正在不断拓展和深化,为各个相关领域带来了持续的创新活力和发展动力。它不仅改变了艺术创作和设计的方式,还为观众和消费者带来了更加丰富、精彩和个性化的艺术体验,推动艺术与技术的融合向着更高的层次和更广阔的前景不断迈进。

(7)机器视觉

下面介绍数字图像处理在机器视觉领域的关键作用及广泛应用场景。

机器视觉作为智能机器人的核心感觉器官,在当今科技发展的进程中具有极其关键和不可替代的重要地位。尤其在对于三维景物的深入理解和精准识别这一复杂且具有挑战性的领域,目前仍然是处于持续探索和深入研究阶段的开放性课题。

在军事侦察这一充满风险和不确定性的领域中,机器视觉的应用具有至关重要的战略意义。为自主机器人配备先进且高效的机器视觉系统,能够使其在极度复杂、危险且瞬息万变的战场环境中,独立自主地执行各类侦察任务。这些机器人所搭载的视觉传感器,如同敏锐的眼睛,能够精准而迅速地捕捉周围环境中极其细微的图像信息。

随后,通过强大的图像处理和分析能力,对这些海量的图像数据进行快速而精确的处理。从而能够准确地识别出敌军的兵力部署情况,包括人员的分布、武器装备的具体位置和类型;清晰地分辨出地形地貌的独特特征,如山丘的高度、山谷的走向、河流的分布;敏锐地察觉出各种军事设施的位置和结构等关键情报。

机器视觉技术的应用,不仅极大程度地降低了军事人员直接暴露在极度危险环境中的风险,而且能够实现对目标区域长时间、持续性、隐蔽性和高效性的侦察。为军事决策提供了及时、准确且全面的信息支持,显著提升了军事行动的科学性、准确性和安全性。

在那些充满极度危险的特殊环境中,例如核辐射污染严重的区域、化学物质泄漏的场所或者火势凶猛的火灾现场等,对于能够自主执行任务的机器人的需求变得愈发迫切和关键。机器视觉技术在这一领域发挥着决定性作用。

通过为这些机器人装备高性能的机器视觉系统,使其能够敏锐地感知周围环境中的各种障碍物的位置、形状和大小;精确地识别出危险物质的分布范围、浓度和扩散趋势;准确地判断出安全通道的位置和可行的逃生路线。

基于这些视觉感知和分析结果，机器人能够自主地规划出最为合理和安全的行动路径，并高效地执行诸如搜索幸存者、救援受伤人员、清理危险物质等至关重要的任务。

例如，在核事故现场这样极其恶劣的环境中，机器人可以借助机器视觉技术，实时地识别出辐射强度的具体分布情况。通过精确的分析和判断，巧妙地避开那些辐射强度极高的危险区域，同时准确无误地找到需要进行紧急处理和清理的放射性物质，从而在保障自身安全的前提下，高效地完成复杂而危险的任务。

在邮政服务、医院护理以及家庭生活服务等与人们日常生活息息相关的领域中，智能机器人的引入正在逐渐改变着服务的方式和质量，而机器视觉在其中扮演着举足轻重的角色。

在邮政服务领域，机器人配备了先进的机器视觉系统后，能够迅速而准确地对邮件上的地址信息和分类标识进行识别和解读。通过对字体、邮编、条码等关键信息的精确识别和分析，实现对邮件快速而精准的分拣和投递。这不仅大幅提高了邮政服务的效率和准确性，减少了人工操作可能产生的错误和延误，而且能够适应日益增长的邮件处理量和复杂多变的邮件类型。

在医院这一需要高度精确和细致服务的环境中，智能机器人借助机器视觉技术能够更加高效地协助医护人员开展工作。机器人可以通过视觉传感器准确识别病人的表情、动作和需求，及时为病人提供所需的帮助和服务。同时，能够对药品的摆放位置、药品的种类和数量进行精确的识别和管理，确保药品的供应及时和准确。此外，还可以对医疗设备的运行状态、故障指示灯等进行实时监测和识别，及时向医护人员报告设备的异常情况，保障医疗工作的顺利进行。

在家庭服务场景中，机器人利用机器视觉能够对家具的布局、家庭成员的位置和活动状态以及家庭环境的变化进行实时感知和分析。例如，机器人可以识别出不同房间的功能和家具的摆放位置，从而规划出最为合理的清洁路径和服务方式。能够根据家庭成员的位置和需求，提供个性化的服务，如为老人提供陪伴和协助，为儿童提供安全监护等。通过对家庭环境的持续监测，及时发现并处理诸如漏水、漏电等安全隐患，为家庭生活提供全方位的保障和支持。

在工业生产的装配线上，对于工件的准确识别和精确定位是确保生产效率和产品质量的关键环节。机器视觉系统在这一过程中发挥着核心作用。通过采用高分辨率的视觉传感器和先进的图像处理算法，能够在瞬间对不同类型、形状和规格的工件进行快速而准确的识别。

同时，利用三维视觉技术，可以精确地确定工件在三维空间中的位置、姿态和方向。这一高精度的感知能力使得机器人能够在复杂的装配环境中，准确无误地抓取和装配工件，极大地减少了由于装配误差导致的产品缺陷和废品率。

进一步提高了生产过程的自动化程度和智能化水平，实现了生产线的高效运行和产品质量的稳定提升，为企业带来了显著的经济效益和市场竞争力。

在充满挑战和未知的太空探索领域，太空机器人的自动操作对于太空任务的成功实施具有决定性的意义。机器视觉技术为太空机器人提供了至关重要的自主感知和操作能力。

在遥远而复杂的太空环境中，太空机器人依靠其先进的机器视觉系统，能够对周围的天体、航天器的结构和状态以及操作目标的位置和特征进行精准的感知和识别。

例如，在空间站的建设和维护任务中，机器人可以通过机器视觉技术对空间站的整体结构、各个部件的连接方式和位置进行精确的识别和分析。从而能够进行高度精确的对接操作，确保各个模块之间的紧密连接和密封；能够对空间站的设备和部件进行细致的检查和维修，及时发现并处理潜在的故障和损坏；能够对空间站的外部结构进行监测和维护，确保其在恶劣的太空环境中保持良好的性能和安全性。

这一技术的应用，大幅减少了对地面控制中心的依赖，提高了太空任务的自主性、灵活性和效率，为人类在太空探索和利用方面开辟了更为广阔的前景。

综上所述，机器视觉在众多关键领域的广泛应用为智能机器人的发展注入了强大的动力和创新活力。尽管在技术研发和实际应用中仍然面临着诸多复杂的技术难题和挑战，如在复杂环境中的适应性、对微小细节的识别精度、对动态变化的快速响应等方面仍有待进一步提高和完善。

（8）视频和多媒体系统

当前，在电视制作系统的各个环节中，图像处理、变换以及合成技术展现出了全面且深入的应用，为观众带来了丰富多样、精彩纷呈的视觉盛宴。

在图像处理的范畴，从最初的视频素材采集起始，就面临着众多需要精细处理的任务。在实际拍摄过程中，由于多种复杂因素的影响，图像往往会不可避免地引入噪声。这些噪声的来源广泛，可能源于拍摄设备内部的电子元件干扰，也可能是由于不理想的光线条件，如低光照环境下的噪点、强光造成的光斑等。为了有效去除这些噪声，先进而复杂的滤波算法被广泛应用。通过对图像像素值的细致分析和计算，这些算法能够精准地识别并削弱噪声信号，从而显著提升图像的清晰度和纯净度，使画面中的细节更加锐利和突出。

同时，对图像色彩的精确校正和精心调整也是至关重要的环节。在不同的拍摄场景中，光线的色温、强度和方向都会发生变化，这可能导致同一部作品中不同镜头之间的色彩出现偏差。为了确保观众能够获得连贯、真实且舒适的视觉感受，色彩校正技术发挥着关键作用。通过对色彩空间的深入理解和专业的调整工具，能够对图像的色相、饱和度和亮度进行细致的校准，使得不同场景、不同镜头之间的色彩达到高度的一致性和准确性，营造出和谐统一的视觉氛围。

在图像变换这一重要领域，其在电视制作中扮演着不可或缺的角色。在节目制作过程中，经常需要根据叙事需求和画面构图的要求对图像进行几何变换操作。通过先进的数学算法和图像处理技术，可以实现图像的缩放、旋转和平移等多种变换。例如，在展示宏大场景时，可能需要对局部图像进行放大处理，以突出关键元素；在讲述历史故事时，可能需要对图像进行旋转，以营造出复古的氛围；在表现动态情节时，可能需要对图像进行平移，以创造出跟随镜头的效果。

此外，图像的变形变换在特效制作中具有令人瞩目的应用价值。通过复杂的数学模型和高级的图像处理算法，可以使图像中的物体或人物产生扭曲、拉伸、挤压等奇特的变形效果。这种变形变换不仅能够为科幻、奇幻等类型的节目增添神秘和奇幻的色彩，还能够在广告和音乐视频等领域创造出极具冲击力和吸引力的视觉效果，给观众留下深刻的印象。

图像合成技术在电视制作中无疑是创造神奇和梦幻效果的关键手段。它能够将来自多个不同来源、具有不同特性的图像元素巧妙地融合在一起，从而构建出全新的、超乎想象的画面。在影视拍摄中，经常会使用绿幕或蓝幕技术，让演员在特定颜色的背景前进行表演。然后，通过图像合成技术，将演员的画面与预先制作好的虚拟背景或其他实际拍摄的场景进行无缝融合。这样可以创造出从远古神话中的仙境到未来科幻世界中的城市等各种奇幻场景，为观众带来沉浸式的视觉体验。

另外，通过将多个不同角度拍摄的同一对象或场景的图像进行合成，还能够展现出全方位、多角度的视觉效果，让观众仿佛置身于场景之中，获得更加丰富和立体的观看感受。在实现图像合成的过程中，精确的图像融合算法和巧妙的遮罩技术是确保合成效果自然、逼真且无缝衔接的核心要素。通过对像素级别的精细处理和对边缘过渡的精心设计，能够使合成后的图像在色彩、光照、纹理等方面达到高度的一致性和连贯性，让观众几乎无法察觉合成的痕迹，完全沉浸于所呈现的精彩画面之中。

在多媒体系统中，静止图像和动态图像的采集、压缩、处理、存储和传输等各个环节紧密相连，共同构建了一个高效、丰富且便捷的多媒体生态。

图像采集作为整个流程的起点，其重要性不言而喻。如今，各种高性能的图像采集设备层出不穷，包括专业级的数码相机、高清摄像机、高精度扫描仪等。这些设备采用了先进的光学技术、传感器技术和图像捕捉算法，能够获取到具有极高分辨率、丰富色彩和细腻细节的原始图像数据。然而，采集设备的性能只是一方面，合理的参数设置同样至关重要。例如，在数码相机中，光圈大小、快门速度、感光度（ISO）等参数的选择直接影响到图像的曝光、景深和噪点水平；在摄像机中，帧率、分辨率、编码格式等设置决定了视频的流畅度、清晰度和后期处理的可行性。

图像压缩技术在多媒体系统中占据着举足轻重的地位。由于未经处理的图像数据量极其庞大，如果直接进行存储和传输，将会对硬件资源和网络带宽造成巨大的压力。因此，各种高效的图像压缩算法应运而生。其中，JPEG（联合图像专家组）格式常用于静止图像的压缩，它通过对图像的颜色信息进行量化和编码，在保持较好视觉质量的同时，能够大幅减少文件大小。而对于动态图像，MPEG（运动图像专家组）系列标准则提供了多种压缩方案，通过利用帧间的相关性和预测编码技术，有效地减少了视频数据的冗余度。

图像处理环节，除了基本的优化和调整操作外，对图像内容的深入分析和理解也逐渐成为重要的发展方向。借助于人工智能和机器学习技术，图像识别算法能够自动检测和识别图像中的物体、人物、场景等元素，并进行分类和标注。这不仅为后续的图像检索和管理提供了便利，还为基于内容的图像编辑和特效制作开辟了新的途径。例如，通过识别图像中的人物面部特征，可以实现自动美颜、表情变换等特效；通过识别场景中的物体，可以进行智能抠图、物体替换等操作。

图像的存储是多媒体系统中的关键环节之一，它不仅需要确保数据的安全性和稳定性，还需要满足快速检索和高效访问的需求。为了实现这一目标，高效的数据库管理系统和大容量、高可靠的存储介质被广泛应用。数据库系统能够对图像数据进行有效的组织和索引，使得在海量图像库中能够快速定位和检索到所需的图像。同时，存储介质的选择也至关重要，从传统的硬盘驱动器到新型的固态硬盘，再到基于云存储的解决方案，不同的存储方式在性能、容量、成本和可扩展性方面各有优劣，需要根据具体的应用需求进行合理的选择和配置。

在图像传输领域，随着网络技术的飞速发展和普及，特别是移动互联网的广泛应用，对图像在不同网络环境下的稳定传输和良好显示效果提出了更高的要求。自适应的传输协议和编码方式成为解决这一问题的关键技术手段。通过实时监测网络带宽的变化和接收终端设备的性能参数，传输系统能够动态调整图像的编码方式、分辨率、帧率等参数，以确保在有限的网络带宽条件下，图像能够流畅地传输并在终端设备上呈现出最佳的显示效果。例如，在网络带宽充足的情况下，传输高分辨率、高帧率的图像，提供清晰流畅的视觉体验；而在网络带宽受限的情况下，自动降低图像的分辨率和帧率，优先保证图像的连续性和基本内容的传达，从而满足在各种不同网络条件下的观看需求。

综上所述，图像处理技术在电视制作系统和多媒体系统中的广泛应用，不仅极大地丰富了节目内容和表现形式，显著提高了制作效率和质量，而且带来了更加精彩、便捷和个性化的多媒体体验。随着技术的不断创新和突破，如更高精度的图像采集设备、更高效的压缩算法、更智能的处理技术以及更快速稳定的传输协议等的不断涌现，这些应用必将持续拓展和深化，为影视娱乐、教育、广告、医疗等众多领域带来更多的创新可能性和发展机遇，推动整个多媒体行业迈向一个全新的发展阶段。

(9)科学可视化

在当今科学研究的广袤天地中,图像处理和图形学的紧密结合已成为一股强大的力量,孕育出了一种具有开创性和变革性的研究工具,为众多学科的探索和发展开辟了全新的路径,注入了源源不断的活力和创新元素。

图像处理作为一门专注于对现存真实图像进行深入剖析、精心加工以及优化提升的学科,其核心目标在于从海量且复杂的图像数据中敏锐地挖掘出那些隐匿其中的关键模式、独特特征以及内在的关联关系。它所凭借的是一系列先进而精密的算法和技术,能够对图像进行去噪、增强、分割、特征提取等一系列操作,从而为科学研究提供基于真实世界观测的坚实基础和宝贵洞见。

以医学领域为例,医学影像技术如 X 光、CT 扫描、核磁共振成像等所产生的大量图像,蕴含着人体内部结构和生理功能的丰富信息。通过图像处理技术的精细运用,能够有效地去除图像中的噪声干扰,增强病变组织与正常组织之间的对比度,使得细微的病变细节得以清晰显现。进一步,通过对图像进行精确的分割和特征提取,可以准确地测量病变组织的大小、形状、密度等关键参数,为医生进行疾病的精准诊断和制定个性化的治疗方案提供了至关重要的依据。

图形学则是以数学原理和算法为基石,致力于通过构建虚拟的图形和图像来实现对想象中或理论上的场景、物体以及现象的生动可视化呈现。它具备创造出高度逼真的三维模型、流畅的动画效果以及令人惊叹的视觉特效的能力,为科学研究中的假设、模型和理论赋予了直观且富有冲击力的视觉表达形式。

以天文学为例,宇宙的奥秘深不可测,其结构和演化过程充满了未知。科学家利用图形学技术,能够基于观测数据和理论模型构建出宇宙的三维虚拟场景。在这个场景中,可以模拟星系的旋转、恒星的诞生与消亡、天体之间的相互作用等复杂而壮观的天文现象。这种可视化的呈现方式,使科学家能够以一种更加直观和感性的方式理解宇宙的运行规律,从而激发新的研究思路和科学发现。

当图像处理和图形学相互交融、协同共进时,所产生的强大合力为科学研究带来了前所未有的机遇和突破的可能。

在生物科学这一充满奥秘的领域,这种融合展现出了独特的魅力和巨大的价值。通过高分辨率显微镜等先进设备获取的细胞和分子结构图像,首先经过图像处理技术的精心打磨和分析。去噪算法能够去除图像中的背景噪声,增强算法可以突出细胞内的细微结构和生物分子的分布特征。在此基础上,运用特征提取技术能够精确地识别和量化细胞内的细胞器、蛋白质复合物等重要结构。

与此同时,图形学的介入使得可以根据这些处理后的图像数据构建出细胞的三维精细模型。这个模型不仅能够以逼真的形态展示细胞的外部轮廓,还能够深入到细胞内部,呈现细胞器之间的空间关系、分子间的相互作用等微观层面的信息。通过这种方式,研究人员能够更加直观地观察和理解细胞的生理过程,如物质运输、信号传导、基因表达等,进而深入探究疾病发生的机制,为药物研发和治疗策略的制定提供更加精准和有效的指导。

在材料科学领域,图像处理同样发挥着关键作用。对于通过电子显微镜、X 射线衍射等技术获取的材料微观结构图像,图像处理可以进行精确的图像分割,区分出不同的相、晶粒、缺陷等结构。通过对这些结构的特征提取和定量分析,能够获取材料的微观结构参数,如晶粒尺寸、孔隙率、位错密度等。

结合图形学的强大建模能力,能够创建出材料的虚拟三维模型。在这个模型中,可以模拟材料在不同外部条件下的力学性能、热学性能、电学性能等。例如,通过模拟原子间的相互作用,可以预测材料在受力时的变形和断裂行为;通过模拟电子在晶体结构中的运动,可以计算材料的导电性能。这种基于图像处理和图形学融合的研究方法,大幅缩短了新材料的研发周期,降低了研发成本,提高了研发的成功率。

在地质和地球科学领域，卫星遥感技术和地质勘探手段提供了丰富的地球表面和内部结构的图像数据。图像处理技术能够从这些海量的图像中提取出地形地貌、地层分布、岩石类型等重要信息。通过图像分类算法，可以对不同的地质单元进行准确划分；通过边缘检测算法，可以识别出地质构造的边界和断裂带。

与图形学相结合，能够构建出地球内部结构的三维可视化模型。在这个模型中，可以模拟地震波在地球内部的传播路径和速度，从而推测地下岩石的物理性质和结构；可以模拟板块运动的过程，预测地震和火山活动的可能发生区域；还可以对矿产资源的分布进行预测和评估，为地质勘探和资源开发提供科学依据。

在气候科学研究中，气象卫星所获取的大量图像数据为人们了解全球气候系统提供了重要的信息来源。通过图像处理技术，能够对这些图像进行分析，提取出大气环流、云层分布、海温变化等关键要素。

借助图形学技术，可以将全球气候模型转化为直观的可视化图像。在这些图像中，可以动态展示气候变化的趋势，如气温升高、海平面上升、极端气候事件的频率增加等；可以模拟不同温室气体排放情景下未来气候的可能变化，为制定应对气候变化的政策和措施提供直观的依据；还可以对气候模型的不确定性进行评估和展示，促进科学界和公众对气候变化问题的深入理解和关注。

在物理学研究中，高能物理实验产生的海量图像数据蕴含着微观粒子相互作用的珍贵信息。图像处理技术可以帮助人们快速筛选和识别出有意义的物理事件，如粒子的产生、衰变和碰撞过程。

图形学则能够将复杂的物理理论和实验结果以可视化的方式呈现出来。例如，可以构建粒子加速器的三维模型，展示粒子在加速器中的运动轨迹和能量变化；可以模拟量子力学中的波函数和概率分布，帮助人们理解微观粒子的奇特行为；还可以将相对论效应、量子纠缠等抽象的物理概念以直观的图像形式展现，促进物理学研究的交流和发展。

综上所述，图像处理和图形学的紧密结合已经深度融入科学研究的各个领域，成为一种不可或缺的创新工具。它们不仅为科学家提供了更高效、更精确的方式来处理和理解实际观测数据，而且通过强大的虚拟建模和可视化能力激发了新的科学思维和研究方向。随着技术的不断演进和创新，这一融合领域必将继续拓展其应用的边界，为解决更多复杂而紧迫的科学问题、推动人类对自然界的认知和探索发挥更加关键和深远的作用。

(10)电子商务

在当下备受瞩目的、发展势头极为强劲的电子商务领域，图像处理技术正全方位地展现出其令人瞩目的应用价值和极为广阔的发展前景，成为保障电子商务稳健运行的重要支撑力量，尤其在身份认证、产品防伪以及水印技术等关键环节发挥着举足轻重的作用。

身份认证作为电子商务中确保交易安全性和保护隐私的核心环节，图像处理技术在此展现出了卓越的能力和显著的优势。通过采用先进的图像采集设备和技术，能够精确地获取多种生物特征图像信息，如面部图像、指纹图像或者虹膜图像等。随后，一系列复杂而精密的图像处理算法应用于对这些生物特征的深入分析和细致比对。

以面部识别技术为例，其能够从采集到的面部图像中精准地提取出众多关键特征，包括面部的整体轮廓线条、五官的具体位置和独特形状、面部皮肤的纹理细节，甚至是面部表情在细微变化时所产生的肌肉动态特征等。这些丰富而细致的特征信息被与预先存储在系统数据库中的信息进行全面且精确的匹配和比对。通过这种高精度的处理和比对过程，能够以极高的准确性确认身份。

这种基于图像处理的身份认证方式不仅在准确性上表现出色，而且还具有显著的非接触性和便捷性特点。无须进行烦琐的物理接触或复杂的操作，只需要面对图像采集设备，系统就能在短时间内完成身份认证过程。这一优势极大地提升了使用体验，使整个交易过程更加流畅和高效。

与此同时，这种先进的身份认证技术还能够有效地防范身份冒用和欺诈行为的发生。通过对生物特征的独特识别和精准比对，几乎不可能被伪造或模仿，从而为电子商务交易建立起一道坚固可靠的安全防线，在进行在线交易时感到安心和放心。

产品防伪作为维护电子商务市场正常秩序、切实保护消费者合法权益以及维护品牌声誉的关键问题，图像处理技术在这一领域发挥着至关重要的作用。通过巧妙地在产品上应用各种特殊的图像标记或编码手段（如常见的二维码、条形码），以及更为先进的隐形水印等技术，并结合高效精准的图像处理识别和验证算法，能够实现对产品真伪的快速、准确鉴别。

以二维码为例，其具备存储大量产品相关信息的能力，涵盖了生产批次、生产日期、产地、产品规格等详细数据。当消费者或监管部门使用扫码设备扫描产品上的二维码时，相关的图像处理算法会迅速对扫描得到的二维码图像进行处理和解读。通过与产品制造商或权威机构的数据库进行实时比对，能够迅速而准确地验证产品的来源和真实性，确保消费者购买到的是正品。

隐形水印技术则是一种高度先进且难以察觉的防伪手段。通过将特定的水印信息以极其微妙的方式嵌入到产品的图像之中，这些水印信息在正常情况下几乎无法用肉眼察觉，但只有借助专门设计的、复杂的图像处理算法才能被检测和提取出来。这一技术的应用极大地提高了假冒伪劣产品被识破的难度，有效地阻止了假冒产品在市场上的流通，为维护公平竞争的市场环境、保障消费者的合法权益以及保护品牌的声誉和价值发挥了不可替代的作用。

水印技术在电子商务领域中同样具有不可忽视的重要意义。数字水印作为一种将特定的信息巧妙地嵌入到图像、音频或视频等数字媒体中的先进技术，在版权保护、内容认证以及追踪溯源等多个方面发挥着关键作用。

在电子商务环境中，对于在线销售的各类数字图片、音乐、视频等商品，版权所有者能够运用水印技术，将包含自身版权信息的独特标识以隐蔽的方式嵌入到数字内容之中。一旦出现未经授权的使用或侵权行为，通过专门的图像处理技术和算法，可以从数字内容中提取出这些水印信息，从而为版权所有者提供确凿无疑的证据，有力地维护其合法的版权权益。

同时，水印技术还能够用于对数字内容的完整性和真实性进行验证。在数字内容的传播和交易过程中，可能会面临被篡改或恶意修改的风险。通过嵌入水印信息，并在后续的处理和验证过程中检测水印的完整性和准确性，可以确保消费者获取到的是未被篡改、原汁原味的原始产品，保障了交易的公正性和可靠性。

此外，水印技术在产品的供应链管理中也具有重要的应用价值。通过在产品的数字图像或相关数字内容中嵌入特定的水印信息，可以对产品在供应链中的流通路径进行精确追踪和记录。这有助于企业全面监控产品的销售和分发情况，及时发现和防止窜货、非法分销等违规行为的发生，实现对产品流通环节的精细化管理和有效控制。

图像处理技术在电子商务领域的身份认证、产品防伪和水印技术等方面展现出了极其重要的应用价值和巨大的发展潜力。随着科技的不断进步和持续创新，图像处理技术必将不断完善、优化和升级，为电子商务的持续健康发展提供更加强有力的技术支持和保障，共同营造一个更加安全、可信、公平和高效的电子商务交易环境，推动电子商务行业向着更高水平迈进。

总之，图像处理技术应用领域相当广泛，已在国家安全、经济发展、日常生活中充当越来越重要的角色，对国计民生的作用不可低估。

5.2 使用编程软件

视 频

使用编程软件

本书使用 MATLAB 作为编程软件，打开 MATLAB 官网页面，单击“获取 MATLAB”按钮，如图 5-1 所示。

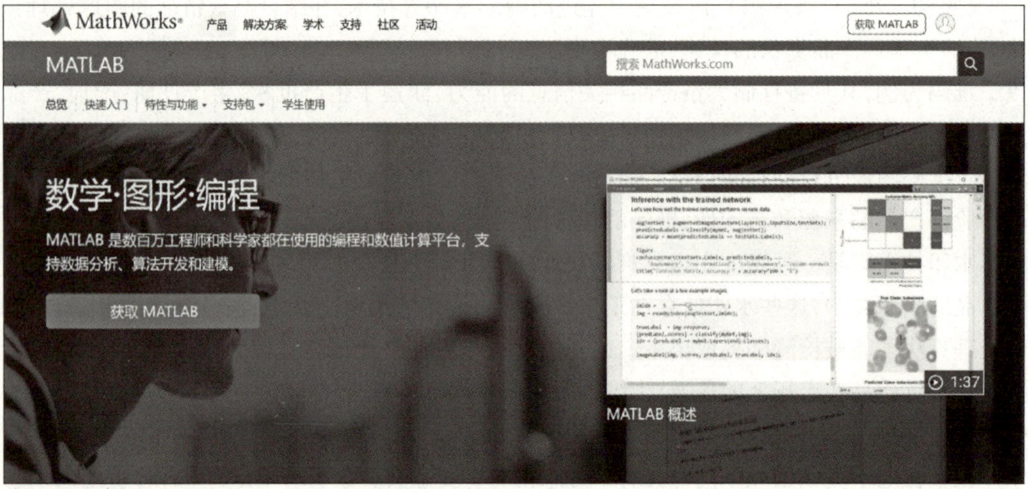

图 5-1　MATLAB 官网界面

首次登录时需要创建账户，有账号密码时直接单击“登录”按钮，如图 5-2 所示。首次注册账号可以选择免费试用 1 个月。

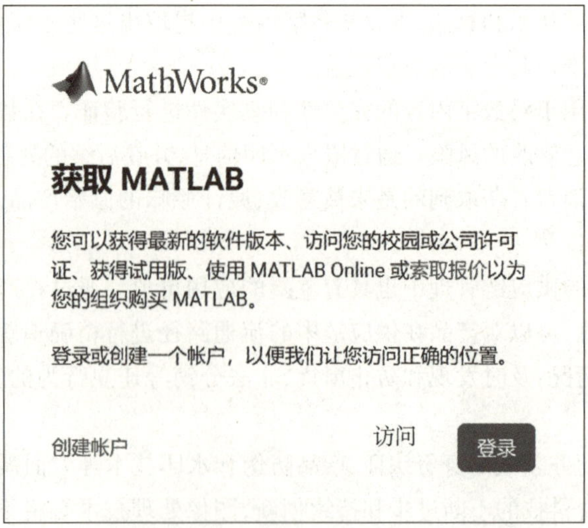

图 5-2　获取 MATLAB 界面

MATLAB 软件可使用在线版本或者下载安装两种方式，如图 5-3 所示。

图 5-3　MATLAB 软件在线和安装

打开 MATLAB 软件，操作界面如图 5-4 所示。操作界面上方是工具，左侧是文件区，右侧是工作区，中间是编辑区和命令行窗口。

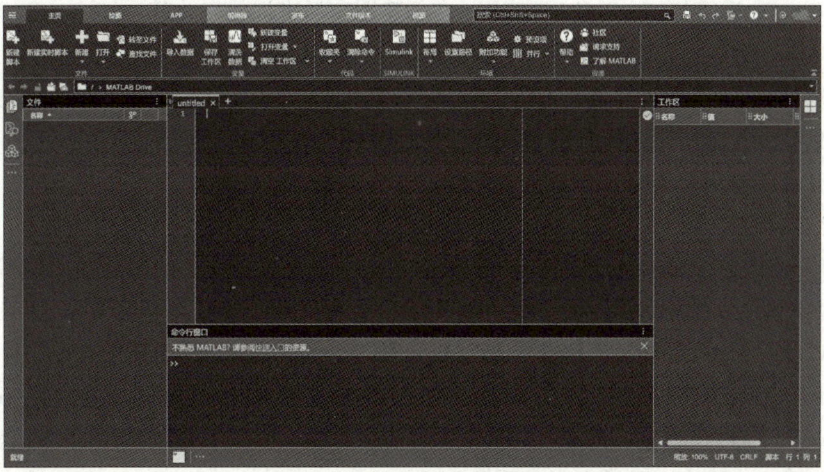

图 5-4　MATLAB 操作界面

5.3　获取和显示图像

1. imread( ) 函数

从图形文件读取图像全页折叠：

①A = imread(filename)：从 filename 指定的文件读取图像，并从文件内容推断出其格式。如果 filename 为多图像文件，则 imread( ) 读取该文件中的第一个图像。

视频
获取和显示图像

②A = imread(filename,fmt):另外还指定具有 fmt 指示的标准文件扩展名的文件格式。如果 imread()找不到具有 filename 指定名称的文件,则会查找名为 filename. fmt 的文件。

③A = imread(___,idx):从多图像文件读取指定的图像。此语法仅适用于 GIF、PGM、PBM、PPM、CUR、ICO、TIF、SVS 和 HDF4 文件。用户必须指定 filename 输入,也可以指定 fmt。

④A = imread(___,Name,Value):使用一个或多个名称-值对组参数以及先前语法中的任何输入参数来指定格式特定的选项。

⑤[A,map] = imread(___):将 filename 中的索引图像读入 A,并将其关联的颜色图读入 map。图像文件中的颜色图值会自动重新调整到范围[0,1]中。

⑥[A,map,transparency] = imread(___):另外还返回图像透明度。此语法仅适用于 PNG、CUR 和 ICO 文件。对于 PNG 文件,如果存在 alpha 通道,transparency 会返回该 alpha 通道。对于 CUR 和 ICO 文件,它为 AND(不透明度)掩码。

2. figure()函数

创建图窗窗口全页折叠:

①figure():使用默认属性值创建一个新的图窗窗口,生成的图窗为当前图窗。

②figure(Name,Value):使用一个或多个名称-值对组参数修改图窗的属性。例如,figure('Color','white')将背景色设置为白色。

③f = figure(___):返回 Figure 对象,可使用 f 在创建图窗后查询或修改其属性。

④figure(f):将 f 指定的图窗作为当前图窗,并将其显示在其他所有图窗的上面。

⑤figure(n):查找 Number 属性等于 n 的图窗,并将其作为当前图窗。如果不存在具有该属性值的图窗,MATLAB 将创建一个新图窗并将其 Number 属性设置为 n。

3. imshow()函数

显示图像全页折叠:

①imshow(I):在图窗中显示灰度图像 I。imshow()使用图像数据类型的默认显示范围,并优化图窗、坐标区和图像对象属性以便显示图像。

②imshow(I,[low high]):显示灰度图像 I,以二元素向量[low high]形式指定显示范围。

③imshow(I,[ ]):显示灰度图像 I,根据 I 中的像素值范围对显示进行转换。imshow()使用[min(I(:)) max(I(:))]作为显示范围。imshow()将 I 中的最小值显示为黑色,将最大值显示为白色。

④imshow(RGB):在图窗中显示真彩色图像 RGB。

⑤imshow(BW):在图窗中显示二值图像 BW。对于二值图像,imshow()将值为 0(零)的像素显示为黑色,将值为 1 的像素显示为白色。

⑥imshow(X,map):显示带有颜色图 map 的索引图像 X。颜色图矩阵可以具有任意行数,但它必须恰好包含 3 列。每行被解释为一种颜色,其中第一个元素指定红色的强度,第二个元素指定绿色的强度,第三个元素指定蓝色的强度。颜色强度可以在[0,1]区间指定。

⑦imshow(filename):显示存储在由 filename 指定的图形文件中的图像。

⑧imshow(___,Name,Value):使用名称-值对组控制运算的各个方面显示图像。

⑨himage = imshow(___):返回 imshow()创建的图像对象。

4. title()函数

添加标题全页折叠:

①title(titletext)：将指定的标题添加到当前坐标区或独立可视化中。重新发出 title 命令可使新标题替换旧标题。

②title(titletext,subtitletext)：在标题下添加副标题。

③title(___,Name,Value)：使用一个或多个名称-值对组参数修改标题外观。例如,'FontSize',12 将字体大小设置为 12 磅。在所有其他输入参数之后指定名称-值对组参数。并非所有图类型均支持修改标题外观。

④title(target,___)：将标题添加到指定的目标对象。

⑤t = title(___)：返回用于标题的对象,以后可以使用 t 修改标题。

⑥[t,s] = title(___)：返回用于标题和副标题的对象,使用 t 修改标题,使用 s 修改副标题。

【例 5-1】读入和显示图像。

```
clear all;              % 从工作区中删除项目、释放系统内存
close all;              % 关闭其句柄可见的所有图窗
clc;                    % 清空命令行窗口
Image = imread('cameraman.jpg');          % 读入图像
figure,imshow(Image),title('原图像');     % 显示图像
```

程序运行结果如图 5-5 所示。

图 5-5　显示读入的图像

5. subplot( )函数

在平铺位置创建坐标区全页折叠：

①subplot(m,n,p)：将当前图窗划分为 m × n 网格,并在 p 指定的位置创建坐标区。第一个子图是第一行的第一列,第二个子图是第一行的第二列,依此类推。如果指定的位置已存在坐标区,则此命令会将该坐标区设为当前坐标区。

②subplot(m,n,p,'replace')：删除位置 p 处的现有坐标区并创建新坐标区。

③subplot(m,n,p,'align')：创建新坐标区,以便对齐图框。此选项为默认行为。

④subplot(m,n,p,ax)：将现有坐标区 ax 转换为同一图窗中的子图。

⑤subplot('Position',pos):在 pos 指定的自定义位置创建坐标区。使用此选项可定位未与网格位置对齐的子图。指定 pos 作为[left bottom width height]形式的四元素向量。如果新坐标区与现有坐标区重叠,新坐标区将替换现有坐标区。

⑥subplot(___,Name,Value):使用一个或多个名称-值对组参数修改坐标区属性。在所有其他输入参数之后设置坐标区属性。

⑦ax = subplot(___):创建一个 Axes 对象、PolarAxes 对象或 GeographicAxes 对象。以后可以使用 ax 修改坐标区。

⑧subplot(ax):将 ax 指定的坐标区设为父图窗的当前坐标区。如果父图窗尚不是当前图窗,此选项不会使父图窗成为当前图窗。

6. imwrite()函数

将图像写入图形文件全页折叠:

①imwrite(A,filename):将图像数据 A 写入 filename 指定的文件,并从扩展名推断出文件格式。imwrite()在当前文件夹中创建新文件。输出图像的位深取决于 A 的数据类型和文件格式。对于大多数格式来说:

如果 A 属于数据类型 uint8,则 imwrite 输出 8 位值。

如果 A 属于数据类型 uint16 且输出文件格式支持 16 位数据(JPEG、PNG 和 TIFF),则 imwrite()将输出 16 位的值。如果输出文件格式不支持 16 位数据,则 imwrite()返回错误。

如果 A 是灰度图像或者属于数据类型 double 或 single 的 RGB 彩色图像,则 imwrite()假设动态范围是[0,1],并在将其作为 8 位值写入文件之前自动按 255 缩放数据。如果 A 中的数据是 single,则在将其写入 GIF 或 TIFF 文件之前将 A 转换为 double。

如果 A 属于 logical 数据类型,则 imwrite()会假定数据为二值图像并将数据写入位深为 1 的文件(如果格式允许)。BMP、PNG 或 TIFF 格式以输入数组形式接受二值图像。

如果 A 包含索引图像数据,则应另外指定 map 输入参数。

②imwrite(A,map,filename):将 A 中的索引图像及其关联的颜色图写入由 map、filename 指定的文件。

如果 A 是属于数据类型 double 或 single 的索引图片,则 imwrite()通过从每个元素中减去 1 来将索引转换为从 0 开始的索引,然后以 uint8 形式写入数据。如果 A 中的数据是 single,则在将其写入 GIF 或 TIFF 文件之前将 A 转换为 double。

③imwrite(___,fmt):以 fmt 指定的格式写入图像,无论 filename 中的文件扩展名如何。用户可以在任何先前语法的输入参数之后指定 fmt。

④imwrite(___,Name,Value):使用一个或多个名称-值对组参数,以指定 GIF、HDF、JPEG、PBM、PGM、PNG、PPM 和 TIFF 文件输出的其他参数。用户可以在任何先前语法的输入参数之后指定 Name,Value。

【例 5-2】反色图像。

```
clear all;close all;clc;
I = imread('cameraman.jpg');
J = 255 - I;
subplot(1,2,1),imshow(I),title('原始图像');
subplot(1,2,2),imshow(J),title('反色图像');
imwrite(J,'cameraman2.jpg');
```

程序运行结果如图5-6所示。

(a) 原始图像

(b) 反色图像

图5-6 取反图像

【例5-3】转换灰度图像。

```
clear,clc,close all;
Image1 = im2double(imread('peppers.png'));
figure,imshow(Image1),title('原彩色图像');
r = Image1(:,:,1);
g = Image1(:,:,2);
b = Image1(:,:,3);
Y = 0.299* r + 0.587*g + 0.114*b;
I = (r + g + b)/3;
% imwrite(Y,'lotusY.jpg');
figure;
subplot(2,3,1),imshow(Image1),title('原彩色图像');
subplot(2,3,2),imshow(r),title('灰度图像 r');
subplot(2,3,3),imshow(g),title('灰度图像 g');
subplot(2,3,4),imshow(b),title('灰度图像 b');
subplot(2,3,5),imshow(Y),title('灰度图像 Y');
subplot(2,3,6),imshow(I),title('灰度图像 I');
```

程序运行结果如图5-7所示。

7. rgb2gray()函数

将RGB图像或颜色图转换为灰度图全页折叠：

①I = rgb2gray(RGB)：将真彩色图像RGB转换为灰度图像I。rgb2gray()函数通过消除色调和饱和度信息，同时保留亮度，将RGB图像转换为灰度图。

②newmap = rgb2gray(map)：返回等同于map的灰度颜色图。map颜色图，指定为由范围[0,1]内的值组成的三维数值矩阵。map的每行都是一个三元素RGB，指定颜色图的单种颜色的红、绿和蓝分量。

【例5-4】转换灰度图像。

```
clear,clc,close all;
Image = im2double(imread('peppers.png'));
```

```
figure,imshow(Image),title('原彩色图像');
gray = rgb2gray(Image);
figure,imshow(gray),title('灰度图像');
```

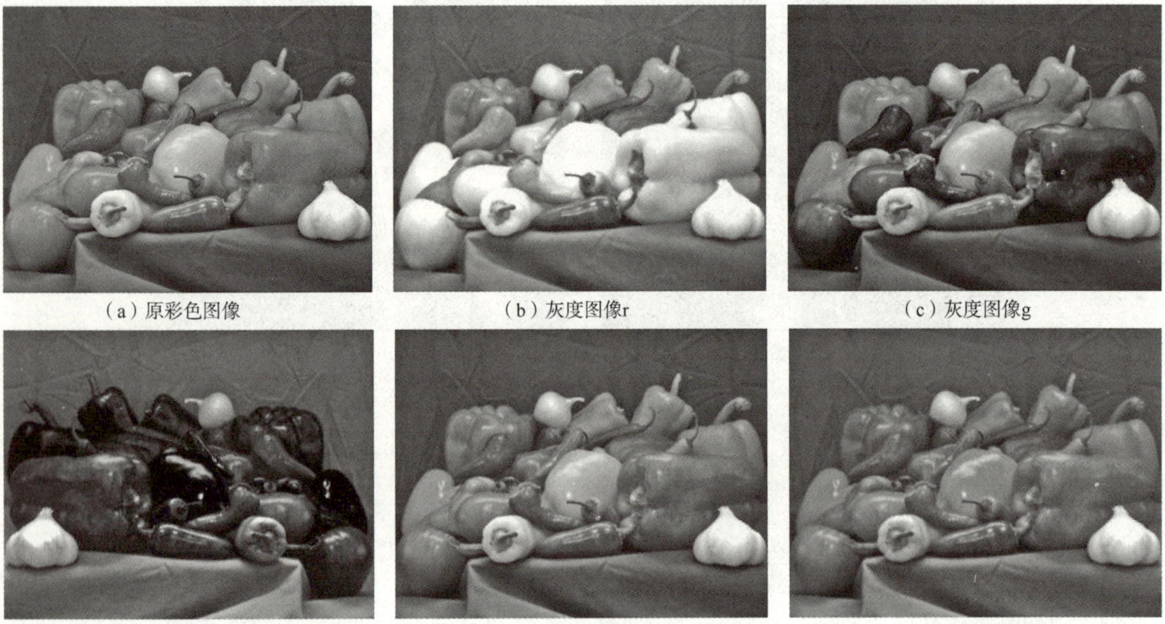

（a）原彩色图像　（b）灰度图像r　（c）灰度图像g

（d）灰度图像b　（e）灰度图像Y　（f）灰度图像I

图 5-7　灰度图像（一）

程序运行结果如图 5-8 所示。

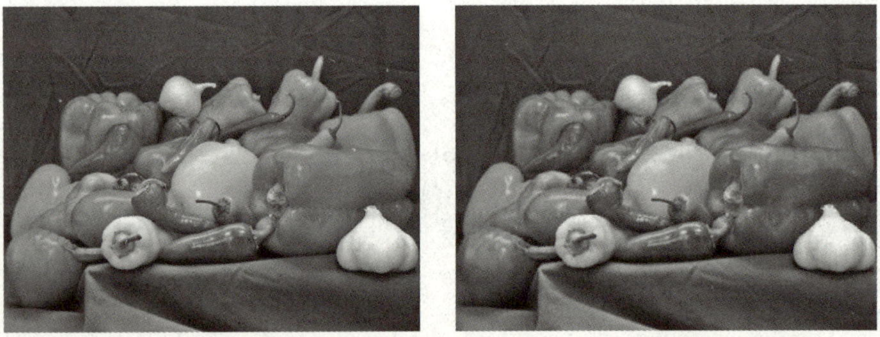

（a）原彩色图像　（b）灰度图像

图 5-8　灰度图像（二）

8. im2bw( )函数

基于阈值将图像转换为二值图像：

①BW = im2bw(I,level)：将灰度图像 I 转换为二值图像 BW，方法是将输入图像中亮度大于 level 的所有像素替换为值 1（白色），将所有其他像素替换为值 0（黑色）。此范围与图像的类的可能信号级别相关。因此，0.5 的 level 值对应于类的最小值和最大值之间的中等强度值。

②BW = im2bw(X,cmap,level)：使用颜色图 cmap 将索引图像 X 转换为二值图像。

③BW = im2bw(RGB,level):将真彩色图像 RGB 转换为二值图像。

【例 5-5】转换二值图像

```
Image = imread('eight.tif');
im = im2bw(Image);
subplot(121),imshow(Image),title('原图像');
subplot(122),imshow(im),title('二值图像');
```

程序运行结果如图 5-9 所示。

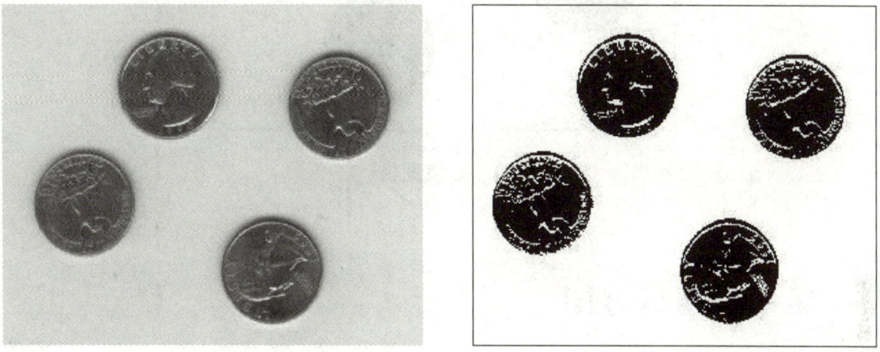

(a)原图像 (b)二值图像

图 5-9 二值图像(一)

9. graythresh( )函数

使用 Otsu 方法计算全局图像阈值全页折叠:

①T = graythresh(I):使用 Otsu 方法根据灰度图像 I 计算全局阈值 T。Otsu 方法选择一个阈值,使阈值化的黑白像素的类内方差最小化。全局阈值 T 可与 imbinarize 结合使用以将灰度图像转换为二值图像。

②[T,EM] = graythresh(I):还返回有效性度量 EM。

10. imbinarize( )函数

通过阈值化将二维灰度图像或三维体二值化全页折叠:

①BW = imbinarize(I):通过将所有高于全局阈值的值替换为 1 并将所有其他值设置为 0,从二维或三维灰度图像 I 创建二值图像。默认情况下,imbinarize 使用 Otsu 方法,该方法选择特定阈值来最小化阈值化的黑白像素的类内方差。imbinarize 使用包含 256 个 bin 的图像直方图来计算 Otsu 阈值。

②BW = imbinarize(I,method):使用 method 指定的阈值化方法('global'或'adaptive')从图像 I 创建二值图像。

③BW = imbinarize(I,T):使用阈值 T 从图像 I 创建二值图像。T 可以是指定为标量亮度值的全局图像阈值,也可以是指定为亮度值矩阵的局部自适应阈值。

④BW = imbinarize(I,'adaptive',Name,Value):使用名称-值对组从图像 I 创建二值图像,以控制自适应阈值的各个方面。

【例 5-6】二值图像。

```
I = imread('eight.tif');
level = graythresh(I)              % 使用 graythresh 计算阈值,阈值归一化至范围[0,1]
BW = imbinarize(I,level);          % 使用阈值将图像转换为二值图像
imshow(BW),title('二值图像');
```

程序运行结果如图 5-10 所示。

图 5-10　二值图像(二)

5.4 显示灰度直方图

视频

显示灰度直方图

下面讲解图像数据的直方图:

①[counts,binLocations] = imhist(I):计算灰度图像 I 的直方图。imhist()函数在 counts 中返回直方图计数,在 binLocations 中返回 bin 位置。直方图中 bin 的数量由图像类型确定。I 灰度图像,指定为任意维度的数值数组。如果图像具有数据类型 single 或 double,则值必须在[0,1]范围内。如果 I 的值超出范围[0,1],则可以使用 rescale()函数将值重新缩放到预期范围。Counts 是直方图计数,以数值数组形式返回。如果为索引图像 X 计算直方图,则 counts 的长度与颜色图 map 的长度相同。binLocations 是 bin 位置,以数值数组形式返回。

②[counts,binLocations] = imhist(I,n):指定用于计算直方图的 bin 的数量 n。n 是 bin 的个数,指定为正整数。如果 I 是灰度图像,则 imhist 使用默认值,即 256 个 bin。如果 I 是二值图像,则 imhist 使用两个 bin。

③[counts,binLocations] = imhist(X,map):计算具有颜色图 map 的索引图像 X 的直方图。对于颜色图中的每个条目,直方图中都有一个对应的 bin。X 是索引图像,指定为任意维度的数值数组。map 是与索引图像 X 相关联的颜色图,指定为由范围[0,1]内的值组成的三维数值矩阵。每行是一个三元素 RGB 三元组,它指定颜色图的单个颜色的红、绿和蓝分量。颜色图的长度必须至少等于 X 中最大索引的长度。

④imhist(___):显示绘制的直方图。如果输入图像是索引图像,则直方图在颜色图 map 的颜色条上方显示像素值分布。

【例 5-7】显示直方图。

```
I = imread('eight.tif');
imshow(I),title('原图像');
imhist(I)    % 显示图像的直方图
```

程序运行结果如图 5-11 所示。其中,直方图的横坐标表示像素点的灰度值,纵坐标表示图像中每个灰度值的个数。

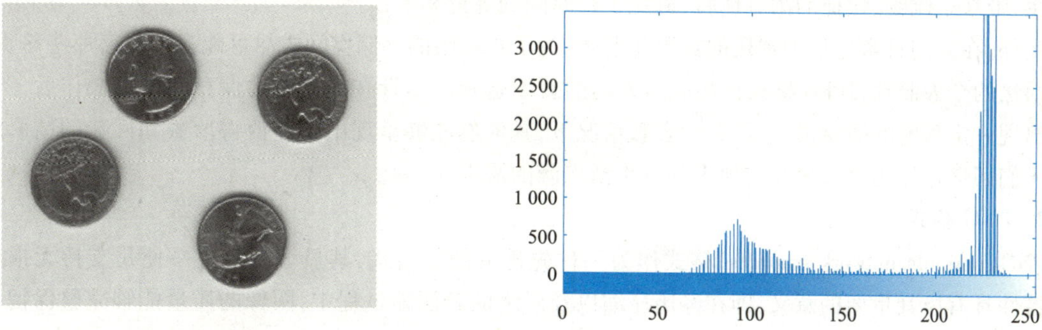

（a）原图像　　（b）直方像

图 5-11 灰度直方图

5.5 存储图像的格式类型

在数字图像处理领域，存在着多种多样的图像格式，它们各自具有独特的特点和适用的场景，以下是对一些常见图像格式的详细介绍。

视频

存储图像的格式类型

1. JPEG 格式

JPEG（joint photographic experts group）作为目前最为常见且广泛应用的图像格式之一，在数字图像领域占据着举足轻重的地位。

其采用的有损压缩算法蕴含着精妙的原理和策略。通过深入分析人眼对于图像细节和高频信息的感知敏感度，该算法能够精确地识别并巧妙地去除那些相对不易被人眼察觉和关注的部分。这种极具针对性的处理方式，在极大程度上实现了图像文件大小的显著缩减，为图像的存储和传输带来了极大的便利。

JPEG 格式特别适用于那些色彩斑斓且细节丰富繁杂的照片类型，例如，展现大自然雄浑壮阔之美的风景照，其中的山川湖泊、草木花卉等元素在丰富色彩和细腻纹理的交织下，形成了令人陶醉的视觉画面；又如，捕捉人物神态和气质的肖像照，人物肌肤的纹理、发丝的纤细以及服饰的精致细节等都得以生动呈现。

然而，需要特别加以关注和重视的是，JPEG 格式所固有的有损压缩特性，不可避免地存在着一定的局限性和潜在问题。每当对一幅 JPEG 格式的图像进行保存或者再次进行压缩操作时，都会无可避免地导致一部分图像信息进一步缺失和损耗。随着此类操作次数的不断累积和增加，图像的质量会呈现出逐步下降的趋势。

这种质量下降可能以多种形式表现出来。其中，较为常见的是明显的块状效应，即在图像中会出现类似马赛克般的块状区域，破坏了图像原本应有的平滑和连续性；细节的模糊也是一个显著的问题，原本清晰锐利、线条分明的物体轮廓和纹理细节逐渐变得朦胧不清，失去了原有的清晰度和锐度；此外，色彩失真的情况也时有发生，图像的颜色准确性和饱和度受到影响，导致颜色的表现偏离真实和准确，失去了原本应有的鲜艳和生动。

例如，浏览各类网站上琳琅满目的大量图片时，不难观察到其中的绝大多数照片都采用了 JPEG 格式。这主要是因为在能够保证在视觉上可以接受的一定程度的图像质量的前提条件下，JPEG 格式凭借其出色的压缩能力，能够有效地大幅度削减图像的数据量。这一优势对于加快网页的加载速度起到了至关重要的作用,带来了流畅、快捷的浏览体验,避免了长时间的等待和卡顿。

此外,在人们日常生活中常用的数码相册中,为了在有限的存储空间内尽可能多地保存那些珍贵而又充满回忆的个人照片,JPEG 格式往往成为人们的首要选择。尽管在经过多次保存和压缩操作后,图像可能会出现一定程度的质量损失,但在大多数情况下,其依然能够呈现出那些值得珍藏和回味的精彩瞬间,满足人们回忆过往美好时光和与他人分享生活点滴的需求。

2. PNG 格式

PNG(portable network graphics)格式作为一种先进的图像格式,其显著特性之一便是支持无损压缩。这一特性具有极其重要的意义,即在经历压缩以及后续的解压缩过程中,图像的质量能够完整保留,不会产生一丝一毫的损失,能够完美地留存原始图像所涵盖的全部信息。

PNG 格式还有一个极为突出的显著特点,那便是其具备对图像透明度的强大支持能力。这意味着在图像的处理过程中,可以精确地指定图像中的某些特定部分呈现出完全透明、半透明或者不透明的状态。这种对透明度的精细控制能力赋予了 PNG 格式在众多应用场景中的独特优势,使其在网页设计、图形设计等多个领域获得了广泛且深入的应用。

当人们面临在网页上运用具备透明背景的图标、按钮或者其他各类图形元素的需求时,PNG 格式无疑是一个理想的不二之选。其卓越的透明度控制能力能够确保图像在面对各种不同的背景时,都能够实现自然而和谐的融合效果,有效地避免出现锯齿状的边缘这类不美观且影响视觉体验的现象,同时也能够杜绝不自然的背景残留问题,从而呈现出流畅、自然且视觉效果出色的图像展示。

例如,在精心设计一个网页的过程中,网页的 logo 往往会选择采用 PNG 格式。这是因为 PNG 格式能够使得 logo 在面对色彩和图案千差万别的网页背景时,都能够清晰、美观且毫无瑕疵地进行展示。无论背景是简约的纯色还是复杂的图案组合,logo 都能与之完美适配,展现出最佳的视觉效果。

此外,在一些复杂的图形设计场景中,那些拥有精细线条和丰富色彩的插图,如果需要在保留其高质量的同时确保透明度的精准控制,PNG 格式同样会被优先选择作为保存的格式。这是由于 PNG 格式能够确保这些图形在任何应用环境中都能够展现出其原有的精细度和色彩丰富度,同时通过透明度的合理设置,实现与其他元素的自然融合和协调搭配,从而达到最佳的整体设计效果。

3. GIF 格式

GIF(graphics interchange format)格式主要用于简单的动画和图像展示。它采用了一种基于索引颜色的压缩方式,通常只支持 256 种颜色,这使得 GIF 格式不太适合表现色彩丰富、细节复杂的图像,但其在简单图形和动画方面具有独特的优势。

GIF 格式的动画功能是其一大特色,它可以通过连续播放一系列的静态图像来实现简单的动画效果,常用于制作动态表情、简单的网页动画演示等。由于其文件大小相对较小,加载速度快,在网络传播中具有一定的优势。例如,在社交媒体上常见的各种动态表情符号,很多都是以 GIF 格式存在的。此外,一些简单的网页加载动画、提示动画也会选择 GIF 格式,以增加网页的互动性和趣味性。

4. TIFF 格式

TIFF(tagged image file format)是一种高度灵活且无损的图像格式,提供了多种色彩模式的选择,如 RGB、CMYK 等,并且支持多种压缩选项,包括无损压缩和不压缩。TIFF 格式的强大之处在于它能够保留极其丰富和精确的图像信息,因此在专业的印刷和出版领域中备受青睐。

对于高质量的扫描文档、专业摄影作品,特别是那些需要进行后期高精度处理和印刷输出的图像,TIFF 格式能够确保图像的每一个细节都被完整地保留,从而保证在印刷品上能够呈现出最优质的效果。

例如，在出版行业中，书籍的封面设计、彩色插图等需要高质量印刷的图像，往往会以 TIFF 格式进行保存和处理。此外，一些专业的文档扫描服务，如法律文件、历史档案的数字化扫描，也会选择 TIFF 格式，以保证数据的完整性和准确性。

5. BMP 格式

BMP(bitmap)是一种未经过压缩的图像格式，它直接按照图像的像素信息进行存储，因此能够完整地保留图像的原始数据，不会有任何信息的丢失。然而，这也导致了 BMP 格式的文件通常较大，占用较多的存储空间。

尽管 BMP 格式在现代图像处理中的应用相对较少，但在某些特定的系统和软件环境中，仍然会被使用。例如，一些早期的操作系统或者特定的图像处理软件，可能对 BMP 格式具有更好的兼容性和支持。例如，在某些老旧的计算机系统中，或者在某些特定的图像编辑软件的特定功能中，可能会要求使用 BMP 格式的图像进行操作。

6. RAW 格式

RAW 格式是数码相机直接获取的原始图像数据，它没有经过相机内部的任何处理和压缩，包含了传感器捕捉到的最丰富和最原始的图像信息。这为后期的图像处理提供了极大的灵活性和调整空间。

专业摄影师通常会选择以 RAW 格式拍摄照片，因为它允许在后期对曝光、白平衡、色彩、对比度等众多参数进行精细的调整，从而能够实现更加个性化和高质量的图像输出。然而，由于 RAW 格式包含了大量的原始数据，文件体积通常非常大，对存储和处理设备的要求也较高。例如，在专业的摄影工作室中，摄影师在拍摄重要的商业作品、艺术照片或者需要进行大幅面印刷的作品时，会优先选择 RAW 格式，以便在后期能够充分发挥创意，获得最完美的图像效果。

综上所述，在选择数字图像处理中的图像格式时，需要综合考虑图像的用途、质量要求、文件大小限制以及应用场景等多个因素，以确保选择最适合的图像格式，满足具体需求。

单元小结

本单元主要介绍了数字图像处理的相关内容，包括其发展概况、目的、常用方法、应用领域、图像的数字化、获取与显示以及图像分类等。图像的获取与显示涉及多个函数，如 imread()、figure()、imshow()等。图像格式众多，如 JPEG、PNG、GIF 等，各有特点和适用场景。总之，数字图像处理技术在众多领域发挥着重要作用，且仍在不断发展和完善。

习　题

一、多项选择题

1. 数字图像处理在生物医学工程方面的应用包括(　　)。

A. CT 技术　　B. 医用显微图像的处理分析

C. 染色体分析　　D. 癌细胞的识别

E. X 光肺部图像的处理

2. 电子商务领域中,图像处理技术的应用包括(　　)。

A. 身份认证　　B. 产品防伪

C. 水印技术　　D. 图像压缩

E. 图像增强

二、判断题

1. 数字图像处理只能在计算机上进行。(　　)
2. 图像增强和图像复原的目的是相同的。(　　)
3. 所有的图像格式都采用压缩技术来减少数据量。(　　)
4. 数字图像处理在医学领域的应用只有 CT 技术。(　　)
5. 通信工程中,图像通信是最简单的环节。(　　)
6. 工业和工程领域中,图像处理技术只能用于产品质量检测。(　　)

三、简答题

1. 数字图像处理的目的是什么?
2. 数字图像处理的常用方法有哪些?

单元6

图像的基本运算

在一家现代化的医疗影像诊断中心，每天都有大量的患者前来进行各种检查，如X光、CT、MRI等，这些检查产生了海量的医学图像数据。这些图像对于医生准确诊断病情至关重要，然而，原始图像往往存在一些问题，需要进行处理才能更好地辅助诊断。有一天，医院新来了一批图像数据，这些图像看起来有些模糊，对比度也不太理想。这时，数字图像处理技术就派上了用场。

首先是点运算，这是一种基本的图像处理方法。其中包括线性点运算，就像是给图像调整亮度的魔法棒。通过简单的线性函数关系，可以增加或降低图像整体的亮度值，让原本昏暗的图像区域变得清晰可见，或者减少过亮区域的亮度，使图像细节更突出。而非线性点运算则更像是一个精细的雕刻工具，它可以根据特殊的函数关系，对图像中的像素值进行非线性调整。例如，对于某些需要重点突出特定灰度范围的医学图像，非线性点运算可以增强这个灰度范围内的像素显示，让医生更易观察病变组织与周围正常组织的差异。

接着是代数运算。加法运算就像是给图像注入能量，当不同的图像存在信息缺失或者需要增强某些特征时，可以将它们叠加在一起。例如，在一些多模态的医学影像融合中，加法运算可以把CT图像和MRI图像的信息结合起来，为医生提供更全面的视角。减法运算则像是一个图像的“橡皮擦”，它可以找出两张相似图像之间的差异。在医学上，可以用来检测病变的发展情况，例如对比患者不同时间拍摄的图像，通过减法运算快速发现新出现的病变区域。乘法运算和除法运算也有各自的妙用，乘法运算可以根据不同的系数调整图像的对比度，而除法运算可以在某些需要标准化图像灰度值的情况下发挥作用。

逻辑运算在处理图像时也有独特的功能。它可以对图像中的像素按照逻辑规则进行处理，例如判断像素值是否满足特定条件，然后根据逻辑结果对图像进行修改，这在一些需要提取特定形状或特征的医学图像分析中非常有用。

还有几何运算，这是改变图像形状和位置的奇妙方法。图像的平移就像是在一个平面上移动图像，当医生需要关注图像中的某个局部区域时，可以通过平移将这个区域移到中心位置方便查看。图像的镜像功能就像一面镜子，有时候对于对称的人体器官图像，通过镜像操作可以更全面地对比两侧的情况，发现可能存在的异常。图像的旋转可以把倾斜的图像调整到正确的角度，例如在处理患者拍摄角度稍有偏差的X光片时，旋转操作能让图像恢复正常姿态，便于医生观察。图像的缩放功能则像是一个放大镜，医生可以放大图像查看微小的病变细节，或者缩小图像查看整体的组织结构。

通过这些数字图像处理技术,原本存在各种问题的医学图像变得清晰、准确,为医生的诊断提供了更有力的支持,也让患者能得到更精准的治疗。

知识能力目标:

- 了解数字图像处理的发展和目的。
- 掌握获取和显示图像的方法。
- 能够显示灰度直方图。
- 了解图像的存储格式。

素养要求:

教导尊重科学规律,重视基础知识:通过学习图像基本运算遵循科学逻辑和规律,教导学生尊重客观事实和科学规律,运用科学方法解决问题。同时,其重要性体现了基础理论知识的关键作用,引导学生扎实掌握基础知识。

6.1 点运算

视频
点运算

点运算是一种直接对图像中每个像素的灰度值进行独立处理的操作,它不考虑像素之间的空间关系。其基本原理是根据一个预先定义好的数学函数,将输入图像中每个像素的灰度值作为输入,经过函数计算得到新的灰度值,从而生成输出图像。

1. 点运算的意义

(1)改善视觉感知

人类的视觉系统对对比度和亮度的感知较为敏感。通过点运算调整图像的对比度和亮度,可以使图像中的信息更易于被人类观察者察觉和理解。例如,在医学影像中,增强对比度可以更清晰地显示病变组织与正常组织的差异。

(2)突出关键信息

在某些图像中,可能存在特定的感兴趣区域,这些区域的灰度值特征对于分析和理解图像至关重要。点运算可以增强这些区域的灰度值,使其在图像中更加突出。例如,在卫星图像中,突出显示特定的地理特征或地貌。

(3)适应显示设备和环境

不同的显示设备具有不同的亮度和对比度特性,而且观看图像的环境光照条件也会有所不同。点运算可以使图像在各种显示设备和环境下都能呈现出较好的效果,确保信息的准确传递。

(4)标准化和规范化

在对大量图像进行处理和分析时,为了使它们具有一致的灰度特性,便于比较和综合分析,需要进行点运算来实现标准化和规范化。

(5)为高级图像处理做准备

许多复杂的图像处理算法,如边缘检测、图像分割等,对图像的对比度和灰度分布有一定的要求。通过点运算对图像进行预处理,可以提高这些算法的准确性和效果。

2. 点运算的作用

(1)对比度增强

假设原始图像中物体与背景的灰度值差异较小,导致难以区分。通过线性点运算,如将灰度值范围从[30,120]扩展到[0,255],可以使物体和背景的对比度显著增强,清晰地展现出物体的轮廓和细节。

(2)亮度调整

例如,在夜间拍摄的照片可能整体偏暗。通过增加每个像素的灰度值(如给每个像素的灰度值加上50),可以有效地提高图像的亮度,使其更清晰可见。

(3)图像反转

在某些情况下(如二值图像中),将黑变白、白变黑的反转操作可以突出图像的结构或特征。例如,在指纹图像中,反转操作可能会使指纹的纹路更加清晰。

(4)灰度级压缩与扩展

在一些应用中,如工业检测中,可能只关注特定灰度范围内的信息。通过点运算压缩或扩展灰度级,可以突出这些关注的范围。例如,将灰度值从[80,180]的范围扩展到[0,255],而将其他范围的灰度值压缩到接近 0 或 255。

(5)彩色图像的处理

对于彩色图像,通常可以对每个颜色通道(如 RGB 通道)分别进行点运算,从而改变图像的色彩表现和视觉效果。例如,增加红色通道的对比度,可以使图像中的红色物体更加鲜艳突出。

图像的点运算分为线性点运算和非线性点运算两种。

6.1.1　线性点运算

线性点运算是指对图像中的每个像素点进行操作,下面通过实例进行说明。

【例 6-1】图像的线性点运算。

```
I = imread('rice.png');                 % 读取输入图像
I = im2double(I);                       % 换成 double 类型
a = 2.5;b = 70;
J = a.*I;                               % 增加对比度
J1 = a.*I - b/255;                      % 增加对比度
c = 0.7;
K = c.*I;                               % 减小对比度
e = 70;
L = I + e/255;                          % 线性增加亮度
P = 1 - I;                              % 图像反色
subplot(2,3,1),imshow(I);title('原图像',"FontSize",16);
subplot(2,3,2),imshow(J);title('增加对比度',"FontSize",16);
subplot(2,3,3),imshow(J1);title('增加对比度',"FontSize",16);
subplot(2,3,4),imshow(K),title('减小对比度',"FontSize",16);
subplot(2,3,5),imshow(L),title('线性平移增加亮度',"FontSize",16);
subplot(2,3,6),imshow(P),title('图像反色',"FontSize",16);
```

程序运行结果如图 6-1 所示。

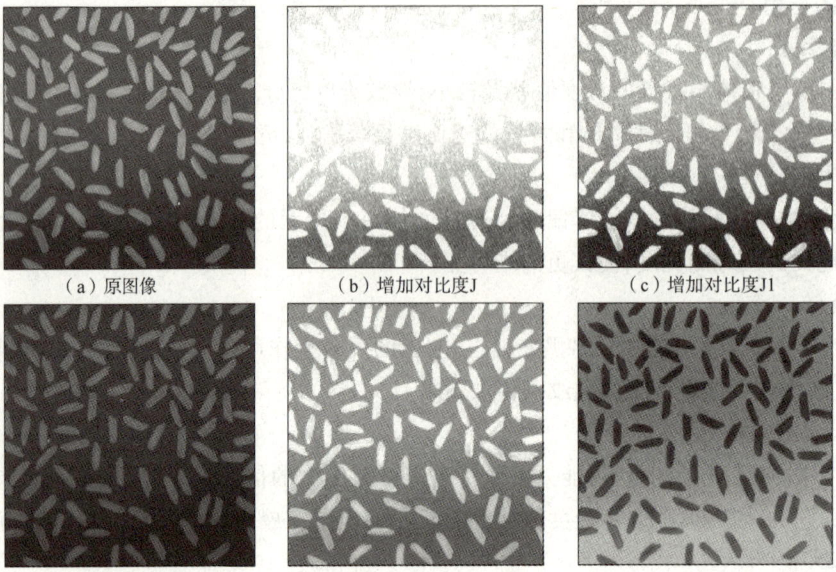

图 6-1 图像的线性点运算

6.1.2 非线性点运算

imadjust( )函数调整图像强度值或颜色图

①J = imadjust(I):将灰度图像 I 中的强度值映射到 J 中的新值。默认情况下,imadjust 对所有像素值中最低的 1% 和最高的 1% 进行饱和处理。此运算可提高输出图像 J 的对比度。此语法等效于 imadjust(I, stretchlim(I))。I 灰度图像,指定为 m × n 数值矩阵。

②J = imadjust(I,[low_in high_in]):将 I 中的强度值映射到 J 中的新值,以使 low_in 和 high_in 之间的值映射到 0 ~ 1 之间的值。low_in 和 high_in 输入图像的对比度限制,以下列形式之一指定:

- 灰度图像:[low_in high_in]形式的 1 × 2 向量,指定要映射到输出图像中的值的输入灰度图像的对比度限制。值必须在[0 1.0]范围内。值 low_in 必须小于值 high_in。
- RGB 图像或颜色图:[low_RGB_triplet; high_RGB_triplet]形式的 2 × 3 矩阵指定输入 RGB 图像或颜色图中要映射到输出图像或颜色图中值的对比度限制。数组中的每行均为一个 RGB 颜色三元组。值必须在[0 1]范围内。值 low_RGB_triplet 必须小于值 high_RGB_triplet。
- RGB 图像或颜色图:[low_in high_in]形式的 1 × 2 向量,指定要映射到输出图像中的值的输入 RGB 图像的对比度限制。每个值必须在[0 1.0]范围内。值 low_in 必须小于值 high_in。如果对 RGB 图像或颜色图指定 1 × 2 向量,则 imadjust 会对每个颜色平面或通道应用相同的调整。
- 所有类型:[ ],如果指定空矩阵([ ]),则 imadjust 使用默认限制[0 1]。

imadjust 裁剪低于 low_in 和高于 high_in 的值:低于 low_in 的值映射到 low_out,高于 high_in 的值映射到 high_out。

③J = imadjust(I,[low_in high_in],[low_out high_out]):将 I 中的强度值映射到 J 中的新值,以使 low_in 和 high_in 之间的值映射到 low_out 到 high_out 之间的值。low_out 和 high_out 输出图像的对比度限制,以下列形式之一指定:

- 灰度图像：[low_out high_out]形式的 1×2 向量，指定输出灰度图像的对比度限制，每个值必须在[0 1]范围内。
- RGB 图像或颜色图：[low_RGB_triplet; high_RGB_triplet]形式的 2×3 矩阵，指定输出 RGB 图像或颜色图的对比度限制。数组中的每行均为一个 RGB 颜色三元组，值必须在[0 1]范围内。
- RGB 图像或颜色图：[low_out high_out]形式的 1×2 向量指定输出图像中的对比度限制。每个值必须在[0 1]范围内。如果对 RGB 图像或颜色图指定 1×2 向量，则 imadjust 会对每个平面或通道应用相同的调整。
- 所有类型：[ ]，如果指定空矩阵([ ])，则 imadjust 使用默认限制[0 1]。

如果 high_out 小于 low_out，则 imadjust 反转输出图像，就像照片底片一样。

④J = imadjust(I,[low_in high_in],[low_out high_out],gamma)：将 I 中的强度值映射到 J 中的新值，其中 gamma 指定描述 I 和 J 中的值之间关系的曲线形状。gamma 描述输入和输出值关系的曲线形状，指定为非负标量或 1×3 数值向量。如果 gamma 小于 1，则 imadjust 会对映射加权，使之偏向更高(更亮)输出值。如果 gamma 大于 1，则 imadjust 会对映射加权，使之偏向更低(更暗)输出值。如果 gamma 是 1×3 向量，则 imadjust 会对每个颜色分量或通道分别应用不同的 gamma。如果省略该参数，则 gamma 取默认值 1(线性映射)。

⑤J = imadjust(RGB,[low_in high_in],___)：将真彩色图像 RGB 中的值映射到 J 中的新值。用户可以为每个颜色通道应用相同的映射或互不相同的映射。RGB 真彩色图像，指定为 m×n×3 数值数组。

⑥newmap = imadjust(cmap,[low_in high_in],___)：将颜色图 cmap 中的值映射到 newmap 中的新值。用户可以为每个颜色通道应用相同的映射或互不相同的映射。cmap 与索引图像相关联的颜色图，指定为由[0,1]范围内的值组成的三维数值矩阵。每行是一个三元素 RGB 三元组，指定颜色图的单个颜色的红、绿和蓝分量。

【例 6-2】 图像的非线性点运算。

```
I = imread('pout.tif');
K = imadjust(I,[0.3 0.7],[]);
subplot(121),imshow(I);title('原图像',"FontSize",16);
subplot(122),imshow(K);title('非线性点运算',"FontSize",16);
```

程序运行结果如图 6-2 所示。

(a) 原图像　　(b) 非线性点运算

图 6-2　图像的非线性点运算

6.2 代数运算

图像的代数运算包括加法运算、减法运算、乘法运算和除法运算。

视频
代数运算加减法

6.2.1 加法运算

imadd( )函数——将两个图像相加或在图像中添加常量

Z = imadd(X,Y):将数组 X 中的每个元素与数组 Y 中的对应元素相加,并在输出数组 Z 的对应元素中返回和。X 和 Y 是具有相同大小和类的数值或逻辑数组,或者是 double 类型的数值标量。

【例 6-3】图像的加法运算案例一。

```
I1 = imread('AT3_1m4_01.tif');
I2 = imread('cell.tif');
J = imadd(I1,100);                       % 将输入图像 I1 所有像素灰度值加 100
K = I1 + imresize(I2,[480 640]);         % 将输入图像 I2 像素维度设置得与 I1 一致,并相加
subplot(2,2,1),imshow(I1);title('原图像 1',"FontSize",16);
subplot(2,2,2),imshow(I2);title('原图像 2',"FontSize",16);
subplot(2,2,3),imshow(J);title('原图像 1 所有像素灰度值加 100',"FontSize",16);
subplot(2,2,4),imshow(K);title('原图像 1 + 原图像 2',"FontSize",16);
```

程序运行结果如图 6-3 所示。

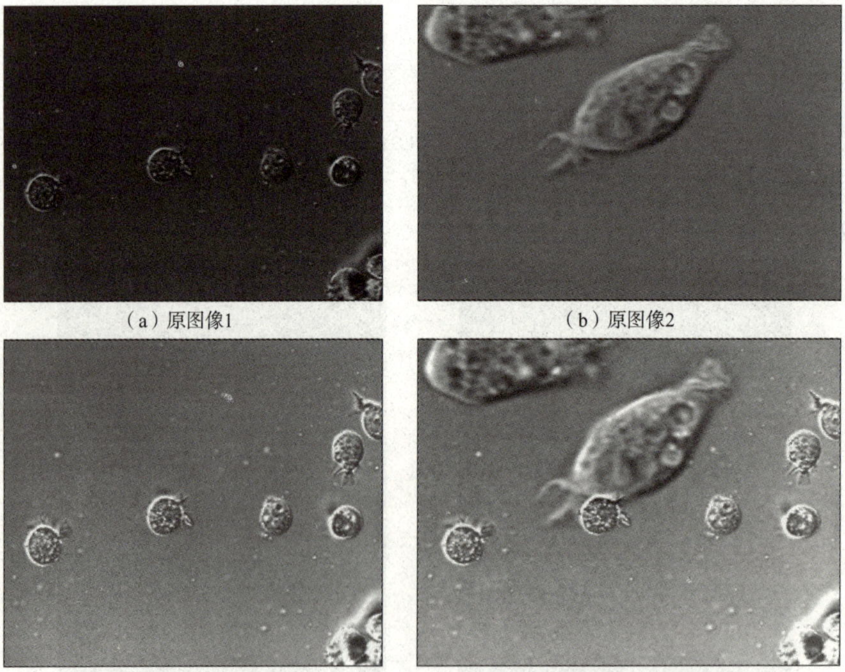

(a) 原图像1　(b) 原图像2　(c) 原图像1所有像素灰度值加100　(d) 原图像1+原图像2

图 6-3　图像的加法运算(一)

【例 6-4】图像的加法运算案例二。

```
Before = imread('clockbefore.gif');
Back = imread('clockback.gif');
result1 = imadd(Back,Before);
result2 = imadd(result1, -80);
subplot(221),imshow(Before),title('前聚焦图');
subplot(222),imshow(Back),title('后聚焦图');
subplot(223),imshow(result1),title('前聚焦叠加后聚焦图');
subplot(224),imshow(result2),title('前聚焦叠加后聚焦暗图');
```

程序运行结果如图 6-4 所示。

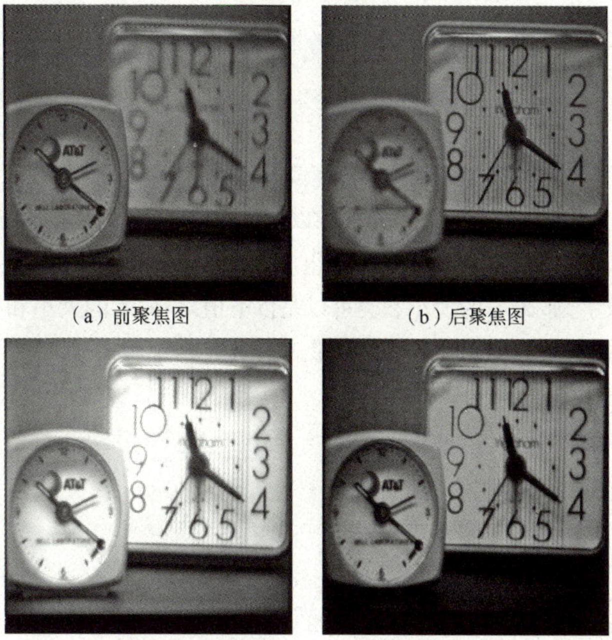

（a）前聚焦图　（b）后聚焦图

（c）前聚焦叠加后聚焦图　（d）前聚焦叠加后聚焦暗图

图 6-4　图像的加法运算（二）

6.2.2　减法运算

imabsdiff( )函数两个图像的绝对差

Z = imabsdiff(X,Y)：从数组 X 中的每个元素中减去数组 Y 中的对应元素，并在输出数组 Z 的对应元素中返回绝对差。

【例 6-5】图像的减法运算。

```
Back = imread('hallback.bmp');
Foreground = imread('hallforeground.bmp');
result = imabsdiff(Foreground,Back);
subplot(131),imshow(Back),title('背景');
subplot(132),imshow(Foreground),title('前景图');
subplot(133),imshow(result),title('图像相减');
```

程序运行结果如图 6-5 所示。

（a）背景　　（b）前景图　　（c）图像相减

图 6-5　图像的减法运算

6.2.3　乘法运算

immultiply( )函数——将两个图像相乘或将图像乘以常数

Z = immultiply(X,Y)：将数组 X 中的每个元素乘以数组 Y 中的相应元素，并返回输出数组 Z 中相应元素的乘积。X 指定为任何维度的数字数组或逻辑数组。Y 要与 X 相乘的数组，指定为数字标量、数字数组或逻辑数组。如果 X 是数字，那么 Y 的大小和类可以是以下值之一：Y 的大小和类别与 X 相同，Y 的大小与 X 相同并且是合乎逻辑的，Y 是 double 类型的标量。如果 X 是逻辑的，那么 Y 必须具有与 X 相同的大小，Y 可以是任何类。

【例 6-6】图像的乘法运算。

```
Image = im2double(imread('bird.jpg'));
Templet = im2double(imread('birdtemplet.bmp'));
result = immultiply(Templet,Image);
subplot(131),imshow(Image),title('原图');
subplot(132),imshow(Templet),title('模板图');
subplot(133),imshow(result),title('图像相乘');
```

程序运行结果如图 6-6 所示。

（a）原图　　（b）模板图　　（c）图像相乘

图 6-6　图像的乘法运算

6.2.4　除法运算

imdivide( )函数——将一个图像分割成另一个图像或将图像除以常数

Z = imdivide(X,Y):将数组 X 中的每个元素除以数组 Y 中对应的元素,并返回输出数组 Z 中对应元素的结果。

【例 6-7】图像的除法运算。

```
I = imread('rice.png');
J = imdivide(I,2);
subplot(121),imshow(I),title('原图');
subplot(122),imshow(J),title('除法运算');
```

程序运行结果如图 6-7 所示。

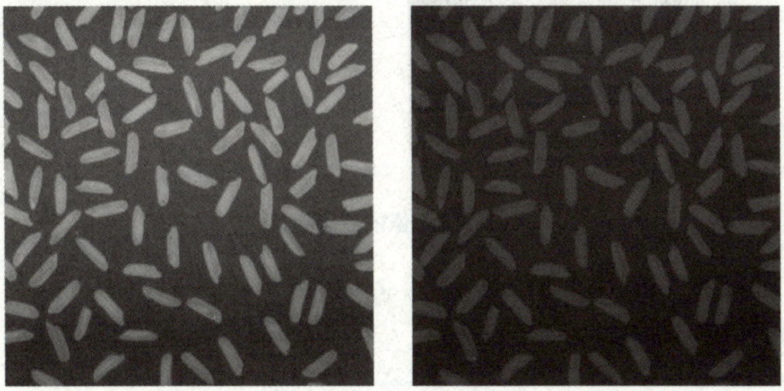

(a) 原图　　　　(b) 除法运算

图 6-7　图像的除法运算

6.3　逻辑运算

在数字图像处理领域,逻辑运算主要是针对二值图像(像素值只有 0 和 1 两种状态)的操作。逻辑运算常用于图像的分割、特征提取、形态学处理等。

【例 6-8】图像的逻辑运算。

```
A = zeros(256);A(120:135,20:200) =1;        % 构建二值图像 1
B = zeros(256);B(100:160,80:140) =1;        % 构建二值图像 2
C = and(A,B);  % 与运算
D = or(A,B);   % 或运算
E = not(A);    % 非运算
subplot(2,3,1),imshow(A),title('二值图像 1',"FontSize",16);
subplot(2,3,2),imshow(B),title('二值图像 2',"FontSize",16);
subplot(2,3,3),imshow(C),title('与运算',"FontSize",16);
subplot(2,3,4),imshow(D),title('或运算',"FontSize",16);
subplot(2,3,5),imshow(E),title('非运算',"FontSize",16);
```

程序运行结果如图 6-8 所示。

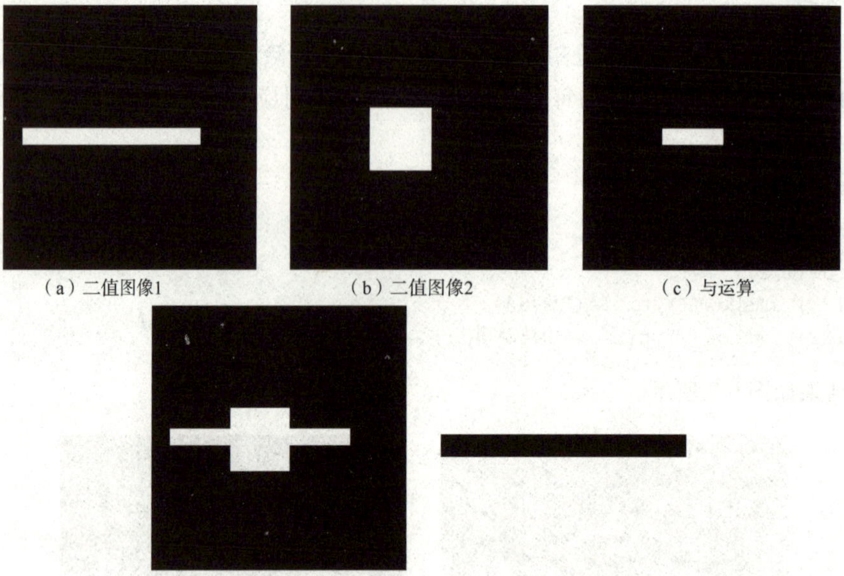

（a）二值图像1　（b）二值图像2　（c）与运算

（d）或运算　（e）非运算

图 6-8　图像的逻辑运算

6.4 几何运算

图像的几何运算包括平移、镜像、旋转和缩放变换。

6.4.1 图像的平移

图像的几何运算包括平移、镜像、旋转和缩放变换。

【例 6-9】图像的平移案例一。

```
Image = im2double(imread('parkavenue.jpg'));          % 读取图像并转换为 double 型
subplot(121),imshow(Image),title('原图');
[h,w,c] = size(Image);                                % 获取图像尺寸
NewImage = ones(h,w,c);                               % 新图像初始化
deltax = 100;deltay = 100;
for x = 1:w
    for y = 1:h                                       % 循环扫描新图像中点
        oldx = x - deltax;
        oldy = y - deltay;                            % 确定新图像中点在原图中的对应点
        if oldx > 0 && oldx < w && oldy > 0 && oldy < h  % 判断对应点是否在图像内
            NewImage(y,x,:) = Image(oldy,oldx,:);     % 赋值
        end
    end
end
subplot(122),imshow(NewImage),title('平移图像');
```

程序运行结果如图 6-9 所示。

（a）原图　　（b）平移图像

图 6-9　图像的平移变换

1. Maketform( ) 函数

Maketform( ) 函数用于创建空间转换结构（TFORM）。

①T = maketform('affine',A)：为 n 维仿射变换创建一个多维空间变换结构。T 既有正变换也有逆变换。

TFORM 可与 tformfd( )、tformv( )、fliptform( )、imtransform( ) 或 tformarray( ) 函数一起使用。

②T = maketform('affine',U,X)：为一个二维仿射变换创建一个 TFORM 结构体 T，它将 U 的每一行映射到 X 的对应行。U 和 X 参数都是 3×2 的，定义了输入和输出三角形的角。这些角不能共线。

③T = maketform('射影',A)：为 n 维射影变换创建一个 TFORM 结构体。变换结构 T 既有正向变换，也有逆变换。

④T = maketform('projective',U,X)：为一个二维投影变换创建一个 TFORM 结构体 T，该变换将 U 的每一行映射到 X 的相应行。U 和 X 参数都是 4×2，并定义输入和输出四边形的角。没有三个角是共线的。

⑤T = maketform('custom',NDIMS_IN,NDIMS_OUT,FORWARD_FCN,INVERSE_FCN,TDATA)：基于提供的函数句柄和参数创建一个自定义的 TFORM 结构体 T。NDIMS_IN 和 NDIMS_OUT 是输入维数和输出维数。FORWARD_FCN 和 INVERSE_FCN 是转发和反转函数的函数句柄。TDATA 参数可以是任何 MATLAB 数组，通常用于存储自定义转换的参数。FORWARD_FCN 和 INVERSE_FCN 可以通过 T 的 tdata 字段访问它。FORWARD_FCN 或 INVERSE_FCN 可以为空，尽管至少必须定义 INVERSE_FCN 来使用 T 和 formarray( ) 或 imtransform( )。

⑥T = maketform('box',tsize,LOW,HIGH) 或 T = maketform('box',INBOUNDS,OUTBOUNDS)：构建一个 n 维仿射 TFORM 结构体 T。tsize 参数是一个 n 元素的正整数向量。LOW 和 HIGH 也是 n 元素向量。转换将由对角 ones(1,N) 和 tsize 定义的输入框，或由对角 INBOUNDS(1,:) 和 INBOUND(2,:) 定义的输入框映射到由对角 LOW 和 HIGH 或 OUTBOUNDS(1,:) 和 OUTBOUNDS(2,:) 定义的输出框。LOW(K) 和 HIGH(K) 必须不同，除非 tsize(K) 为 1，在这种情况下，沿第 K 维的仿射比例因子假定为 1.0。类似地，INBOUNDS(1,K) 和 INBOUNDS(2,K) 必须不同，除非 OUTBOUNDS(1,K) 和 OUTBOUNDS(2,K) 相同，反之亦然。'box' TFORM 通常用于将图像或数组的行和列下标注册到某个世界坐标系。

⑦T = maketform('composite',T1,T2,…,TL)或 T = maketform('composite',[T1 T2…]TL]):构建一个TFORM 结构体 T,其正逆函数是 T1、T2、……的正逆函数的函数组合。

TL 的顺序与使用函数组合的标准符号时的顺序一样:T = T1、T2……

2. imtransform()函数

imtransform()函数用于将二维空间变换应用于图像。

①B = imtransform(A,tform):根据 tform 定义的二维空间变换来变换图像 A,并返回变换后的图像 B。如果 A 是彩色图像,则 imtransform()会对每个颜色通道应用相同的二维变换。类似地,如果 A 是三维体或具有三个或更多维度的图像序列,则 imtransform()将相同的二维变换应用于沿更高维度的所有二维平面。对于任意维度的数组变换,请使用 tformarray()。A 要变换的图像,指定为任意维度的数值或逻辑数组。变换的第一个维度是水平或 x 坐标,第二个维度是垂直或 y 坐标。该约定与 MATLAB 中的数组下标约定相反。

②B = imtransform(A,tform,interp):指定要使用的插值形式。interp 插值方法,指定为下列值之一:'bilinear'线性插值;'nearest'最近邻插值-赋给输出像素的值,即输入点所在像素的值,不考虑其他像素;'bicubic'三次插值;resampler 结构体;makeresampler 返回的 resampler 结构体。此选项允许对 imtransform()如何执行重采样进行更多控制。

③B = imtransform(___,Name,Value):使用名称-值对组来控制空间变换的各个方面。

④[B,xdata,ydata] = imtransform(___):还返回输出图像 B 在输出 X-Y 空间中的范围。默认情况下,imtransform()会自动计算 xdata 和 ydata,使得 B 包含整个变换后的图像 A。但是,可以通过为 XData 和 YData 名称-值对组输入参数指定值来覆盖此自动计算。XData 和 YData 变换后的图像 B 在 X-Y 输入空间中的空间范围,指定为二元素数值向量。XData 和 YData 的值表示在世界坐标系中的坐标。XData 的两个元素分别给出 B 的第一列和最后一列的 x 坐标(水平)。YData 的两个元素给出 B 的第一行和最后一行的 y 坐标(垂直)。如果没有指定 XData 和 YData,则 imtransform()会估计包含整个变换后输出图像的值。

【例 6-10】图像的平移案例二。

```
Image = imread('parkavenue.jpg');
deltax = 100;deltay = 100;
T = maketform('affine',[1 0 0;0 1 0;deltax deltay 1]);
NewImage1 = imtransform(Image,T,'XData',[1 size(Image,2)],'YData',[1,size(Image,1)],'
FillValue',255);
NewImage2 = imtransform(Image,T,'XData',[1 size(Image,2) + deltax],'YData',[1,size
(Image,1) + deltay],'FillValue',255);
subplot(131),imshow(Image),title('原图');
subplot(132),imshow(NewImage1),title('画布尺寸不变平移');
subplot(133),imshow(NewImage2),title('画布尺寸扩大平移');
```

程序运行结果如图 6-10 所示。

（a）原图

（b）画布尺寸不变平移

（c）画布尺寸扩大平移

图 6-10 使用 imtransform( ) 函数的图像平移变换

6.4.2 图像的镜像

flipdim( ) 函数——沿指定维度翻转数组

B = flipdim(A,dim)：返回翻转了维度 dim 的 A。如果 dim 的值为 1，数组将按行向下翻转；如果 dim 为 2，数组将按列从左至右翻转。

【例 6-11】图像的镜像变换。

```
Image2 = imread('parkavenue.jpg');
HImage = flipdim(Image2,2);
VImage = flipdim(Image2,1);
CImage = flipdim(HImage,1);
subplot(221),imshow(Image2);
subplot(222),imshow(HImage);
subplot(223),imshow(VImage);
subplot(224),imshow(CImage);
```

程序运行结果如图 6-11 所示。

（a）原图

（b）翻转图像（一）

（c）翻转图像（二）

（d）翻转图像（三）

图 6-11 图像的镜像变换

6.4.3 图像的旋转

imrotate()函数:旋转图像

①J = imrotate(I,angle):将图像 I 围绕其中心点逆时针方向旋转 angle 度。要顺时针旋转图像,请为 angle 指定负值。imrotate()使输出图像 J 足够大,可以包含整个旋转图像。默认情况下,imrotate()使用最近邻点插值,将 J 中位于旋转后的图像外的像素的值设置为 0。

②J = imrotate(I,angle,method):使用 method 指定的插值方法旋转图像 I。method 插值方法,指定为下列值之一:'nearest'最近邻点插值,赋给输出像素的值就是输入点所在像素的值,不考虑其他像素,是分类图像唯一支持的方法;'bilinear'双线性插值,输出像素值是最近的 2×2 邻域中像素的加权平均值;'bicubic'双三次插值,输出像素值是最近的 4×4 邻域中像素的加权平均值。

③J = imrotate(I,angle,method,bbox):还使用 bbox 参数来定义输出图像的大小。用户可以将输出裁剪到与输入图像相同的大小,或返回整个旋转后的图像。bbox 定义输出图像大小的边界框,指定为下列值之一:'crop'使输出图像 J 与输入图像 I 大小相同,裁剪旋转后的图像以适应边界框;'loose'使输出图像 J 足够大,以包含整个旋转后的图像,J 大于 I。

【例 6-12】图像的旋转变换。

```
Image = im2double(imread('parkavenue.jpg'));
NewImage = imrotate(Image,15);
subplot(1,2,1),imshow(Image);
subplot(1,2,2),imshow(NewImage);
imwrite(NewImage,'rotate.jpg');
```

程序运行结果如图 6-12 所示。

(a)原图

(b)旋转图像

图 6-12 图像的旋转变换

6.4.4 图像的缩放

imresize()函数:调整图像大小

①B = imresize(A,scale):返回图像 B,它是将 A 的长宽大小缩放 scale 倍之后的图像。输入图像 A 可以是灰度、RGB 或二值图像。如果 A 有两个以上维度,则 imresize()只调整前两个维度的大小;如果 scale 在[0,1]范围内,则 B 比 A 小;如果 scale 大于 1,则 B 比 A 大。默认情况下,imresize 使用双三次插值。scale 大小调整因子,指定为实数数值标量。

②B = imresize(A,[numrows numcols]):返回图像 B,其行数和列数由二元素向量[numrows numcols]指定。numrows 和 numcols 是输出图像的行和列维度,指定为由正值组成的二元素数值向量。numrows 或 numcols 可以为 NaN 值,在这种情况下,imresize()将自动计算行数或列数,以保持图像的纵横比。

③[Y,newmap] = imresize(X,map,___):调整索引图像 X 的大小,其中 map 是与该图像关联的颜色图。默认情况下,imresize()返回经过优化的新颜色图(newmap)和已调整大小的图像。要返回与原始颜色图相同的颜色图,可使用'Colormap'参数。要利用 X 要调整索引图像的大小,可将其指定为实数非稀疏数值数组。map 与索引图像关联的颜色图,指定为 m×3 数值数组。

④___ = imresize(___,method):指定使用的插值方法。method 插值方法,指定为字符向量或二元素元胞数组。当 method 是字符向量时,它标识下述列出的特定方法或指定的插值核。方法有以下几种:'nearest'最近邻插值,赋予输出像素的值就是其输入点所在像素的值,不考虑其他像素;'bilinear'双线性插值,输出像素值是最近 2×2 邻点中的像素的加权平均值;'bicubic'双三次插值,输出像素值是最近 4×4 邻点中的像素的加权平均值。注意双三次插值可能生成在原始范围之外的像素值。插值核有以下几种:'box'盒形核、'triangle'三角形核(等效于'bilinear')、'cubic'三次方核(等效于'bicubic')、'lanczos2'Lanczos-2 核、'lanczos3'Lanczos-3 核。当 method 是二元素元胞数组时,用来定义自定义插值核。元胞数组的形式为{f,w},其中 f 是自定义插值核的函数句柄,w 是自定义核的宽度。f(x)在区间 $-w/2 <= x < w/2$ 外的值必须为零。函数句柄 f 可通过标量或向量输入进行调用。对于指定的插值核,输出图像可以有一些值稍微超出输入图像中的像素值范围。

⑤___ = imresize(___,Name,Value)返回调整大小后的图像,其中 Name,Value 对组控制大小调整操作的各个方面。

【例 6-13】 图像的缩放变换。

```
Image = im2double(imread('parkavenue.jpg'));
NewImage1 = imresize(Image,1.5,'nearest');
NewImage2 = imresize(Image,3,'bilinear');
subplot(1,2,1),imshow(NewImage1);
subplot(1,2,2),imshow(NewImage2);
imwrite(NewImage1,'scale1.jpg');
imwrite(NewImage2,'scale2.jpg');
```

程序运行结果如图 6-13 所示。

注意:观察工作区生成图像的尺寸变化。

(a)原图　(b)缩放图像1　(c)缩放图像2

图 6-13　图像的缩放变换

单元小结

图像的基本运算包括点运算、代数运算、逻辑运算和几何运算等，它们在图像处理中有着广泛的应用。

①点运算：直接对图像中每个像素的灰度值进行独立处理，不考虑像素之间的空间关系。可分为线性点运算和非线性点运算，其作用包括改善视觉感知、突出关键信息、适应显示设备和环境、标准化和规范化以及为高级图像处理做准备等。

②代数运算：包括加法运算、减法运算、乘法运算和除法运算。加法运算可实现图像叠加或在图像中添加常量；减法运算用于获取两幅图像的差异；乘法运算可实现图像的特定效果或与常数相乘；除法运算将一个图像分割成另一个图像或除以常数。

③逻辑运算：对二值图像进行与、或、非等逻辑操作。

④几何运算：包括平移、镜像、旋转和缩放变换。平移通过改变图像中像素的位置实现图像的移动；镜像沿指定维度翻转图像；旋转围绕中心点旋转图像一定角度；缩放调整图像的大小。

习　题

一、单项选择题

1. 点运算中，若要使图像的对比度增强，通常会对灰度值进行(　　)操作。

   A. 缩小灰度值的分布范围　　B. 扩大灰度值的分布范围

   C. 将灰度值取绝对值　　D. 将灰度值取反

2. 以下(　　)函数用于计算两个图像对应像素灰度值的乘积。

   A. imadd　　B. imsubtract　　C. immultiply　　D. imdivide

3. 对于一幅灰度图像I，执行J = imadd(I,100)；K = imsubtract(I,50)；那么图像J和K相比，(　　)。

   A. J的整体亮度高于K　　B. J的整体亮度低于K

   C. J和K的整体亮度相同　　D. 无法比较J和K的亮度

二、判断题

1. 点运算只对图像的灰度值进行操作，对彩色图像需要先将其转换为灰度图像后才能进行点运算。(　　)

2. imadd()函数执行图像加法运算时，若两个图像的像素值相加结果超过了像素值的最大表示范围，则会出现溢出错误。(　　)

3. maketform()函数创建的空间转换结构只能用于二维图像的几何变换，不能用于三维图像。(　　)

4. imtransform()函数对图像进行变换时，无论采用何种插值方法，输出图像的像素值一定是整数。(　　)

5. imrotate()函数旋转图像时，默认是以图像的左上角为旋转中心。(　　)

三、简答题

1. 简述点运算中线性点运算和非线性点运算的主要区别，并分别举例说明其在图像处理中的应用。

2. 说明 imadjust( )函数中 gamma 参数的作用，并举例说明不同 gamma 值对图像的影响。

3. 解释 imresize( )函数中不同插值方法的原理及特点，并说明在什么情况下应选择哪种插值方法。

4. 简述图像几何变换中的旋转变换的原理，并说明在使用 imrotate( )函数进行图像旋转时，如何控制旋转中心和旋转后的图像大小。

单元 7

图像的正交变换

在一家前沿的天文观测研究所里，每天都有大量来自宇宙深处的数据不断涌入。这些数据以图像的形式呈现，其中蕴含着宇宙的无尽奥秘，但同时也给天文学家带来了巨大的挑战。在分析这些天文图像数据时，科学家发现传统的方法很难挖掘出隐藏在其中的深层信息。例如，在研究遥远星系的光谱图像时，这些图像由于距离遥远以及各种宇宙干扰因素的影响，呈现出复杂而混乱的信号特征。

这时，傅里叶变换成了开启宇宙图像奥秘之门的关键钥匙。一维傅里叶变换就像是一条神奇的丝线，它可以沿着图像数据的某一个维度（如光谱的波长方向），将复杂的信号分解成不同频率的成分。这就好比把一首嘈杂的交响乐分解成不同乐器演奏的单一音符序列，让天文学家能够清晰地看到哪些频率的信号在这个维度上占据主导，从而了解星系在这个方向上的特性，例如是否存在特定频率的辐射发射。

二维傅里叶变换则更加强大，它可以同时对图像的两个维度进行操作。对于整个星系的图像而言，无论是横向还是纵向，或者是任何斜向的方向，二维傅里叶变换都能把图像中的复杂信息分解成频率成分。这使得科学家可以全面地了解星系发出的光在空间中的频率分布情况，进而分析星系的结构、物质分布以及运动状态。而快速傅里叶变换就像是给这个神奇的工具加上了一个加速器，它极大地提高了计算速度。在处理海量的天文图像数据时，快速傅里叶变换能够在短时间内完成复杂的频率分析，让科学家可以更高效地挖掘数据中的信息，不至于在漫长的计算等待中浪费宝贵的科研时间。

然而，宇宙的奥秘是无穷的，还有一些更微妙的信号需要更精细的工具来解析。这时，就用到小波变换了。小波变换就像是一个超级放大镜，它不仅可以像傅里叶变换那样分析频率，还能在时间和空间上同时对信号进行局部化分析。对于天文图像中的一些瞬态信号或者局部特征，小波变换有着独特的优势。

哈尔小波变换是一种简单而有效的小波变换形式，它就像一把小巧的手术刀，可以对图像进行快速分解和重构，在处理一些具有明显层次结构的天文图像时非常有用。例如，在分析星云内部不同层次的物质密度变化时，哈尔小波变换能够清晰地展现出不同层次之间的边界和特征。

Marr 小波变换则更像是一个精密的探测器，它对于图像中的边缘和细节信息有着敏锐的感知能力。在研究星系中恒星形成区域的边界，或者是星系之间相互作用产生的潮汐尾等具有复杂边缘结构的天文现象时，Marr 小波变换可以帮助科学家精确地勾勒出这些边缘的形状和变化，从而深入了解这些宇宙现象背后的物理过程。

Morlet 小波变换更像是一个融合了频率和空间信息的智能滤网，它对于分析具有周期性特征且在空间上有特定分布的天文图像效果显著。例如，在研究某些星系的旋臂结构时，旋臂上的恒星分布往往具有一定的周期性。Morlet 小波变换可以同时捕捉到这种周期性的频率信息和旋臂在星系中的空间位置信息，为天文学家理解星系的动力学演化提供有力的支持。

通过这些先进的傅里叶变换和小波变换技术，天文学家仿佛拥有了透视宇宙图像的慧眼，能够从看似混乱的天文图像中挖掘出更多关于宇宙的奥秘，推动人类对宇宙的认知不断向前发展。

知识能力目标：

- 掌握傅里叶变换，包括一维傅里叶变化、二维傅里叶变换和快速傅里叶变换等。
- 掌握小波变换，包括哈尔小波变换、Marr 小波变换、Morlet 小波变换等。

素养要求：

激发探索精神，强调科研实用性：图像正交变换的研究和应用体现了探索精神，激励学生勇于挑战难题，积极参与科研活动，培养科研兴趣和创新能力。其在图像压缩、特征提取等方面的应用体现了科技的实用性，使学生明白科研成果应转化为实际生产力。

7.1 傅里叶变换

为了有效和快速地对图像进行处理和分析，通常需要将定义在图像空间的图像以某种形式转换到另外一些空间，并利用这些空间的特有性质进行一定的加工，最后再转换回图像空间以得到所需的效果。这些转换用到的方法叫作图像变换技术。傅里叶变换是一种广泛应用的图像变换技术，被喻为描述图像的第二种语言。

视频　傅里叶变换

类似于使用不同的语言来表达观点一样，也会使用不同的空间来描述图像。通常图像处理时会在不同的空间来回切换。这就意味着掌握图像变换技术，就可以在不同的空间下思考问题，并利用不同空间的优越性解决问题，这种能力是非常有用的。通过傅里叶变换可从本质上完成空间信息到频域信息的变换，将空域信号处理问题转化为频域信号处理问题。

著名的法国数学家傅里叶（Fouicr）在其著作《热的分析理论》中指出：任何周期函数都可以分解为不同频率的正弦或余弦级数的形式，即傅里叶级数。20 世纪 50 年代之后，计算机技术的发展以及快速傅里叶变换算法的出现，使得频域滤波相关技术得到广泛发展。傅里叶变换是 19 世纪数学界和工程界最辉煌的成果之一，并且一直是信号处理领域应用较广泛、实践效果较好的分析手段。

在傅里叶变换中将图像看作二维信号，其水平方向和垂直方向作为二维空间的坐标轴，将图像本身所在的域称为空域。图像灰度值随空间坐标变换的节奏可以通过频率度量，称为空间频率或者频域。针对数字图像的傅里叶变换是将原始图像通过傅里叶变换转换到频域，然后在频域中对图像进行处理的方法。基于傅里叶变换的数字图像频域处理过程如图 7-1 所示。首先通过傅里叶变换将原始图像从空域转换到频域，然后使用频域滤波器将某些频率成分过滤掉，保留某些特定频率，最后使用傅里叶逆变换将滤波后的频域图像重新转换到空域，得到处理后的图像。

相较于图像空域处理，频域图像处理有以下优点：

①频域图像处理可以通过频域成分的特殊性质完成一些空域图像处理难以完成的任务。

②频域图像处理更有利于信号处理的解释，它可以对滤波过程中产生的某些效果做出比较直观的解释。

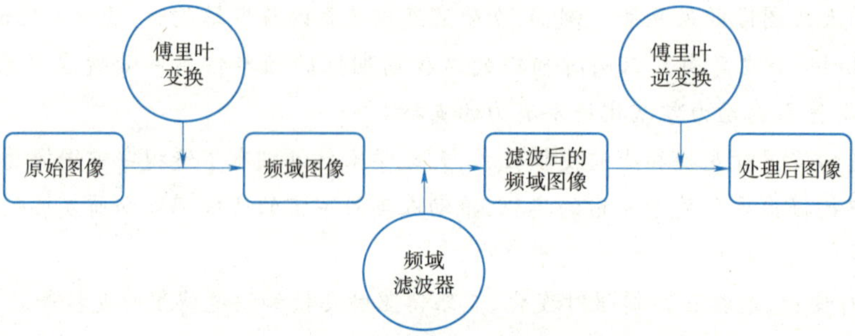

图 7-1 基于傅里叶变换的数字图像频域处理过程

③频域滤波器可以作为空间滤波器设计的指导,通过傅里叶逆变换可以将频域滤波转换为空间滤波。

傅里叶变换是一种常见的正交变换,可以将一维信号或函数分解为具有不同频率、不同幅度的正弦信号或余弦信号的组合。快速傅里叶变换算法的发明及数字计算机的出现,使傅里叶变换得到了广泛应用。

7.1.1 一维傅里叶变换

1. 一维傅里叶变换的定义

傅里叶变换一般要求函数 $f(x)$ 满足狄利克雷条件(即在周期内存在有限个间断点)、有限极值条件、绝对可积条件(即 $\int_{-\infty}^{\infty}|f(x)|\mathrm{d}x<+\infty$),只有满足这三个条件,函数的傅里叶变换才存在。函数的傅里叶变换可以表示为

$$F(u)=\int_{-\infty}^{\infty}f(x)\mathrm{e}^{-2\pi \mathrm{j}ux}\mathrm{d}x$$

对应的傅里叶逆变换表示为

$$f(x)=\int_{-\infty}^{\infty}F(u)\mathrm{e}^{2\pi \mathrm{j}ux}\mathrm{d}u$$

其中,j 是虚数单位,$\mathrm{j}=\sqrt{-1}$,u 为频率分量。

傅里叶变换中基函数的物理意义非常明确,每个基函数都是一个单频率谐波,对应的系数(又称频谱)表明了原函数在基函数上投影的大小,或者看作原函数中单频率谐波成分的比重。

实际应用中需要求解的问题更多是离散信号的处理。给定离散信号函数 $f(x)$,其中 $x=0,1,\cdots,M-1$,则傅里叶正变换为

$$F(u)=\frac{1}{M}\sum_{x=0}^{M-1}f(x)\mathrm{e}^{-2\pi \mathrm{j}ux/M}\quad ,u=0,1,\cdots,M-1$$

傅里叶逆变换为

$$f(x)=\sum_{u=0}^{M-1}F(u)\ \mathrm{e}^{2\pi \mathrm{j}ux/M}\quad ,x=0,1,\cdots,M-1$$

观察傅里叶逆变换,通过欧拉公式 $\mathrm{e}^{\mathrm{j}\theta}=\cos\theta+\mathrm{j}\sin\theta$,可得

$$\begin{aligned}f(x)&=\frac{1}{M}\sum_{u=0}^{M-1}F(u)\ \mathrm{e}^{\mathrm{j}2\pi ux/M}\\&=\frac{1}{M}\sum_{u=0}^{M-1}F(u)\left[\cos\left(\frac{2\pi ux}{M}\right)+\mathrm{j}\sin\left(\frac{2\pi ux}{M}\right)\right]\end{aligned}$$

可以看到,离散信号函数 $f(x)$ 可表示为 M 个正弦(余弦)函数的累加,其中 $F(u)/M$ 为对应频率分量

的幅度(系数)。$F(u)$覆盖的域(即u的取值范围)称为频域。令$u=0$,可得$F(0)=\frac{1}{M}\sum_{x=0}^{M-1}f(x)$,$F(0)$对应$f(x)$的均值,称为直流分量。其余变量$u$对应的$F(u)$则称为$f(x)$的交流分量。通过变量$u$可以确定变换后的频率成分。对于每个$u$,其对应的$F(u)$称为傅里叶变换的频率分量(或称振幅)。

傅里叶变换后的函数在复数域内,又可以表示为$F(u)=R(u)+\mathrm{j}I(u)$,或者以极坐标的形式表示为$F(u)=|F(u)|\mathrm{e}^{\varphi(u)}$。这里把$|F(u)|=[R^2(u)+I^2(u)]^{1/2}$称为傅里叶变换的幅度(magnitude)或者谱(spectrum)。通过谱可以表示原函数(或图像)对某一频谱分量的贡献。$\varphi(u)=\arctan\left[\frac{I(u)}{R(u)}\right]$称为变换的相位角或者相位谱,用来表示原函数中某一频谱分量的起始位置。谱的平方称为功率谱(有时也称为能量谱、谱密度),表示为$P(u)=F^2(u)=R^2(u)+I^2(u)$。

【例7-1】$f(x)$是门限函数,其表达式为

$$f(x)=\begin{cases}A & ,0\leqslant x<X<0\\ 0 & ,x\geqslant X\end{cases}$$

求其傅里叶变换。

$$\begin{aligned}F(u)&=\int_{-\infty}^{\infty}f(x)\,\mathrm{e}^{-2\pi\mathrm{j}ux}\mathrm{d}x=\int_0^X A\,\mathrm{e}^{-2\pi\mathrm{j}ux}\mathrm{d}x\\&=\frac{A}{-\mathrm{j}2\pi u}[\mathrm{e}^{-2\pi\mathrm{j}ux}]_0^X=\frac{-A}{\mathrm{j}2\pi u}[\mathrm{e}^{-2\pi\mathrm{j}ux}-1]\\&=\frac{A}{\mathrm{j}2\pi u}[\mathrm{e}^{2\pi\mathrm{j}ux}-\mathrm{e}^{-2\pi\mathrm{j}ux}]\,\mathrm{e}^{-2\pi\mathrm{j}ux}\\&=\frac{A}{\pi u}\sin(\pi uX)\,\mathrm{e}^{-2\pi\mathrm{j}uX}\end{aligned}$$

2. 傅里叶变换基本性质

根据7.1.1小节傅里叶变换公式可知,一个非周期连续时间信号可以转化为一个指数函数的积分。根据傅里叶变换公式可以推导出傅里叶变换的一些非常实用的性质,简化傅里叶变换运算。

(1)线性特性

若$f_1(x)\leftrightarrow F_1(\Omega)$,$f_2(x)\leftrightarrow F_2(\Omega)$,则$af_1(x)+bf_2(x)\leftrightarrow F_1(\Omega)+F_2(\Omega)$其中,$a$、$b$为任意常数。

利用傅里叶变换的线性特性,可以将待处理信号分解为若干个基本信号之和。

(2)时延特性

若$f(t)\leftrightarrow F(\Omega)$,则$f_1(x)=f(t-t_0)\leftrightarrow F(\Omega)=F(\Omega)\mathrm{e}^{-\mathrm{j}\Omega t_0}$。

时延特性说明波形在时间轴上时延,并不会改变信号幅度,仅使信号增加线性相位$-\Omega t_0$。

(3)频移特性

若$f(t)\leftrightarrow F(\Omega)$,则$f(t)\mathrm{e}^{\mathrm{j}\Omega_0 t}\leftrightarrow F(\Omega-\Omega_0)$。

频移特性表明信号在时域中与复因子$\mathrm{e}^{\mathrm{j}\Omega_0 t}$相乘,则在频域中将使整个频谱搬移$\Omega_0$。

(4)尺度变换特性

若$f(t)\leftrightarrow F(\Omega)$,则$f(at)\leftrightarrow\frac{1}{|a|}F(\frac{\Omega}{a})$,其中$a\neq0$。

尺度变换特性说明,信号在时域中压缩,在频域中扩展;反之,信号在时域中扩展,在频域中就一定压缩,即信号的脉宽与频宽成反比。一般来说,时宽有限的信号,其频宽无限,反之时宽无限的信号,其频宽有限。可以理解为信号波形压缩为1或扩展a倍,信号随时间变化的速度加快a倍或减慢为1,所以信号

包含的频率分量增加 a 倍或减少为 1，频谱展宽 a 倍或压缩为 1。又因能量守恒原理，各频率分量的大小减小为 1 或增大 a 倍。

(5)时域微分特性

若 $f(t)\leftrightarrow F(\Omega)$，则 $\frac{\mathrm{d}f(t)}{\mathrm{d}t}\leftrightarrow \mathrm{j}\Omega F(\Omega)$。

高阶导数的傅里叶变换：$\frac{\mathrm{d}^n f(t)}{\mathrm{d}t^n}\leftrightarrow(\mathrm{j}\Omega)^n F(\Omega)$，其中 $\mathrm{j}\Omega$ 是微分因子。

(6)频域微分特性

若 $f(t)\leftrightarrow F(\Omega)$，则 $\frac{\mathrm{d}F(\Omega)}{\mathrm{d}\Omega}\leftrightarrow(-\mathrm{j}t)f(t)$。

一般频域微分特性的实用形式为：

$$\mathrm{j}\frac{\mathrm{d}F(\Omega)}{\mathrm{d}\Omega}\leftrightarrow tf(t)$$

这对频谱函数的高阶导数也成立，即

$$\frac{\mathrm{d}^n f(\Omega)}{\mathrm{d}\Omega^n}\leftrightarrow(-\mathrm{j}t)^n f(t)\text{或}t^n f(t)\leftrightarrow \mathrm{j}^n\frac{\mathrm{d}^n f(\Omega)}{\mathrm{d}\Omega^n}$$

(7)对称(偶)性

若 $f(t)\leftrightarrow F(\Omega)$，则 $F(t)\leftrightarrow 2\pi f(-\Omega)$，或 $\frac{1}{2\pi}F(t)\leftrightarrow f(-\Omega)$。

(8)时域卷积定理

若 $f_1(x)\leftrightarrow F_1(\Omega)$，$f_2(x)\leftrightarrow F_2(\Omega)$，则 $f_1(x)f_2(x)\leftrightarrow F_1(\Omega)F_2(\Omega)$。

根据这个定理，可将两个时间函数的卷积运算变换为两个频谱函数的乘(代数)运算。因此，可以用频域法求解信号通过系统的响应。

(9)频域卷积定理

若 $f_1(x)\leftrightarrow F_1(\Omega)$，$f_2(x)\leftrightarrow F_2(\Omega)$，则 $f_1(x)f_2(x)\leftrightarrow\frac{2}{2\pi}F_1(\Omega)F_2(\Omega)$。

通过该定理，可以知道空域的乘法操作对应频域的卷积操作。

7.1.2 二维傅里叶变换

1. 二维傅里叶变换定义

二维傅里叶变换本质上是将一维傅里叶变换向二维空间进行简单扩展

$$F(u,v)=\int_{-\infty}^{+\infty}\int_{-\infty}^{+\infty}f(x,y)\mathrm{e}^{-\mathrm{j}2\pi(ux+vy)}\mathrm{d}x\mathrm{d}y$$

对应二维傅里叶变换的逆变换可以表示为

$$f(x,y)=\int_{-\infty}^{+\infty}\int_{-\infty}^{+\infty}F(u,v)\mathrm{e}^{\mathrm{j}2\pi(ux+vy)}\mathrm{d}u\mathrm{d}v$$

离散情形完全与连续情形类似。设 $f(x,y)$ 是一幅尺寸为 $M\times N$ 的图像，相应的二维离散傅里叶变换可以表示为

$$F(u,v)=\frac{1}{MN}\sum_{x=0}^{M-1}\sum_{y=0}^{N-1}f(x,y)\mathrm{e}^{-\mathrm{j}2\pi(ux/M+vy/N)}$$

其中，u、v 均为频率分量，且 $u=0,\cdots,M-1$；$v=0,\cdots,N-1$。

通过傅里叶变换 $F(u,v)$ 失去了空间关系，只保留了频率关系。其中空域是由 $f(x,y)$ 所组成的坐标系，x 和 y 是变量，而频域则是由 $F(u,v)$ 所组成的坐标系，u 和 v 是变量。u 和 v 定义的矩形称为频率矩形，其大小与图像 $f(x,y)$ 的大小相同。$F(u,v)$ 是傅里叶系数。

此图像对应的傅里叶逆变换可以表示为

$$f(x,y)=\sum_{u=0}^{M-1}\sum_{v=0}^{N-1}F(u,v)\ \mathrm{e}^{\mathrm{j}2\pi(ux/M+vy/N)}$$

针对正方形图像，即如果图像 $f(x,y)$ 是 $N\times N$ 的图像，则其离散傅里叶变换可以简化如下：

$$F(u,v)=\frac{1}{N}\sum_{x=0}^{N-1}\sum_{y=0}^{N-1}f(x,y)\ \mathrm{e}^{-\mathrm{j}2\pi(ux+vx)/N}$$

其中 $u=0,\cdots,N-1;v=0,\cdots,N-1$。

对应的傅里叶逆变换可简化如下：

$$f(x,y)=\sum_{u=0}^{N-1}\sum_{v=0}^{N-1}F(u,v)\ \mathrm{e}^{\mathrm{j}2\pi(ux+vx)/N}$$

使用欧拉公式对离散傅里叶变换公式进行展开，可得

$$F(u,v)=\frac{1}{N}\sum_{x=0}^{N-1}\sum_{y=0}^{N-1}f(x,y)\left[\cos\left(\frac{-2\pi(ux+vx)}{N}\right)+\mathrm{j}\sin\left(\frac{-2\pi(ux+vx)}{N}\right)\right]$$

进一步可以表示为

$F(u,v)=R(u,v)+\mathrm{j}I(u,v)=|F(u,v)|\mathrm{e}^{\mathrm{j}\varphi(u,v)}$，其中，$|F(u,v)|=[R^2(u,v)+I^2(u,v)]^{1/2}$ 又称为谱（谱图像就是将 $|F(u,v)|$ 作为亮度进行可视化），而 $\varphi(u,v)=\arctan[I(u,v)/R(u,v)]$ 称为相位谱。

2. 二维傅里叶变换的性质

相较于一维傅里叶变换，二维傅里叶变换还具有可分离性、平移性、旋转性等特性。

(1) 可分离性

二维傅里叶变换可视为由沿 x、y 方向的两个一维傅里叶变换所构成。这一性质可以有效降低二维傅里叶变换的计算复杂性。

例如：

$$F(u,v)=\frac{1}{N^2}\sum_{x=0}^{N-1}\mathrm{e}^{-\mathrm{j}2\pi ux/N}\cdot\sum_{y=0}^{N-1}f(x,y)\mathrm{e}^{-\mathrm{j}2\pi vy/N}$$

可以利用傅里叶逆变换进行分离：

$$f(x,y)=\sum_{u=0}^{N-1}\mathrm{e}^{-\mathrm{j}2\pi ux/N}\cdot\sum_{v=0}^{N-1}f(x,y)\mathrm{e}^{-\mathrm{j}2\pi vy/N}$$

这样，原本在 O_{xy} 或 O_{uv} 平面需要 $O(N^2)$ 时间复杂度才可以完成的操作，经过分离之后可以由 x 和 y 方向的两次时间复杂度为 $O(N)$ 的一维傅里叶变换操作代替。逆变换同理。

(2) 平移特性

若 $f(x,y)\mathrm{e}^{\mathrm{j}2\pi(u_0x/M+v_0y/N)}\leftrightarrow F(u-u_0,v-v_0)$，则 $f(x-x_0,y-y_0)\leftrightarrow F(u,v)\mathrm{e}^{-\mathrm{j}2\pi(ux_0/M+vy_0/N)}$。

$f(x,y)$ 在空间平移，相当于把傅里叶变换与一个指数相乘。$f(x,y)$ 在空间与一个指数项相乘相当于平移其傅里叶变换。

当 $u_0=M/2,v_0=N/2$ 时，

$$f(x,y)\mathrm{e}^{\mathrm{j}2\pi(u_0x/M+v_0y/N)}=f(x,y)\mathrm{e}^{\mathrm{j}\pi(x+y)}=f(x,y)(-1)^{x+y}$$

通常，在变换前用 $(-1)^{x+y}$ 乘以输入图像函数，实现频域中心化变换：

$$f(x,y)(-1)^{x+y} \leftrightarrow F\left(u-\frac{M}{2},v-\frac{N}{2}\right)$$

(3)旋转特性

将$f(x,y)$旋转一定角度,相当于将其傅里叶变换$F(u,v)$旋转一定角度。图像旋转一定角度之后,频谱图像也进行了相应的旋转。

通过以上性质可以发现,在空域所做的全局变化,也会反映到频域中。通过傅里叶变换可以在空域和频域之间建立良好的关联关系。

7.1.3 快速傅里叶变换

离散傅里叶变换已成为数字信号处理的重要方法,然而,它的运算量大、运算时间长、使用不够广泛。快速算法大幅提高了其运算速度,在某些应用场合已经能进行实时处理,并且应用在控制系统中。快速傅里叶变换不是一种新的变换,它是离散傅里叶变换的一种,是在分析离散傅里叶变换中的多余运算的基础上,消除这些运算得到的。

1. 快速傅里叶变换的原理

对于一个有限长序列$\{f(x)\}(0 \leqslant x \leqslant N)$,它的傅里叶变换式为

$$F(u)=\sum_{x=0}^{N-1} f(x)\mathrm{e}^{\frac{-\mathrm{j}2\pi ux}{N}} \qquad ,x=0,1,\cdots,N-1$$

令$w=\mathrm{e}^{\frac{-\mathrm{j}2\pi}{N}}$,j是虚数单位,π是圆周率,$N$是序列的长度,则$w^{-1}=\mathrm{e}^{\frac{\mathrm{j}2\pi}{N}}$。傅里叶变换可以表示为

$$F(u)=\sum_{x=0}^{N-1} f(x)w^{ux}$$

$$f(x)=\frac{1}{N}\sum_{x=0}^{N-1} F(u)w^{-ux}$$

将$F(u)$展开,可得

$$F(0)=f(0)w^{00}+f(1)w^{01}+\cdots+f(N-1)w^{0(N-1)}$$
$$F(1)=f(0)w^{10}+f(1)w^{11}+\cdots+f(N-1)w^{1(N-1)}$$
$$F(2)=f(0)w^{20}+f(1)w^{21}+\cdots+f(N-1)w^{2(N-1)}$$
$$\cdots$$
$$F(N-1)=f(0)w^{(N-1)0}+f(1)w^{(N-1)1}+\cdots+f(N-1)w^{(N-1)(N-1)}$$

可以看出,要得到每个频率分量,需要进行N次乘法和$N-1$次加法运算。要完成整个变换,需要进行N^2次乘法和$N(N-1)$次加法运算。当序列较长时,必然要花费大量的时间。$F(u)$矩阵表示为

$$\begin{pmatrix} F(0) \\ F(1) \\ \vdots \\ F(N-1) \end{pmatrix} = \begin{pmatrix} w^{00} & \cdots & w^{0(N-1)} \\ \vdots & & \vdots \\ w^{(N-1)0} & \cdots & w^{(N-1)(N-1)} \end{pmatrix} \cdot \begin{pmatrix} f(0) \\ f(1) \\ \vdots \\ f(N-1) \end{pmatrix}$$

其系数矩阵为

$$\begin{pmatrix} w^{00} & \cdots & w^{0(N-1)} \\ \vdots & & \vdots \\ w^{(N-1)0} & \cdots & w^{(N-1)(N-1)} \end{pmatrix}$$

观察上面的系数矩阵,发现是以w^{mn}是以 N 为周期的,也就是说无论 m 和 n 增加多少个 N 的倍数,旋转因子 w 的幂次结果只取决于 m 和 n 除以 N 的余数,即$w^{(m+lN)(n+hN)}=w^{mn}$,其中 l 和 h 取任何整数。

通过推导可以发现,离散傅里叶变换中的乘法运算有许多冗余。库利(Cooley)、图基(Tukey)于1965年提出了原始 N 点序列,可以依次将其分解成一系列短序列,然后求出这些短序列的离散傅里叶变换,以此减少乘法运算,进一步降低运算次数。

例如,设

$$f_1(x)=f(2x) \qquad ,x=0,1,\cdots\frac{N}{2}-1$$

$$f_2(x)=f(2x+1) \qquad ,x=0,1,\cdots\frac{N}{2}-1$$

由此,离散傅里叶变换可改写成下面的形式:

$$\begin{aligned}F(u)&=\sum_{x=0}^{N-1}f(x)\,w_N^{ux}=\sum_{x=0}^{N/2-1}f_1(x)\,w_N^{ux}+\sum_{x=0}^{N/2-1}f_2(x)\,w_N^{ux}\\&=\sum_{x=0}^{N/2-1}f(2x)w_N^{2ux}+\sum_{x=0}^{N/2-1}f(2x+1)w_N^{(2x+1)u}\end{aligned}$$

因为$w_{2N}^{k}=w_{2N}^{k/2}$,所以

$$\begin{aligned}F(u)&=\sum_{x=0}^{N/2-1}f(2x)w_{N/2}^{ux}+\sum_{x=0}^{N/2-1}f(2x+1)w_{N/2}^{ux}\,w_N^{u}\\&=\sum_{x=0}^{N/2-1}f(2x)w_{N/2}^{ux}+w_N^{u}\sum_{x=0}^{N/2-1}f(2x+1)w_{N/2}^{ux}\\&=F_1(u)+w_N^{u}F_2(u)\end{aligned}$$

其中,$F_1(u)$和 $F_2(u)$分别是$f_1(x)$和$f_2(x)$的 $N/2$ 点的傅里叶变换。由于$F_1(u)$和$F_2(u)$均以 $N/2$ 为周期,所以

$$F_1(u+N/2)=F_1(u)$$

$$F_2(u+N/2)=F_2(u)$$

这说明当 $M\geqslant N/2$ 时,以上两式也是成立的,因此

$$F(u)==F_1(u)+w_N^{u}F_2(u) \qquad ,u=0,1,\cdots N-1$$

成立。

由上面的分析可知,一个 N 点的离散傅里叶变换可由两个 $N/2$ 点的傅里叶变换得到。离散傅里叶变换的运算时间主要由乘法运算决定,分解后所需的乘法运算大幅减少。第一项需要运算$(N/2)^2$次,第二项需要运算$(N/2)^2+N$次,总共需要运算$2(N/2)^2+N$次,而原来需要运算N^2次,可见分解后的乘法运算减少了近一半。当 N 为 2 的整数幂时,$F_1(u)$和$F_2(u)$还可以再分成两个更短的序列,因此运算时间会更短。由此可见,利用的周期性和分解运算,从而减少乘法运算是实现快速运算的关键。

2. 快速傅里叶变换的实现

快速傅里叶变换(fast Fourier transform,FFT)基于逐次倍乘法。这个方法的主要思想是利用傅里叶变换(基底)的性质,将 $2M$ 个数据的傅里叶变换转化为两组 M 个数据的傅里叶变换。这样,原来 $4M^2$ 的运算量就降低为 $2M^2$ 的运算量。依此类推,便可得到快速算法。

下面以一维傅里叶变换为例进行简单介绍,二维运算可以通过两次一维运算实现。将傅里叶变换

$$F(u)=\frac{1}{M}\sum_{x=0}^{M-1}f(x)\mathrm{e}^{-2\pi jux/M}$$

改写为

$$F(u)=\frac{1}{M}\sum_{x=0}^{M-1}f(x)\ w_M^{ux}$$

其中，$w_M=\mathrm{e}^{-\mathrm{j}2\pi/M}$。

仅考虑 M 具有 2 的幂次方（$M=2^n$，n 为正整数）的形式，故 M 还可以表示为 $2K$（$K=M/2$ 也是正整数），从而有

$$F(u)=\frac{1}{2K}\sum_{x=0}^{2K-1}f(x)\ w_{2K}^{ux}$$
$$=\frac{1}{2}\left[\frac{1}{K}\sum_{x=0}^{K-1}f(2x)\ w_{2K}^{u2x}+\frac{1}{K}\sum_{x=0}^{K-1}f(2x+1)w_{2K}^{u(2x+1)}\right]$$

注意

$$w_K=\mathrm{e}^{-\mathrm{j}2\pi/K},K=M/2,w_{2K}^{u2x}=w_K^{ux}$$

故有

$$F(u)=\frac{1}{2}\left[\frac{1}{K}\sum_{x=0}^{K-1}f(2x)\ w_K^{ux}+\frac{1}{K}\sum_{x=0}^{K-1}f(2x+1)w_K^{ux}\ w_{2K}^{u}\right]$$

对 $u=0,1,\cdots N-1$，定义

$$F_{\text{even}}(u)=\frac{1}{K}\sum_{x=0}^{K-1}f(2x)\ w_K^{ux}$$

$$F_{\text{old}}(u)=\frac{1}{K}\sum_{x=0}^{K-1}f(2x+1)\ w_K^{ux}$$

可知

$$F(u)=\frac{1}{2}[F_{\text{even}}(u)+F_{\text{old}}(u)\ w_{2K}^{u}]$$

由于对任意的正整数 K，有 $w_K^{u+K}=w_K^u$ 以及 $w_{2K}^{u+K}=-w_{2K}^{u}$，最后得到

$$F(u+K)=\frac{1}{2}[F_{\text{even}}(u)-F_{\text{old}}(u)w_{2K}^{u}]$$

这样就可以将原来比较复杂的傅里叶运算分解为两个比较简单的傅里叶运算，且还可以继续分解，如此循环推导下去，直到最后剩下若干组点对。

【例 7-2】快速傅里叶变换案例一。

```
f=zeros(40,40);
f(18:22,5:35)=1;                 % 构造一幅图像
F=fft2(f);                       % 对 f 作二维傅里叶变换
S=abs(F);                        % F 是复数,取其绝对值
subplot(1,2,1),imshow(f,[]);title('原图像');
subplot(1,2,2),imshow(S,[]);title('二维傅里叶频谱图像');
```

程序运行结果如图 7-2 所示。

fftshift( ) 函数——将零频率分量移到频谱折叠的中心

①Y = fftshift(X)：通过将零频率分量移到阵列的中心来重新排列傅里叶变换 X。如果 X 是一个向量，那么 fftshift( )将 X 的左右半部分交换。如果 X 是一个矩阵，那么 fftshift( )将 X 的第一象限与第三象限交换，第二象限与第四象限交换。如果 X 是一个多维数组，那么 fftshift( )沿着每个维度交换 X 的半空间。

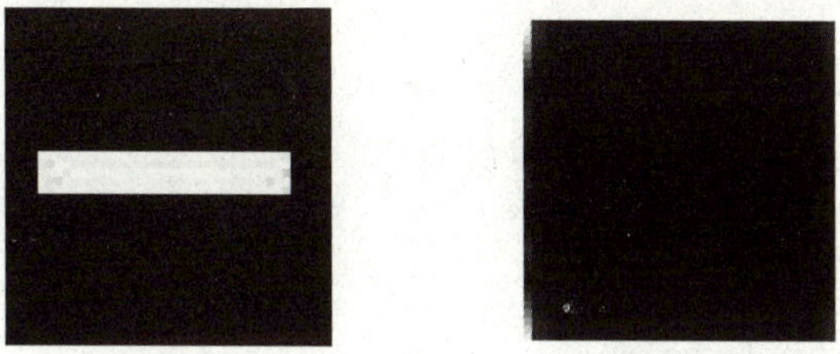

（a）原图像　　（b）二维傅里叶频谱图像

图 7-2　二维傅里叶频谱图像

②Y = fftshift(X,dim)：沿着 X 的维度 dim 进行操作。例如，如果 X 是一个矩阵，其行表示多个一维变换，则 fftshift(X,2)交换 X 的每一行的一半。

【例 7-3】快速傅里叶变换二。

```
f = zeros(40,40);
f(18:22,5:35) =1;
F = fft2(f);
Fc = fftshift(F);
subplot(2,2,1),imshow(f,[]);title('原图像');
subplot(2,2,2),imshow(abs(Fc),[]);title('原图像傅里叶变换');
frotate = imrotate(f,90);  % 图像旋转 90 度
Frotate = fft2(frotate);
Fc2 = fftshift(Frotate);   % 傅里叶变换
subplot(2,2,3),imshow(frotate,[]);title('图像旋转 90 度');
subplot(2,2,4),imshow(abs(Fc2),[]);title('图像旋转 90 度后傅里叶');
```

程序运行结果如图 7-3 所示。

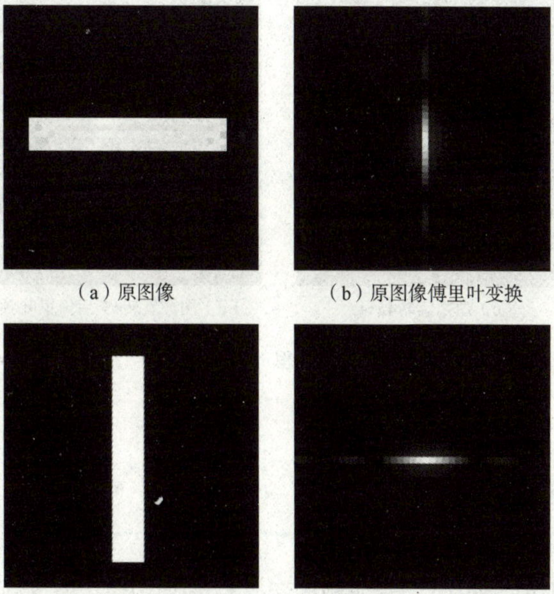

（a）原图像　　（b）原图像傅里叶变换

（c）图像旋转90°　　（d）图像旋转90°后傅里叶变换

图 7-3　傅里叶变换图像

【例 7-4】快速傅里叶变换三。

```
% 构造原始图像
I = zeros(256,256);I(28:228,108:148) = 1;
subplot(1,4,1);imshow(I)
% 求原始图像的傅里叶频谱
J = fft2(I);F = abs(J);J1 = fftshift(F);
subplot(1,4,2);imshow(J1,[5 50])
% 对原始图像进行旋转
J = imrotate(I,315,'bilinear','crop');
subplot(1,4,3);imshow(J)
% 求旋转后图像的傅里叶频谱
J1 = fft2(J);F = abs(J1);J2 = fftshift(F);
subplot(1,4,4);imshow(J2,[5 50]);
```

程序运行结果如图 7-4 所示。

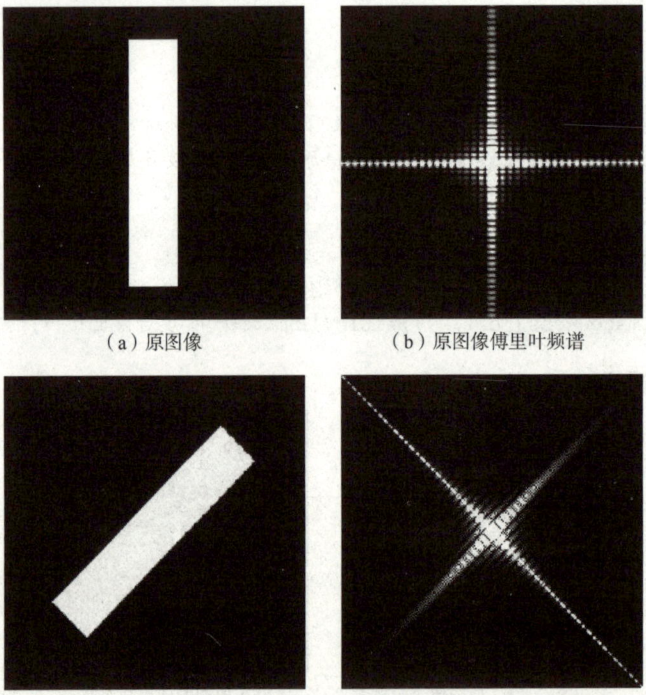

(a)原图像　(b)原图像傅里叶频谱

(c)图像旋转45°　(d)图像旋转45°后傅里叶频谱

图 7-4　傅里叶变换图像

7.2 小波变换

小波变换是近年来在图像处理中十分受重视的新技术,面向图像压缩、特征检测以及纹理分析等提出了许多新方法,如多分辨率分析、时频域分析、金字塔算法等,都属于小波变换范畴。傅里叶变换提供了有关频域的信息,但有关时间的局部化信息却基本丢失。与傅里叶变换不同,小波变换通过缩放母小波

(mother wavelet)的宽度获得信号的频率特征,通过平移母小波获得信号的时间信息。对母小波进行缩放和平移操作是为了计算小波系数,这些小波系数反映了小波和局部信号之间的相关程度。

视 频

小波变换

同傅里叶分析一样,小波分析就是指把一个信号分解为将母小波经过缩放和平移之后的一系列小波,因此小波是小波变换的基函数。小波变换可以理解为用经过缩放和平移的一系列小波代替傅里叶变换的正弦波和余弦波进行傅里叶变换的结果。

小波中的“小”是指在时域具有紧支集或近似紧支集,“波”是指具有正负交替的波动性,直流分量为 0。小波本质上是定义在有限间隔而且其平均值为 0 的一种函数。与傅里叶变换相比,小波变换是空间(时间)和频率的局部变换,它通过伸缩和平移运算对信号逐步进行多尺度细化,最终达到高频处时间细分、低频处频率细分,能自动满足时频信号分析的要求,从而可聚焦信号的任意细节。小波变换是基于具有变化的频率和有限持续时间的小波进行的,它是多分辨率理论的基础。

7.2.1　小波变换

1. 小波变换的概念

小波是在有限时间范围内变化且其平均值为 0 的数学函数,具有两个特点:

①具有有限的持续时间以及突变的频率和振幅。

②在有限的时间范围内,它的平均值等于 0。

在小波变换中,用小波基函数 $\Psi(x)$ 做平移和伸缩变换,得到函数 $\Psi\left(\frac{x-b}{a}\right)$。用 $\Psi\left(\frac{x-b}{a}\right)$ 代替傅里叶变换的基函数 e^{jx} 的伸缩函数 $e^{j\omega x}$,得到的新变换就称为连续小波变换,具体定义如下:

如果满足容许条件:

$$C_{\Psi}=\int_{-\infty}^{+\infty}\frac{|\hat{\Psi}(\omega)|^2}{|\omega|}\mathrm{d}\omega<\infty,$$

则函数 $\Psi(x)\in L^2(R)$ 称为小波函数(又称基小波或母小波),其中,$\hat{\Psi}(\omega)$ 为 $\Psi(\omega)$ 的傅里叶变换。

小波变换是通过小波对一个信号在空间和时间上进行局部化的一种数学变换。可通过平移母小波,捕获信号的时间信息。可通过缩放母小波的宽度(或称尺度),捕获信号的频率信息。对母小波进行平移和缩放操作是为了计算小波分量的系数,这些系数代表局部信号和小波之间的相互关系,这些系数反映了信号的时间属性和频率属性。

对基小波(母小波)的函数 Ψ 进行位移后,在不同尺度下与待分析信号进行内积,就可以得到一个小波序列。运用小波基函数,可以提取信号中的“指定时间”和“指定频率”的变化。

基小波 Ψ 需要满足容许条件,且 $\Psi(t)\in L^2(R)$。

离散的情况下,小波序列为

$$\Psi_{j,k}(t)=2^{\frac{-j}{2}}\Psi(x)2^{-j}t^{-k}\qquad j,k\in\mathbf{Z}$$

根据容许条件要求,当 $\omega=0$ 时,为使被积函数是有效值,必须有 $\hat{\Psi}(0)=0$,所以可得到容许条件的等价条件为 $\hat{\Psi}(0)=\int_{-\infty}^{+\infty}\Psi(t)\mathrm{d}t=0$。此式表明 $\Psi(t)$ 中不含有直流,只含有交流,即具有振荡性,所以叫作“波”。为了使 $\Psi(t)$ 具有局部性,即在有限的区间外很快衰减为 0,还必须加上一个衰减条件:

$$|\Psi(t)|\leqslant\frac{c}{(1+|t|)^{1+\varepsilon}}\qquad,\varepsilon>0,c>0$$

衰减条件要求波具有局部性,这种局部性是将波称为小波的另一个原因。

任意函数$f(t)\in L^2(R)$的连续小波变换定义为

$$w_f(a,b)=\int_R f(t)\,\overline{\Psi_{a,b}(t)}\,\mathrm{d}t = |a|^{-\frac{1}{2}}\int_R f(t)\,\overline{\Psi\left(\frac{t-b}{a}\right)}\,\mathrm{d}t = \langle f,\Psi_{a,b}\rangle$$

此式表示小波变换是信号$f(t)$与被缩放和平移的小波函数Ψ之积在信号存在的整个区间里求和。连续小波变换的结果是小波序列的系数集合C,这些系数由尺度参量a和平移参量b确定。通过对这些系数求解,就可以知道信号中的频率分布以及每种频率的位置分布。

2. 小波变换的性质

通过小波变换的定义可以看到,小波变换的本质是函数$f(t)$与小波函数在整个信号存在区间里求和。小波变换具有以下简单性质,有助于简化计算过程。

(1)线性

设$x(t)=\alpha g(t)+\beta h(t)$,则$w_x(a,b)=\alpha w_g(a,b)+\beta w_h(a,b)$。

(2)平移不变性

若$x(t)\leftrightarrow w_x(a,b)$,则$x(t-\tau)\leftrightarrow w_x(a,b-\tau)$。

(3)伸缩性

若$x(t)$的连续小波变换是$w_x(a,b)$,则$x\left(\frac{t}{\lambda}\right)$的连续小波变换是$\sqrt{\lambda}\,w_x\left(\frac{a}{\lambda},\frac{b}{\lambda}\right)$。

7.2.2 哈尔小波变换

哈尔小波变换(Haar wavelet transform)是小波变换中最简单且最早被提出的一种变换形式,由 Alfréd Haar 在1909年提出。哈尔小波变换是一种离散小波变换(discrete wavelet transform, DWT)的特殊形式,它利用哈尔函数(Haar function)对信号进行调变。哈尔函数具有正交性,即不同的哈尔函数之间内积为零,这一特性使得哈尔小波变换在信号处理中能够有效地分离出信号的不同频率成分。

下面对一些哈尔小波应用进行重点介绍,通过哈尔小波了解小波的构建、变换、逆变换过程。

在详细介绍小波变换前,讲解一下小波基函数的构造方法。

小波由一个定义在有限区间的函数$\Psi(t)$构造,小波可以成为母小波。小波基函数$\Psi_{a,b}(x)$可义通过缩放和平移母小波生成。

$$\Psi_{a,b}(x)=|a|^{-1/2}\Psi\left(\frac{x-b}{a}\right)$$

其中,a为缩放因子,b为平移因子。

针对离散小波变换,设置

$$a=2^j,b=ia$$

$$\varphi_i^j(x)=2^{j/2}\varphi(2^jx-i)$$

其中,i为缩放因子,j为平移因子。

1. 哈尔小波构建

哈尔小波是最早出现的小波技术,也是最简单的小波技术之一。哈尔小波包括哈尔基函数和哈尔小波函数两部分。哈尔基函数的定义如下:

$$\varphi(x)=\begin{cases}1 & ,0\leqslant x<1\\ 0 & ,其他\end{cases}$$

哈尔基函数是定义在半开区间[0,1)上的一组分段常值函数。

哈尔小波函数定义为 $\Psi(x)=\varphi(2x)-\varphi(2x-1)$，即

$$\Psi(x)=\begin{cases}1 & ,0\leqslant x<0.5\\ -1 & ,0.5\leqslant x<1\\ 0 & ,\text{其他}\end{cases}$$

哈尔小波的构建过程可分为哈尔基函数生成、哈尔小波函数生成两个过程。

(1)哈尔基函数生成

①生成向量空间 V^0 的常值函数。

$$V^0:\varphi_0^0(x)=\begin{cases}1 & ,0\leqslant x<1\\ 0 & ,\text{其他}\end{cases}$$

哈尔基函数波形如图 7-5 所示。

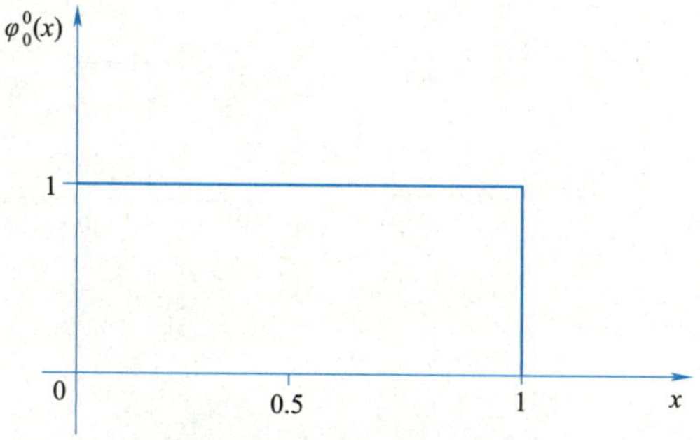

图 7-5　哈尔基函数波形

②生成向量空间 V^1 的常值函数：

$$V^1:\varphi_0^1(x)=\begin{cases}1 & ,0\leqslant x<0.5\\ 0 & ,\text{其他}\end{cases}$$

$$\varphi_1^1(x)=\begin{cases}1 & ,0.5\leqslant x<1\\ 0 & ,\text{其他}\end{cases}$$

其波形如图 7-6 所示。

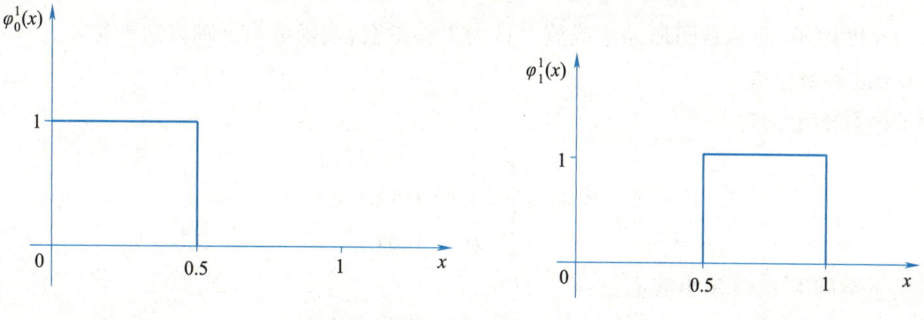

图 7-6　向量常值函数波形(一)

③生成向量空间V^2的常值函数。

$$V^2:\varphi_0^2(x)=\begin{cases}1 & ,0\leqslant x<0.25\\0 & ,其他\end{cases}$$

$$\varphi_1^2(x)=\begin{cases}1 & ,0.25\leqslant x<0.5\\0 & ,其他\end{cases}$$

$$\varphi_2^2(x)=\begin{cases}1 & ,0.5\leqslant x<0.75\\0 & ,其他\end{cases}$$

$$\varphi_3^2(x)=\begin{cases}1 & ,0.75\leqslant x<1\\0 & ,其他\end{cases}$$

其波形如图 7-7 所示。

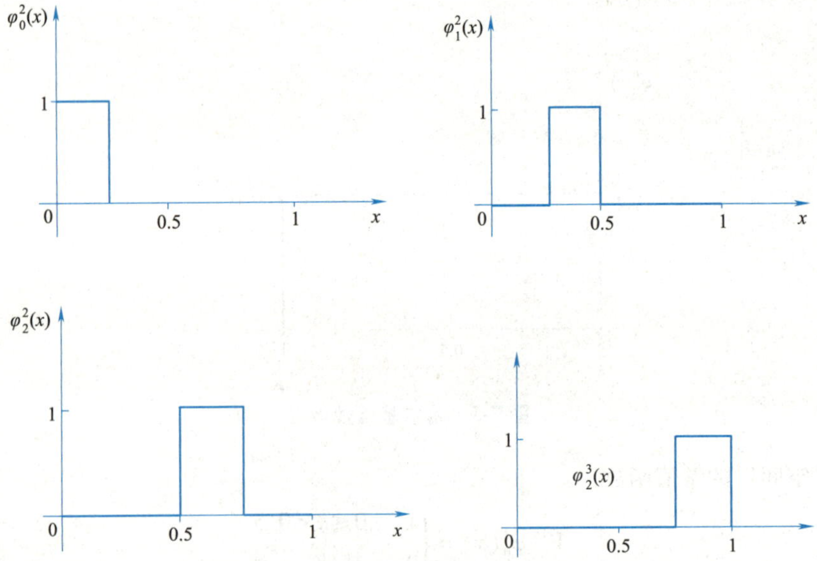

图 7-7　向量常值函数波形(二)

可按照以上方法继续定义哈尔基函数和由它生成的向量空间V^j。为生成向量空间而定义的基函数也叫作尺度函数。哈尔基函数的定义为

$$\varphi_i^j(x)=\varphi(2^jx-i)\qquad ,i=0,1,\cdots,(2^j-1)$$

其中,j为尺度因子,使函数图形缩小或放大;i为平移参数,使函数沿x轴方向平移。

(2)哈尔小波函数生成

哈尔小波函数的定义为

$$\Psi(x)=\begin{cases}1 & ,0\leqslant x<0.5\\-1 & ,0.5\leqslant x<1\\0 & ,其他\end{cases}$$

①生成向量空间W^0的哈尔小波函数:

$$\Psi_0^0(x)=\begin{cases}1 & ,0\leqslant x<0.5\\-1 & ,0.5\leqslant x<1\\0 & ,其他\end{cases}$$

其波形如图 7-8 所示。

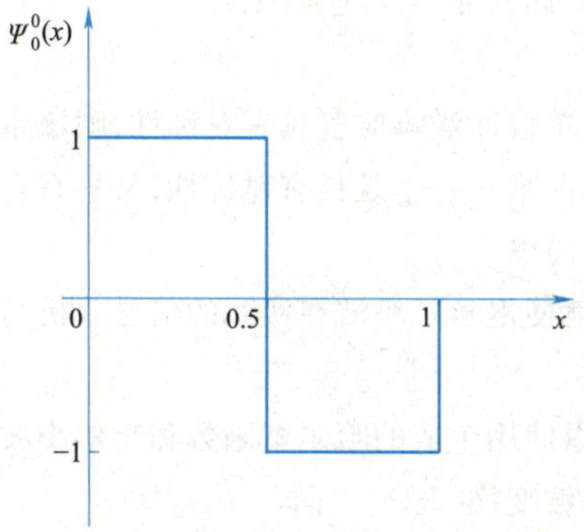

图 7-8　向量空间 W^0 的哈尔小波函数波形

由此可知 $\Psi_0^0(x)=\varphi_0^1(x)-\varphi_1^1(x)$。

②生成向量空间 W^1 的哈尔小波函数：

$$\Psi_0^1(x)=\begin{cases}1 & ,0\leqslant x<0.25\\ -1 & ,0.25\leqslant x<0.5\\ 0 & ,\text{其他}\end{cases}$$

$$\Psi_1^1(x)=\begin{cases}1 & ,0.5\leqslant x<0.75\\ -1 & ,0.75\leqslant x<1\\ 0 & ,\text{其他}\end{cases}$$

其波形如图 7-9 所示。

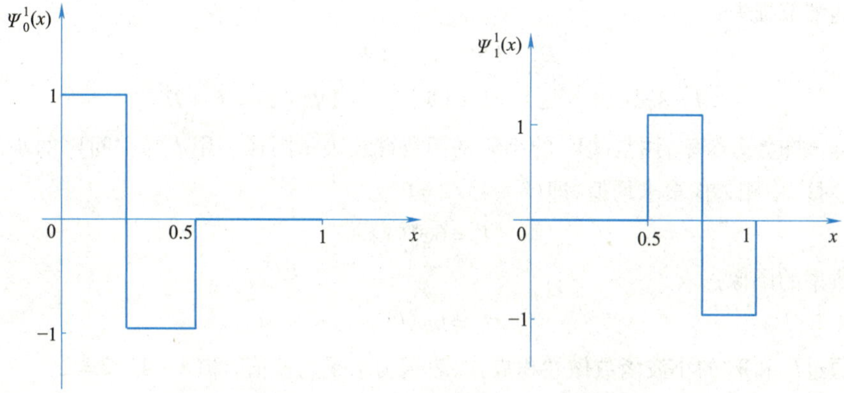

图 7-9　向量空间 W^1 的哈尔小波函数波形

由此可知 $\Psi_0^1(x)=\varphi_0^2(x)-\varphi_1^2(x)$，$\Psi_1^1(x)=\varphi_3^2(x)-\varphi_4^2(x)$。

可按照以上方法继续定义哈尔小波函数和由它生成的向量空间 W^j。

通过上述过程，可完成哈尔小波的构建。其中，哈尔基函数可以捕捉到信号的尺度信息，而哈尔小波函数可以捕捉到信号的细节信息。哈尔小波变换要做的就是将信号分解到不同的基函数及小波函数上，并求取每个函数上对应分量的值。

哈尔小波具有如下特点：

①哈尔小波在时域是紧支撑的，即其非零区间为[0,1)。

②哈尔小波属正交小波。

③哈尔小波是对称的。系统的单位冲激响应若具有对称性，则该系统具有线性相位，这对于去除相位失真是非常有利的。哈尔小波是目前唯一一个既具有对称性，又具有有限支撑的正交小波。

④哈尔小波仅取 1 和 -1，计算简单。

⑤哈尔小波是不连续小波，这就使得哈尔小波在实际的信号分析与处理中受到了限制。

2. 哈尔小波变换

哈尔小波构建完成之后，就可以使用生成的哈尔基函数和哈尔小波函数进行哈尔小波变换。

这里通过一个示例展示哈尔小波变换。

【例 7-5】假设有一幅只有 4 个像素 P0、P1、P2、P3 的一维图像 I，对应的像素值或称图像位置的系数分别为 9、7、3、5，计算该图像的哈尔小波变换系数。

①该图像包含 4 个像素，对应的分辨率小波基函数为空间V^2 的小波基函数，可以表示为

$$I=9\varphi_0^2(x)+7\varphi_1^2(x)+3\varphi_2^2(x)+5\varphi_3^2(x)$$

②降低该图像分辨率，用空间V^1 的小波基函数对图像进行表示。用 I 与空间V^1 的小波基函数进行卷积操作，表现为对V^2 中相邻像素求均值，即(9+7)/2=8，(3+5)/2=4。

$$I=8\varphi_0^1(x)+4\phi_1^1(x)$$

得到降低分辨率之后的图像：

$$I^1=8\varphi_0^1(x)+4\varphi_1^1(x)$$

这样降低分辨率，会丢失一些细节信息，而丢失的细节信息可以通过哈尔小波函数捕捉到。可以使用 I 和W^1 中的小波函数做卷积，表现为对 I 的相邻位置求平均差值，即(9-7)/2=1，(3-5)/2=-1，得到降低分辨率之后的细节损失：

$$D^1=1\Psi_0^1(x)-1\Psi_1^1(x)$$

$$I=8\varphi_0^1(x)+4\varphi_1^1(x)+1\Psi_0^1(x)-1\Psi_1^1(x)=I^1+D^1$$

③继续降低该图像分辨率，用空间V^0 的小波基函数继续表示图像。用 I'与空间V^0的小波基函数做卷积操作，表现为对V^1中相邻像素求均值，即(8+4)/2=6。

$$I^1=6\varphi_0^0(x)$$

得到低分辨率的图像：

$$I^0=6\varphi_0^0(x)$$

细节损失通过I^1 和W^0的小波函数做卷积操作，表现为求平均差值，即(8-4)/2=2。

$$D^0=2\Psi_0^0(x)$$

$$I^1=6\varphi_0^0(x)+2\Psi_0^0(x)=I^0+D^0$$

哈尔小波变换系数的计算结果如表 7-1 所示，进而可以得到该图像的哈尔小波变换表示：

$$I=6\varphi_0^0(x)+2\Psi_0^0(x)++1\Psi_0^1(x)-1\Psi_1^1(x)$$

注意：此处并非标准哈尔小波变换，标准小波变换不是除以 2，而是除以 $\sqrt{2}$。这也反映了与傅里叶变换相比，小波变换的路径并不唯一。可以看到，最终得到系数的本质是图像在对应哈尔基函数和哈尔小波函数上的卷积结果。表 7-1 所示为哈尔小波变换系数的计算结果。

表 7-1　哈尔小波变换系数的计算结果

空　间	均　值	细　节
V^2	[9 7 3 5]	
V^1	[8 4]	[1 －1]
V^0	[6]	[2]

小波变换就是指将原始信号 s 变换成小波系数 ω，$\omega=[\omega_a,\omega_d]$，包括近似(approximation)系数$\omega_a$与细节(detail)系数$\omega_d$，如图 7-10 所示。

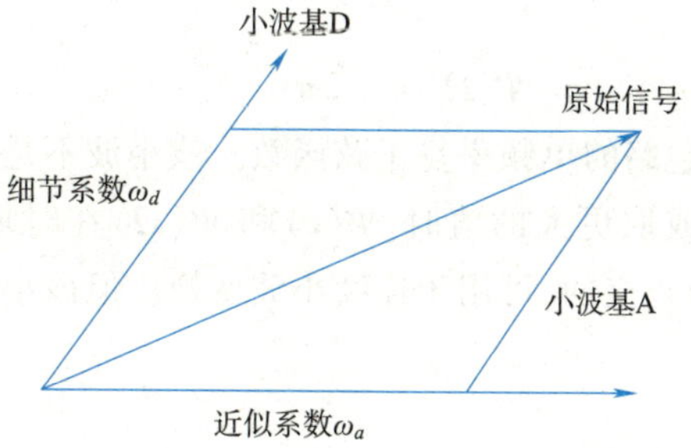

图 7-10　小波分解示意

近似系数ω_a：平均成分(低频)。

细节系数ω_d：变化成分(高频)。

正变换：原始信号在每个小波基张成的子空间上投影，获得小波系数。

逆变换：所有"小波分解"合成原始信号。

3. 哈尔小波逆变换

给定哈尔小波系数，重建原始信号的过程称为哈尔小波逆变换。

【例 7-6】给定小波系数 6、2、1、－1，求其原始信号。

①取第一个均值参数 6，以及对应细节参数 2，使用 6 分别加 2 和减 2，得上一层均值参数解为(8 4)。

②取均值参数(8 4)，以及对应细节参数(1 －1)，使用 8 分别加 1 和减 1，并且使用 4 分别为(84)。加 －1 和减 －1，得均值参数(9 7 3 5)。

③还原得到原信号。

7.2.3　Marr 小波变换

目前常见的小波大致分为三类：经典小波或原始小波；由多贝西(Daubechies)构造的正交小波；由科恩(Cohen)、多贝西构造的双正交小波。

Marr 小波的中文名字为"墨西哥草帽"小波，定义为

$$\Psi(t)=c(1-t^2)\mathrm{e}^{\frac{-t^2}{2}}$$

式中，$c=\dfrac{2}{\sqrt{3}}\pi^{\frac{1}{4}}$，其傅里叶变换为

$$\Psi(\Omega)=\sqrt{2\pi}c\,\Omega^2\mathrm{e}^{\frac{-\Omega^2}{2}}$$

该小波是由一个高斯函数的二阶导数得到的，它沿着中心轴旋转一周得到的三维图形犹如一顶草帽。

该小波不是紧支撑的，不是正交的，也不是双正交的，但它是对称的，可用于连续小波变换。由于该小波在 $\Omega=0$ 处有二阶零点，因此它满足容许条件，且该小波比较接近人眼视觉的空间响应特征，因此它在1983年就用于计算机视觉中的图像边缘检测。

7.2.4 Morlet 小波变换

Morlet 小波定义为

$$\Psi(t) = e^{\frac{-t^2}{2}} e^{j\Omega t}$$

其傅里叶变换为

$$\Psi(\Omega) = \sqrt{2\pi} e^{\frac{-(\Omega-\Omega_0)^2}{2}}$$

Morlet 小波是一个具有高斯包络的单频率复正弦函数。该小波不是紧支撑的，理论上讲，t 的取值范围为 $-\infty \sim \infty$。但是，当 $\Omega_0=5$ 或取更大的值时，$\Psi(t)$ 和 $\Psi(\Omega)$ 在时域和频域都具有很好的集中性。Morlet 小波不是正交的，也不是双正交的，可用于连续小波变换。但该小波是对称的，是应用较广泛的一种小波。

1. fft2( )函数

fft2( )函数用于二维快速傅里叶变换。

①Y = fft2(X)：使用快速傅里叶变换算法返回矩阵的二维傅里叶变换，这相当于计算 fft(fft(X))。如果 X 是多维数组，则 fft2( )取大于 2 的每个维度的二维变换。输出 Y 的大小与 X 相同。

②Y = fft2(X,m,n)：在计算变换之前截断 X 或在 X 后面加上零以形成 m×n 矩阵。如果 X 是一个多维数组，那么 fft2( )根据 m 和 n 来塑造 X 的前两个维度。

2. dwt2( )函数

dwt2( )函数用于单级离散二维小波变换。

①[cA,cH,cV,cD] = dwt2(X,wname)：使用 wname 小波计算输入数据 X 的单级二维离散小波变换(DWT)。dwt2( )返回近似系数矩阵 cA 和细节系数矩阵 cH、cV 和 cD(分别为水平、垂直和对角线)。

②[cA,cH,cV,cD] = dwt2(X,LoD,HiD)：使用小波分解低通滤波器 LoD 和高通滤波器 HiD 计算单电平二维 DWT。分解过滤器必须具有相同的长度和偶数个样本。

③[cA,cH,cV,cD] = dwt2(___,'mode',extmode)：计算扩展模式为 extmode 的单级二维 DWT。在所有其他论证之后加上这个论证。

3. wavedec2( )函数

wavedec2( )函数用于二维小波分解。

①[C,S] = wavedec2(X,N,wname)：使用小波 wname 返回矩阵 X 在 N 层的小波分解。输出分解结构由小波分解向量 C 和记账矩阵 S 组成，记账矩阵 S 包含按层次和方向的系数个数。

②[C,S] = wavedec2(X,N,LoD,HiD)：分别使用指定的低通和高通分解滤波器 LoD 和 HiD 返回小波分解。

4. appcoef2( )函数

appcoef2( )函数用于二维近似系数在页面中全部折叠。

①A = appcoef2(C,S,wname)：使用二维信号的小波分解结构[C,S]和 wname 指定的小波返回最粗尺度下的近似系数。

②A = appcoef2(C,S,LoR,HiR):使用低通重构滤波器 LoR 和高通重构滤波器 HiR。

③A = appcoef2(___,N):返回 N 级近似系数。如果[C,S]是二维信号的 M 级小波分解结构,则 0≤N≤M。

5. detcoef2( )函数

detcoef2( )函数用于二维细节系数。

①y = detcoef2(0,c,s,n)从小波分解结构[c,s]中提取出 n 层 0 方向的细节系数。关于 c 和 s 的更多信息,参见 wavedec2( )函数。

②[h,v,d] = detcoef2('all',c,s,n):返回水平 h,垂直 v 和对角线 d 在水平 n 的细节系数。

③Y = detcoef2('compact',c,s,n):返回按行存储的所有细节系数。

6. wcodemat( )函数

wcodemat( )函数用于扩展伪彩色矩阵缩放。

①Y = wcodemat(X):将矩阵 X 重新缩放为[1,16]范围内的整数。

②Y = wcodemat(X,NBCODES):将输入的 X 重新缩放为[1,NBCODES]范围内的整数。NBCODES 的默认值是 16。

③Y = wcodemat(X,NBCODES,OPT):沿着 OPT 指定的维度重新缩放矩阵。OPT 可以是:'列'(或'c'),'行'(或'r')和'mat'(或'm')之一。“r”按 X 行方向缩放,“c”按 X 列方向缩放,mat 按全局缩放 X。OPT 的默认值为 mat。

④Y = wcodemat(X,NBCODES,OPT,ABSOL):如果 ABSOL 非零,则根据 X 中条目的绝对值重新缩放输入矩阵 X;如果 ABSOL 等于零,则根据 X 的带符号值重新缩放输入矩阵 X。ABSOL 的默认值为 1。

7. padarray( )函数

padarray( )函数是用于对矩阵进行填充的函数。

①B = padarray(A,padsize):用 padsize 指定的每个维度的填充量填充数组 A。padarray( )函数用来存放值为 0 的数字或逻辑图像,以及类别为 <undefined> 的分类图像。默认情况下,paddarray( )在每个维度的第一个元素之前和最后一个元素之后添加填充。

②B = padarray(A,padsize,padval) pads array A:其中 padval 指定用于填充元素的常量值或复制数组元素的方法。

③B = padarray(___,direction):在 direction 指定的方向上填充 A。

8. waverec2( )函数

waverec2( )函数用于二维小波重构。

①X = waverec2(c,s,wname):基于小波分解结构[c,s]和 wname 指定的小波,对矩阵 X 进行多级小波重构。

②X = waverec2(c,s,wname):等价于 X = appcoef2(c,s,wname,0)。

③X = waverec2(c,s,LoR,HiR):分别使用指定的低通和高通小波重构滤波器 LoR 和 HiR 重构 X。

【例 7-7】图像的小波变换。

```
Image = imread('cameraman.tif');
[ca1,ch1,cv1,cd1] = dwt2(Image,'db4');
subplot(1,3,1),imshow(Image),title('原图');
[c,s] = wavedec2(Image,2,'db4');          % 用 db4 小波对图像进行二级小波分解
ca2 = appcoef2(c,s,'db4',2);              % 提取二级小波分解低频变换系数
```

```
[ch2,cv2,cd2] = detcoef2('all',c,s,2);     % 提取二级小波分解高频变换系数
[ch1,cv1,cd1] = detcoef2('all',c,s,1);     % 提取一级小波分解高频变换系数
ca1 = [wcodemat(ca2,256),wcodemat(ch2,256);wcodemat(cv2,256),wcodemat(cd2,256)];
k = s(2,1)* 2 - s(3,1);                    % 两级高频系数长度差
ch1 = padarray(ch1,[k k],1,'pre');
cv1 = padarray(cv1,[k k],1,'pre');
cd1 = padarray(cd1,[k k],1,'pre');
% 填充一级小波高频系数数组,使两级系数维数一致
DWTI2 = [ca1,wcodemat(ch1,256);wcodemat(cv1,256),wcodemat(cd1,256)];
subplot(1,3,2),imshow(DWTI2/256),title('二级分解');
result = waverec2(c,s,'db4');              % 二级重构
subplot(1,3,3),imshow(result,[]),title('二级重构');
```

程序运行结果如图 7-11 所示。

（a）原图　　（b）二级分解　　（c）二级重构

图 7-11　小波变换图像

单元小结

本单元主要介绍了图像变换技术中的傅里叶变换和小波变换。傅里叶变换能将图像在空域和频域之间进行转换,具有一维和二维形式,包括快速傅里叶变换。讲解了小波的概念和性质,包括哈尔小波变换、Marr 小波变换和 Morlet 小波变换的相关内容。此外,还学习了一些相关函数,如 fft2( ) 函数、fftshift( ) 函数、dwt2( ) 函数、wavedec2( ) 函数、appcoef2( ) 函数、detcoef2( ) 函数、wcodemat( ) 函数、padarray( ) 函数和 waverec2( ) 函数等。

习　题

一、单项选择题

1. 连续周期信号的频谱的特点是(　　)。

A. 周期连续频谱　　B. 周期离散频谱

C. 非周期连续频谱　　D. 非周期离散频谱

2. 满足抽样定理条件下,抽样信号的频谱的特点是(　　)。

A. 周期、连续频谱　　B. 周期、离散频谱

C. 连续、非周期频谱　　D. 离散、非周期频谱

3. 信号的频谱是周期的连续谱,则该信号在时域中为(　　)。

A. 连续的周期信号　　B. 离散的周期信号

C. 连续的非周期信号　　D. 离散的非周期信号

4. 信号的频谱是周期的离散谱,则原时间信号为(　　)。

A. 连续的周期信号　　B. 离散的周期信号

C. 连续的非周期信号　　D. 离散的非周期信号

5. 某周期奇函数,其傅里叶级数中 (　　)。

A. 不含正弦分量　　B. 不含余弦分量

C. 仅有奇次谐波分量　　D. 仅有偶次谐波分量

6. 某周期偶谐函数,其傅里叶级数中 (　　)。

A. 无正弦分量　　B. 无余弦分量　　C. 无奇次谐波分量　　D. 无偶次谐波分量

7. 某周期奇谐函数,其傅里叶级数中(　　)。

A. 无正弦分量　　B. 无余弦分量

C. 仅有基波和奇次谐波分量　　D. 仅有基波和偶次谐波分

8. 小波变换方法属于(　　)。

A. 时频分析　　B. 时域分析　　C. 频域分析　　D. 复频域分析

9. 信息隐藏算法中,文档结构微调方法属于(　　)。

A. 空间域算法　　B. 离散傅里叶变换方法

C. 离散余弦变换方法　　D. 离散小波变换方法

10. 关于小波变换,下列说法正确的是(　　)。

A. 小波变换对不同的时刻和不同的频率上都采用相同的分辨率

B. 小波变换对不同的频率分量采取相同的分析精度

C. 在小波变换中的尺度类似于地图中的比例尺,小的比例对应的是一个对信号的全局的概略描述,而大的比例则相应地对应于细节性的描述

D. 从信号频率的角度来看,低的频率对应信号的整体信息,而高频率分量则对应于在信号内部隐藏的细节信息

二、判断题

1. 若周期信号是奇谐函数,则其傅氏级数中不会含有直流分量。(　　)

2. 周期性的连续时间信号,其频谱是离散的、非周期的。(　　)

3. 周期信号的频谱是离散谱,非周期信号的频谱是连续谱。(　　)

4. 周期信号的傅里叶变换由冲激函数组成。(　　)

5. 信号在时域中压缩,等效于在频域中扩展。(　　)

6. 傅里叶变换只能得到一个频谱,做小波变换却可以得到一个时频谱,即不仅可以知道信号有这样频率的成分,而且知道它在时域上存在的具体位置。(　　)

7. 小波变换各方面都优于傅里叶变换。(　　)

三、简答题

1. 简述频域图像处理与空域图像处理的关系。
2. 快速傅里叶变换的基本原理是什么?
3. 二维傅里叶变换具有哪些特征?
4. 简述小波与傅里叶变换的区别,小波变换具有什么优势?
5. 常见小波函数有哪些?其主要特点是什么?

单元 8
图像增强

在一家知名的摄影工作室，摄影师每天都在捕捉世界的美好瞬间。然而，最近他们遇到了一个棘手的问题。在拍摄一组重要的商业照片时，由于拍摄环境光线复杂以及相机参数设置的一些小失误，拍摄出来的照片画质不尽如人意。有的照片整体偏暗，暗部细节丢失严重，像是隐藏在阴影中的宝藏被黑暗吞噬；有的照片对比度极低，画面显得平淡无奇，就像一幅没有层次感的水墨画；还有些照片色彩不够鲜艳，无法展现出被摄物体的真实魅力，如同失去了光彩的明珠。

为了解决这些问题，工作室决定求助于数字图像处理技术。其中，线性灰度级变化就像是一把神奇的魔法棒，能够对图像的灰度值进行有规律的调整。摄影师学习到，通过设定合适的线性变换函数，就可以将偏暗的照片整体提亮，让暗部细节逐渐显现出来。例如，他们可以根据图像中像素点的原始灰度值，按照一定的比例增加亮度值，使得原本昏暗的图像变得明亮清晰，就像在黑暗的房间里打开了一盏明灯。

非线性灰度级变换则更像是一位精细的艺术家，能够对图像进行更复杂、更有针对性的调整。对于那些对比度极低的照片，非线性变换可以巧妙地拉伸灰度级范围，增强图像的对比度，让画面中的物体更加立体、生动，就像从二维平面跃升到了三维空间。例如，通过特定的非线性函数，将图像中原本相近的灰度值拉开差距，突出了物体与背景之间的差异，使照片呈现出丰富的层次感。

而直方图增强技术则像是一位智能的分析师，能够深入剖析图像的灰度分布情况。摄影师熟练掌握了这项技术后，发现它可以根据图像的直方图信息，自动调整图像的灰度级，使图像的灰度分布更加合理。对于色彩不够鲜艳的照片，通过直方图均衡化等方法，将图像中像素的灰度值分布得更加均匀，从而提高图像的对比度和亮度，让照片的色彩更加鲜艳夺目，就像给褪色的画卷重新染上了绚丽的色彩。

经过对这些数字图像处理技术的深入学习和运用，摄影师成功地将那组问题照片转化成了高质量的作品，不仅满足了客户的需求，还为工作室赢得了更多的声誉。这些技术就像他们的秘密武器，让他们在摄影艺术的道路上越走越远，能够更加自信地迎接各种挑战，捕捉更多令人惊叹的瞬间。

知识能力目标：

- 了解线性灰度级变化。
- 掌握非线性灰度级变换。
- 熟练运用直方图增强技术。

素养要求：

培养审美情趣，认识科技促进作用：图像增强技术体现了对美的追求，有助于培养学生的审美情趣和对美的鉴赏能力。其在医学影像处理、艺术创作等领域的应用体现了科技对不同领域的促进作用，使学生认识到科技能够丰富人类文化生活，促进不同领域的交流与合作。

8.1 线性灰度级变换

视频 线性变换

线性灰度级变换是指根据某种目标条件按一定变换关系逐点改变源图像中每一个像素灰度值的方法。

【例 8-1】线性灰度变化。

```
I = imread('cameraman.tif');
J = I*0.5;
K = I*2;
figure;imshow(I); title('原图');
figure;imshow(J); title('线性灰度变暗');
figure;imshow(K); title('线性灰度变亮');
```

程序运行结果如图 8-1 所示。

(a) 原图　(b) 线性灰度变暗　(c) 线性灰度变亮

图 8-1　线性灰度变化图像

【例 8-2】分段线性灰度变换。

```
I = imread('rice.png');
[M,N] = size(I);
I = im2double(I);
J = zeros(M,N);
X1 = 0.3;Y1 = 0.15;
X2 = 0.7;Y2 = 0.85;
for i = 1:M
    for j = 1:N
        if I(i,j) < X1                          % 分段线性变换
            J(i,j) = Y1* I(i,j)/X1;
        elseif I(i,j) > X2
            J(i,j) = (I(i,j) - X2)* (1 - Y2)/(1 - X2) + Y2;
```

```
        else
            J(i,j) = (I(i,j) - X1)* (Y2 - Y1)/(X2 - X1) + Y1;
        end
    end
end
figure,subplot(1,2,1),imshow(I);subplot(1,2,2),imshow(J);
figure,subplot(1,2,1),imhist(I);subplot(1,2,2),imhist(J);
```

程序运行结果如图 8-2 所示。

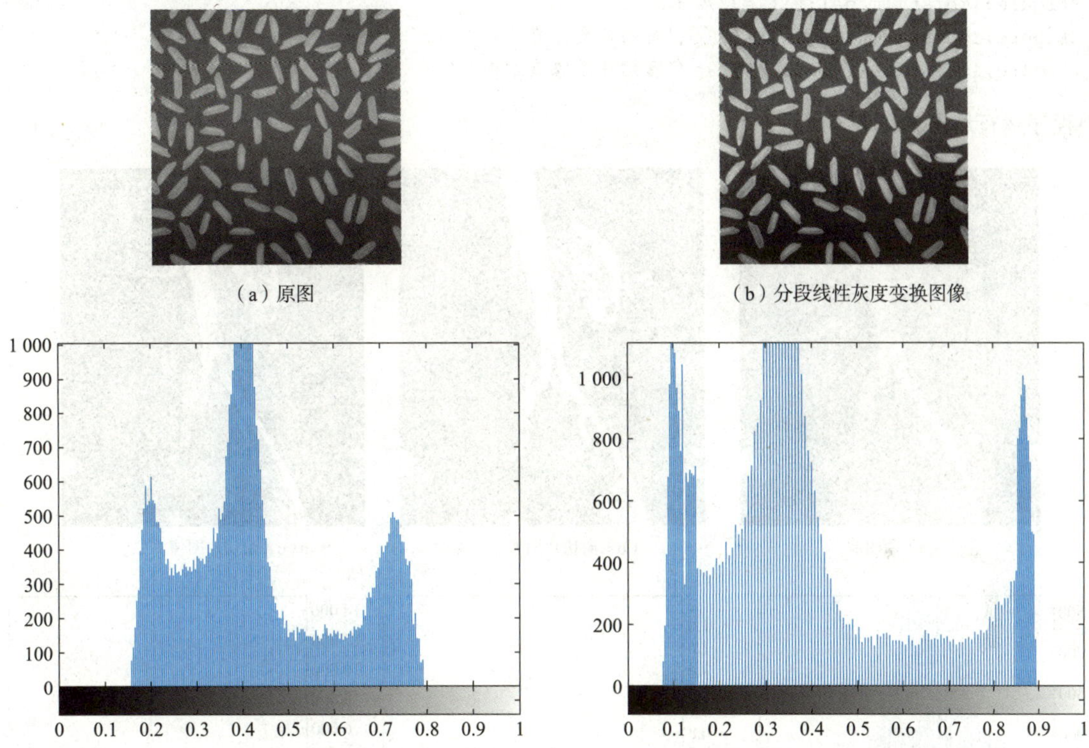

（a）原图　（b）分段线性灰度变换图像

（c）原图直方图　（d）分段线性灰度变换图像直方图

图 8-2　分段线性灰度变换图像

【例 8-3】 窗切片图像。

```
Image = im2double(imread('AG.jpg'));          % 读取图像并转换为 double 型
[h,w] = size(Image);                          % 获取图像尺寸
NewImage1 = zeros(h,w);
NewImage2 = Image;
a = 170/256; b = 200/256; c = 90/256; d = 250/256;      % 参数设置
for x = 1:w
    for y = 1:h
        if Image(y,x) < a
            NewImage1(y,x) = c;
        else
            NewImage1(y,x) = d;
```

```
            end
            if Image(y,x) >c && Image(y,x) <a
NewImage2(y,x) =0;
            end
        end
end
figure;imshow(Image);title('原图像');
figure;imshow(NewImage1);title('窗切片图像1');
figure;imshow(NewImage2);title('窗切片图像2');
figure;imhist(Image);title('原图像');
figure;imhist(NewImage1);title('窗切片图像直方图1');
figure;imhist(NewImage2);title('窗切片图像直方图2');
```

程序运行结果如图 8-3 所示。

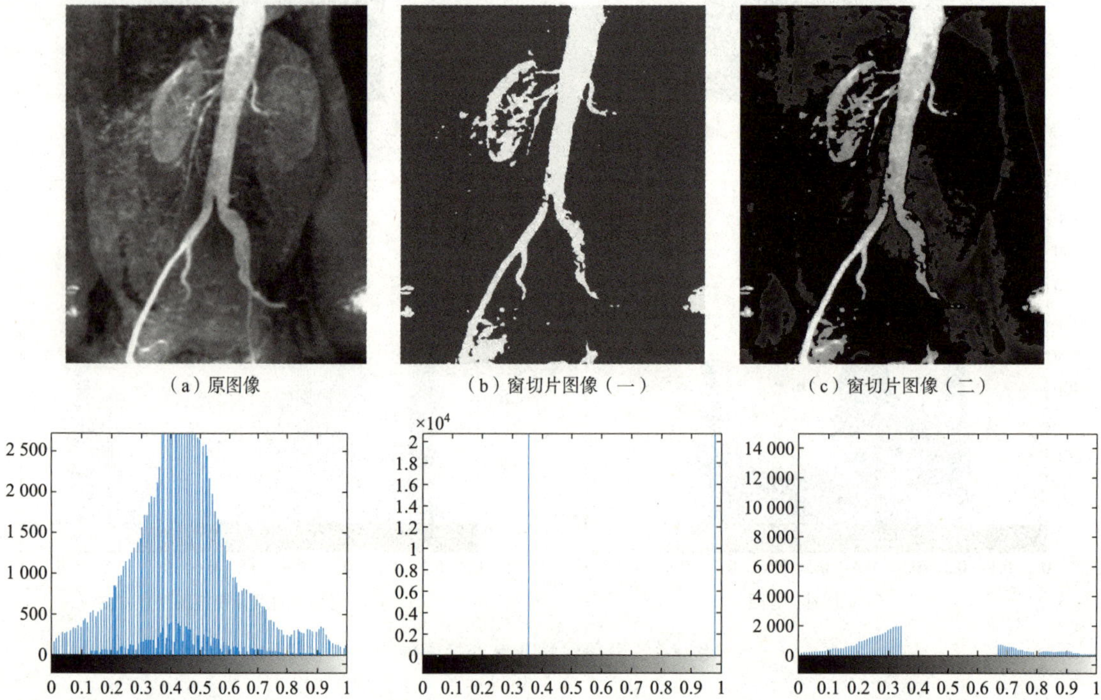

（a）原图像　（b）窗切片图像（一）　（c）窗切片图像（二）

（d）原图像　（e）窗切片图像直方图（一）　（f）窗切片图像直方图（二）

图 8-3　窗切片图像

8.2 非线性灰度级变换

视频

非线性变换

非线性灰度级变换是指将灰度数据按照经验数据或某种算术非线性关系进行变换。

【例 8-4】非线性变换。

```
Image = (rgb2gray(imread('Goldilocks.bmp')));
Image = double(Image);
NewImage1 = 46* log(Image +1);                         % 对数函数非线性灰度级变换
NewImage2 = 185* exp(0.325* (Image - 225)/30) +1;      % 指数函数非线性灰度级变换
a = 0.5; c = 1.1;
NewImage3 = [(Image/255).^a]* 255* c;                  % 幂次函数非线性灰度级变换
figure;imshow(Image,[]);title('原图像');
% figure;imshow(uint8(Image));title('原图像');
figure;imshow(NewImage1,[]);title('对数函数非线性灰度级变换');
figure;imshow(NewImage2,[]);title('指数函数非线性灰度级变换');
figure;imshow(NewImage3,[]);title('幂次函数非线性灰度级变换');
```

程序运行结果如图 8-4 所示。

（a）原图像　（b）对数函数非线性灰度级变换

（c）指数函数非线性灰度级变换　（d）幂次函数非线性灰度级变换

图 8-4　非线性灰度级图像

思考：上述代码 figure;imshow(Image,[]);title('原图像');中[]有什么作用？

8.3 直方图增强

直方图增强通过调整直方图达到影像增强的处理方法。

视频　直方图均衡化

【例 8-5】直方图增强案例一。

```
I = imread('cameraman.tif');
J = I*0.5;
K = I*2;
figure;imshow(I); title('原图');
figure;imshow(J); title('线性灰度变暗');
```

```
figure;imshow(K); title('线性灰度变亮');
subplot(131),imhist(I),title('原图直方图');
subplot(132),imhist(J),title('线性灰度变暗图像直方图');
subplot(133),imhist(K),title('线性灰度变亮图像直方图');
```

程序运行结果如图 8-5 所示。

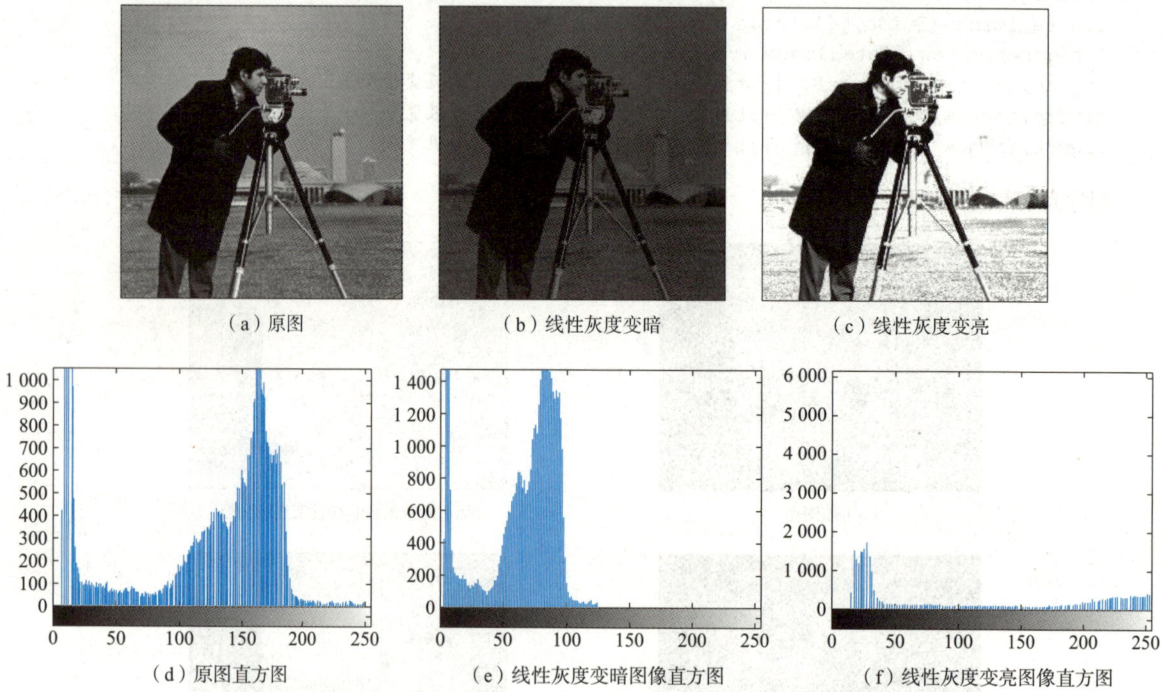

（a）原图　（b）线性灰度变暗　（c）线性灰度变亮

（d）原图直方图　（e）线性灰度变暗图像直方图　（f）线性灰度变亮图像直方图

图 8-5　暗图像、亮图像直方图

histeq( )函数——使用直方图均衡增强对比度

①J = histeq(I,hgram)：变换灰度图像 I，以使输出灰度图像 J 具有 length(hgram) 个 bin 的直方图近似匹配目标直方图 hgram。I 灰度图像，指定为任意维度的数值数组。hgram 目标直方图，指定为数值向量。hgram 有等间距的 bin，包含一定范围内的强度值：

- 对于 double 或 single 类的图像，范围为[0,1]。
- 对于 uint8 类的图像，范围为[0,255]。
- 对于 uint16 类的图像，范围为[0,65 535]。
- 对于 int16 类的图像，范围为[-32 768,32 767]。

histeq( )自动缩放 hgram 以使 sum(hgram) = numel(I)。当 length(hgram) 远小于 I 中的离散灰度级数时，J 的直方图会更好地匹配 hgram。J 变换后的灰度图像，以大小和类与输入图像 I 相同的数值数组形式返回。

②J = histeq(I,n)：变换灰度图像 I，以使输出灰度图像 J 具有 n 个 bin 的直方图大致平坦。当 n 远小于 I 中的离散灰度级数时，J 的直方图更平坦。n 离散灰度级的数量，指定为正整数。

③J = histeq(I)：变换灰度图像 I，以使输出灰度图像 J 的直方图具有 64 个 bin 且大致平坦。newmap =

histeq(X,map)变换颜色图中的值,以使索引图像 X 的灰度分量的直方图大致平坦。变换后的颜色图是 newmap。X 索引图像,指定为任意维度的数值数组。X 中的值是颜色图 map 的索引。map 颜色图,指定为由[0,1]范围内的值组成的三维数值矩阵。每行是一个三元素 RGB 三元组,指定颜色图的单个颜色的红、绿和蓝分量。

④newmap = histeq(X,map,hgram):变换与索引图像 X 相关联的颜色图,以使索引图像(X,newmap)的灰度分量直方图近似匹配目标直方图 hgram。histeq()函数返回变换后的颜色图 newmap。length(hgram)必须与 size(map,1)相同。newmap 变换后的颜色图,指定为由[0,1]范围内值组成的 n×3 数值矩阵。每行是一个三元素 RGB 三元组,指定颜色图的单个颜色的红、绿和蓝分量。

⑤[___,T] = histeq(___):还返回变换 T,该变换将输入灰度图像或颜色图的灰度分量映射到输出灰度图像或颜色图的灰度分量。T 灰度变换,以数值向量形式返回。变换 T 将图像 I 中的灰度级映射到 J 中的灰度级。

【例 8-6】 直方图增强案例二。

```
I = rgb2gray(imread('tire.tif'));
J = histeq(I);
figure,subplot(121),imshow(I),title('原图像');
subplot(122),imshow(J),title('直方图均衡化后图像');
figure,subplot(121), imhist(I,64),title('原图像直方图');
subplot(122), imhist(J,64),title('均衡变换后直方图');
```

程序运行结果如图 8-6 所示。

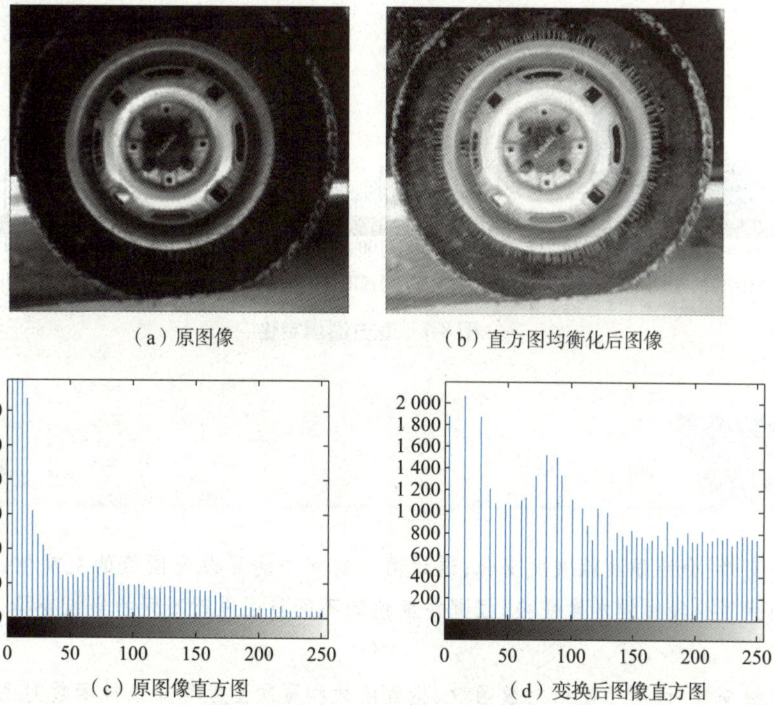

(a) 原图像　(b) 直方图均衡化后图像

(c) 原图像直方图　(d) 变换后图像直方图

图 8-6 直方图均衡化

【例 8-7】直方图增强案例三。

视 频

直方图规定化

```
I = imread('printedtext.png');                    % 读取一幅待处理图像
J = imread('eight.tif');                          % 读取一幅图像用作模板
g1 = imhist(J);                                   % 绘制模板图像直方图
match = histeq(I,g1);                             % 直方图规定化
figure;
subplot(231),imshow(I),title('原图像');
subplot(232),imshow(J),title('模板图像');
subplot(233),imshow(match),title('规定化后的图像');
subplot(234),imhist(I),title('原图像的直方图');
subplot(235),imhist(J),title('c');
subplot(236),imhist(match),title('规定化后的图像的直方图');
```

程序运行结果如图 8-7 所示。

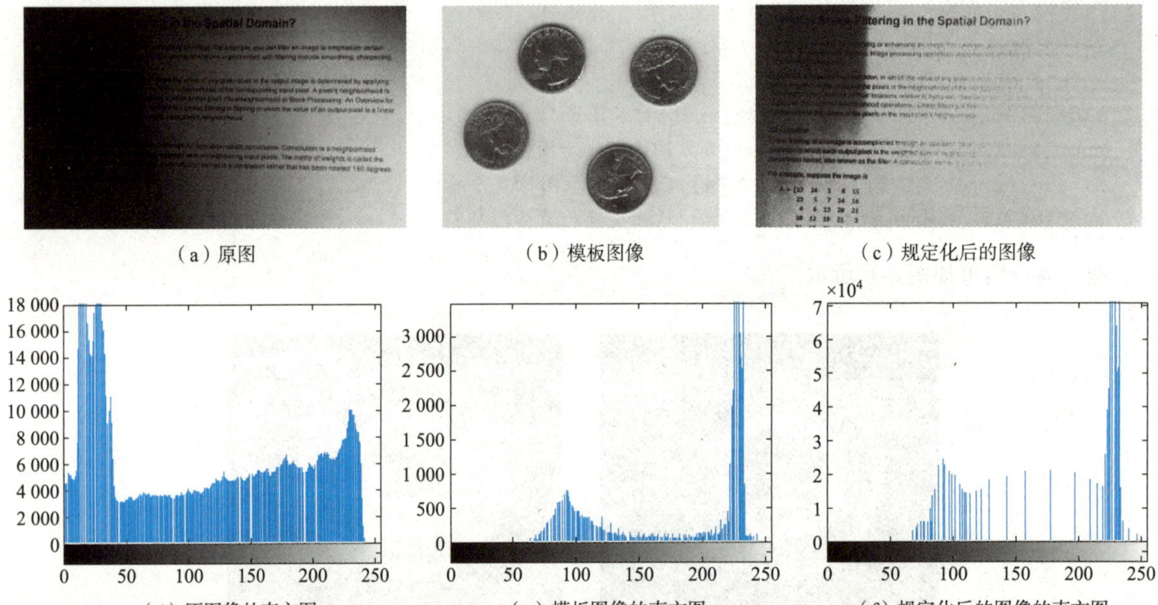

（a）原图　（b）模板图像　（c）规定化后的图像

（d）原图像的直方图　（e）模板图像的直方图　（f）规定化后的图像的直方图

图 8-7　直方图规定化

单元小结

线性灰度级变换：介绍了线性灰度变化，通过简单的乘法运算改变图像的灰度值，可使图像线性灰度变暗或变亮。阐述了分段线性灰度变换，根据灰度值的不同范围进行不同的线性变换，以实现更灵活的灰度调整。

非线性灰度级变换：讲解了使用对数函数、指数函数和幂次函数等非线性函数对图像灰度值进行变换的方法，能够实现不同的图像效果。

直方图增强：包括直方图均衡和直方图规定化两种方法。

直方图均衡通过使图像的直方图大致平坦来增强对比度，histeq( )函数可用于实现此功能。

直方图规定化则是将图像的直方图匹配到指定的目标直方图，也可以通过 histeq( )函数实现，并介绍了相关的参数和用法。

习　题

一、填空题

1. 在例 8-1 中，将图像 I 乘以 0.5 得到的图像 J，其效果是________。

2. 在例 8-6 中，使用 histeq( )函数进行直方图均衡化时，若输入图像为 uint8 类，目标直方图的范围是________。

3. 在例 8-6 中，经过直方图均衡化后，图像的对比度________。

4. 在 histeq( )函数中，当 n 远小于输入图像中的离散灰度级数时，输出图像的直方图会更________。

二、判断题

1. histeq 函数只能用于灰度图像的直方图处理。（　）

2. 分段线性灰度变换的各段之间是连续的。（　）

3. 直方图规定化是将图像的直方图变换为指定的形状。（　）

4. 在图像处理中，灰度级越多，图像的质量越好。（　）

三、简答题

1. 列举非线性灰度级变换中至少三种函数，并简述其特点。

2. 线性灰度级变换和非线性灰度级变换在图像处理中的应用场景有哪些不同？

3. 简要阐述直方图增强对图像视觉效果的影响。

单元 9
平滑图像

在一家致力于研发新型卫星遥感技术的科研机构里，每天都在接收和处理海量的地球表面图像数据。这些图像对于了解地球的环境变化、资源分布等有着至关重要的作用。然而，科学家在处理这些图像时遇到了一个棘手的问题。从卫星传回的图像中总是存在着各种各样的噪声，就像一幅幅精美的画卷被蒙上了一层灰尘。这些噪声有的是在卫星信号传输过程中受到宇宙射线干扰产生的，有的则是传感器本身的误差导致的。这些噪声严重影响了图像的质量，使得原本清晰的地貌、植被等信息变得模糊不清，甚至出现了一些错误的像素值，这对于后续的分析工作来说是个巨大的阻碍。

于是，消除图像中的噪声成了首要任务，这就涉及空间域平滑滤波技术。想象一下，空间域就像是图像的原始画布，每一个像素都在这个二维空间中有自己的位置。空间域平滑滤波就像是一个神奇的橡皮擦，它可以在这个画布上对像素值进行调整。例如，对于那些孤立的、由于噪声而产生的异常高或低的像素值，通过取其周围像素值的平均值来替代它，就像用周围正常颜色来覆盖那些小污点一样，从而使图像看起来更加平滑，减少噪声的影响。

但是，仅仅在空间域处理还不够。有时候，图像中的噪声和有用信息在频率上有着不同的特征，这时就需要频域平滑滤波技术。

频域可以看作是图像信息的另一种表示方式，就像把图像从看得见的画面变成了由不同频率成分组成的音乐乐谱。在频域中，有低通滤波和高通滤波两种重要的方法。

低通滤波就像是一个筛子，它只允许低频信号通过，而阻挡高频信号。因为图像中的噪声往往在高频部分表现得比较明显，例如那些细小的斑点、杂乱的纹理等，就像高音中的杂音。通过低通滤波，可以把这些高频的噪声滤除，保留图像的低频信息，也就是那些代表物体大致轮廓和缓慢变化的部分，使得图像更加平滑，让人们能够更清晰地看到地球表面的大型地貌特征，如山脉、海洋的轮廓等。

高通滤波则恰恰相反，它像一个专门捕捉高音的麦克风，只让高频信号通过。这在某些情况下也很有用，例如当需要增强图像中的边缘信息时。因为边缘部分在频率上属于高频成分，通过高通滤波，可以突出这些边缘，让人们更清楚地看到不同地貌、植被类型之间的边界，有助于分析地球表面的细微变化和不同区域的划分。

通过对图像中的噪声以及空间域和频域平滑滤波技术的研究和应用，科学家能够逐步还原卫星遥感图像的真实面貌，为地球科学研究提供更准确、可靠的数据，更好地守护星球。

知识能力目标：

- 掌握去除图像中噪声的方法。
- 掌握空间域平滑滤波方法。
- 掌握频域平滑滤波方法。

素养要求：

培养追求品质精神，理解科技服务生产：图像平滑的目的是提高图像质量，体现了对品质的执着追求。这种精神应贯穿于学生的学习和工作中，鼓励学生在面对困难和挑战时不放弃对高品质的追求。其在工业检测、图像处理等领域的应用体现了科技服务生产的理念，使学生明白科技推动生产发展。

9.1 添加噪声

imnoise( )函数——向图像添加噪声

①J = imnoise(I,'gaussian')：将方差为0.01的零均值高斯白噪声添加到灰度图像I。I灰度图像指定为数值矩阵。如果I有两个以上的维度，则图像被视为多维灰度图像，而不是RGB图像。imnoise( )要求数据类型为double和single的像素值在[0,1]范围内。用户可以使用rescale( )函数将像素值调整到所需范围。如果图像是double或single类型，其值在范围[0,1]之外，则imnoise会在添加噪声之前将输入像素值裁剪到范围[0,1]。

②J = imnoise(I,'gaussian',m)：添加高斯白噪声，均值为m，方差为0.01。m高斯噪声的均值，指定为数值标量。J含噪图像，以与输入图像I具有相同数据类型的数值矩阵形式返回。对于数据类型为double或single的图像，imnoise( )函数在添加噪声后将输出像素值裁剪到范围[0,1]。

③J = imnoise(I,'gaussian',m,var_gauss)：添加高斯白噪声，均值为m，方差为var_gauss。var_gauss指定为数值标量。

④J = imnoise(I,'localvar',var_local)：添加局部方差为var_local的零均值高斯白噪声。var_local高斯噪声的局部方差，指定为下列项之一：与I大小相同的数值矩阵和与intensity_map长度相同的数值向量。

⑤J = imnoise(I,'localvar',intensity_map,var_local)：添加零均值高斯白噪声。噪声的局部方差var_local是I中图像强度值的函数。图像强度值到噪声方差的映射由向量intensity_map指定。intensity_map映射到高斯噪声方差的强度值，指定为数值向量。值归一化为范围[0,1]。可以使用命令plot(intensity_map,var_local)绘制噪声方差var_local和图像强度之间的函数关系。

⑥J = imnoise(I,'poisson')：从数据中生成泊松噪声，而不是向数据中添加人为噪声。

⑦J = imnoise(I,'salt & pepper')：添加椒盐噪声，默认噪声密度为0.05。这会影响大约5%的像素。

⑧J = imnoise(I,'salt & pepper',d)：添加椒盐噪声，其中d是噪声密度。这会影响大约d * numel(I)个像素。d椒盐噪声的噪声密度指定为数值标量。噪声应用于大约d * numel(I)个像素。

⑨J = imnoise(I,'speckle')：使用方程J = I + n * I添加乘性噪声，其中n是均值为0、方差为0.05的均匀分布随机噪声。

⑩J = imnoise(I,'speckle',var_speckle)：添加方差为var_speckle的乘性噪声。var_speckle乘性噪声的方差，指定为数值标量。

视频 添加噪声

【例9-1】 添加噪声。

```
I=imread('eight.tif');
figure;imshow(I); title('原图像');
J1=imnoise(I,'gaussian');                    % 向图像添加高斯噪声
figure;imshow(J1); title('高斯噪声图像');
J2=imnoise(I,'salt & pepper',0.02);          % 向图像添加椒盐噪声,噪声密度为 0.02
figure;imshow(J2); title('椒盐噪声,噪声密度为 0.02 图像');
J3=imnoise(I,'poisson');                     % 向图像添加泊松噪声
figure;imshow(J3); title('泊松噪声图像');
```

程序运行结果如图 9-1 所示。

（a） 原图像

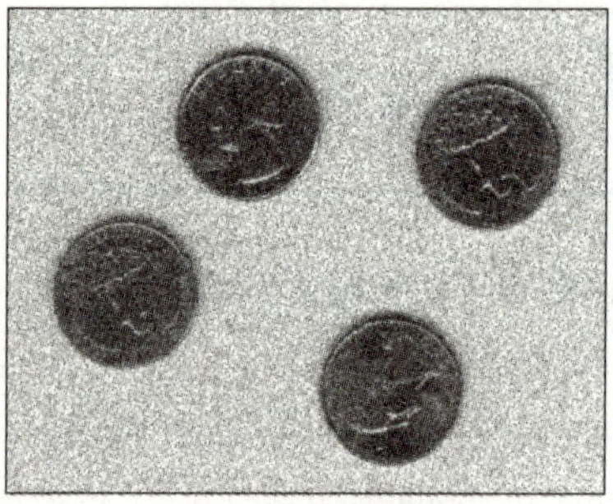

（b）高斯噪声图像

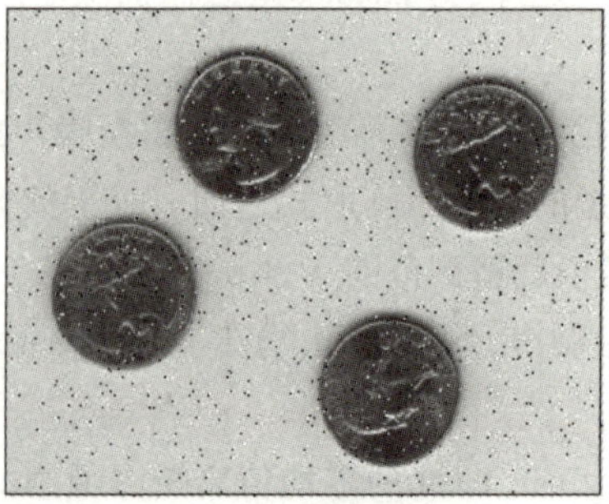

（c）椒盐噪声图像

（d）泊松噪声图像

图 9-1 噪声图像

9.2 空间域平滑滤波

1. fspecial( )函数

fspecial( )函数用于创建预定义的二维滤波器。

①h = fspecial(type):创建具有指定 type 的二维滤波器 h。一些滤波器类型具有可选的附加参数。fspecial( )以相关性的形式返回 h,该形式适用于 imfilter。type 滤波器的类型,指定为下列值之一:

- average:平均值滤波器。
- disk:圆形平均值滤波器(pillbox)。
- gaussian:高斯低通滤波器。不推荐,建议改用 imgaussfilt 或 imgaussfilt3。

- laplacian:逼近二维拉普拉斯算子。
- log:高斯拉普拉斯滤波器。
- motion:逼近照相机的线性运动。
- prewitt:Prewitt 水平边缘强调滤波器。
- sobel:Sobel 水平边缘强调滤波器。

②h = fspecial('average',hsize):返回大小为 hsize 的平均值滤波器 h。当与 average 滤波器类型结合使用时,默认滤波器大小为[3 3]。当与高斯拉普拉斯('log')滤波器类型结合使用时,默认滤波器大小为[5 5]。hsize 滤波器的大小,指定为正整数或由正整数组成的二元素向量。使用向量指定 h 中的行数和列数。如果指定标量,则 h 是方阵。

③h = fspecial('disk',radius):在大小为 2 * radius + 1 的方阵中返回圆形平均值滤波器(pillbox)。radius 圆形滤波器的半径,指定为正数。该滤波器是大小为 2 * radius + 1 的方阵。

④h = fspecial('gaussian',hsize,sigma):返回大小为 hsize 的旋转对称高斯低通滤波器,标准差为 sigma。不推荐,建议改用 imgaussfilt 或 imgaussfilt3。sigma 标准差,指定为正数。

⑤h = fspecial('laplacian',alpha):返回逼近二维拉普拉斯算子形状的 3 × 3 滤波器,alpha 控制拉普拉斯算子的形状。alpha 拉普拉斯算子的形状,指定为范围[0,1]内的数值。指定 alpha 为 0 以获得 4 邻点拉普拉斯滤波器:

$$\begin{matrix} 0 & 1 & 0 \\ 1 & -4 & 1 \\ 0 & 1 & 0 \end{matrix}$$

⑥h = fspecial('log',hsize,sigma):返回大小为 hsize 的旋转对称高斯拉普拉斯滤波器,标准差为 sigma。

⑦h = fspecial('motion',len,theta):返回与图像卷积后逼近照相机线性运动的滤波器。len 指定运动的长度,theta 以逆时针方向度数指定运动的角度。滤波器成为一个水平和垂直运动的向量。默认 len 是 9,默认 theta 是 0,对应于 9 个像素的水平运动。len 照相机的线性移动,指定为数值标量,以像素为单位测量。theta 照相机移动的角度,以度为单位,指定为数值标量。角度是从水平方向逆时针方向测量的。

⑧h = fspecial('prewitt'):返回一个 3 × 3 滤波器,该滤波器通过逼近垂直梯度来强调水平边缘。要强调垂直边缘,请转置滤波器 h'。

⑨h = fspecial('sobel'):返回一个 3 × 3 滤波器,该滤波器通过逼近垂直梯度来使用平滑效应强调水平边缘。要强调垂直边缘,请转置滤波器 h'。

2. imfilter( )函数

imfilter( )函数用于多维图像的 N 维滤波。

①B = imfilter(A,h):使用多维滤波器 h 对多维数组 A 进行滤波,并在 B 中返回结果。A 要滤波的图像,指定为维度的数值数组。h 多维滤波器,指定为数据类型为 double 的 N 维数组。

②B = imfilter(A,h,options,...):根据一个或多个指定的选项执行多维滤波。options 控制滤波运算的选项,指定为字符向量、字符串标量或数值标量。所支持的选项如下:

a. 边界填充选项:

- 数值标量 X:数组边界之外的输入数组值被赋予值 X。如果未指定填充选项,默认值为 0。
- 'symmetric':数组边界之外的输入数组值通过沿数组边界对数组进行镜面反射得到。

- 'replicate':数组边界之外的输入数组值假定为等于最近的数组边界值。
- 'circular':数组边界之外的输入数组值是通过隐式假设输入数组具有周期性来计算的。

b. 输出大小:

- 'same':输出数组与输入数组大小相同。这是未指定输出大小选项时的默认行为。
- 'full':输出数组是完全滤波后的结果,因此比输入数组大。

c. 相关性和卷积选项:

- 'corr':imfilter 使用相关性执行多维滤波,这与 filter2 执行滤波的方式相同。当未指定相关性或卷积选项时,imfilter 使用相关性。
- 'conv':imfilter 使用卷积执行多维滤波。

【例 9-2】空间域平滑滤波。

```
originalRGB = imread('peppers.png');
figure;imshow(originalRGB); title('原图像');
h = fspecial('motion', 50, 45);              % 使用 fspecial()函数创建一个运动滤波器
filteredRGB = imfilter(originalRGB, h);      % 将该滤波器应用于原图像
figure;imshow(filteredRGB); title('运动滤波图像');
```

程序运行结果如图 9-2 所示。

(a) 原图像　　(b) 运动滤波图像

图 9-2　运动图像

3. filter2( )函数

filter2( )函数用于二维数字滤波器。

①Y = filter2(H,X):根据矩阵 H 中的系数,对数据矩阵 X 应用有限脉冲响应滤波器。H 传递函数的系数,指定为矩阵。X 输入数据,指定为矩阵。如果 X 和 H 中有一个或两个都是 single 类型,则输出的类型也是 single。否则,filter2 将返回 double 类型。

②Y = filter2(H,X,shape):根据 shape 返回滤波数据的子区。例如,Y = filter2(H,X,'valid')仅返回计算的没有补零边缘的滤波数据。shape 滤波数据的子区,指定为下列值之一:

- 'same':返回滤波数据的中心部分,大小与 X 相同。
- 'full':返回完整的二维滤波数据。
- 'valid':仅返回计算的没有补零边缘的滤波数据部分。

【例 9-3】 均值滤波案例一。

视频

均值滤波

```
Image = imread('Letters - a.jpg');
noiseI = imnoise(Image,'gaussian');                  % 添加高斯噪声
subplot(221),imshow(Image),title('原图');
subplot(222),imshow(noiseI),title('高斯噪声图像');
result1 = filter2(fspecial('average',3),noiseI);  % 3×3 均值滤波
result2 = filter2(fspecial('average',7),noiseI);  % 7×7 均值滤波
subplot(223),imshow(uint8(result1)),title('3×3 均值滤波');
subplot(224),imshow(uint8(result2)),title('7×7 均值滤波');
```

程序运行结果如图 9-3 所示。

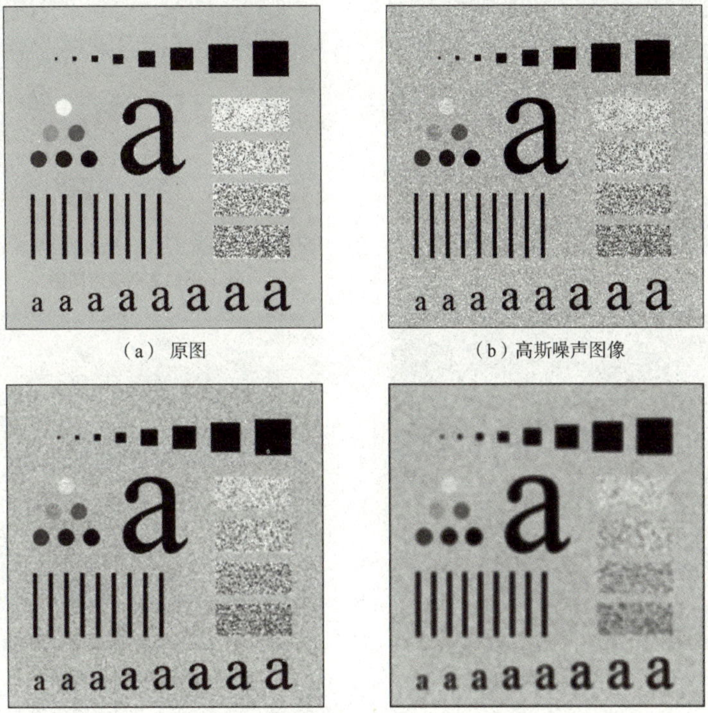

（a） 原图　（b）高斯噪声图像

（c）3×3均值滤波　（d）7×7均值滤波

图 9-3　均值滤波图像（一）

均值滤波所使用的运算是卷积，在执行空间滤波时，都会使用到这个操作。均值滤波用邻域内像素的平均值来代替中心像素的值。在进行均值滤波时，首先要考虑需要对周围多少个像素点取平均值。即任意一点的像素值，都是周围 M×N 个像素值的均值。每一点都进行同样运算后，计算结果按四舍五入调整，得到最终结果。在运算中，对于边界像素的值可以通过 imfilter( ) 函数中的边界填充选项：数值标量 X、'symmetric'、'replicate'和'circular'来设置。

【例 9-4】 均值滤波案例二。

```
I = imread('toyobjects.png');
I_1 = imnoise(I,'salt & pepper',0.3);                % 对图像添加椒盐噪声
I_2 = imnoise(I,'gaussian',0.3);                     % 对图像添加高斯噪声
w = [1 1 1 1 1;1 1 1 1 1;1 1 1 1 1;1 1 1 1 1;1 1 1 1 1]/25   % 取 5×5 大小掩模
```

```
J=imfilter(I_1,w,'corr','replicate');                    % 对椒盐噪声图像进行均值滤波处理
K=imfilter(I_2,w,'corr','replicate');                    % 对高斯噪声图像进行均值滤波处理
subplot(2,2,1),imshow(I_1),title('(a)添加椒盐噪声图像');
subplot(2,2,2),imshow(I_1),title('(b)添加高斯噪声图像');
subplot(2,2,3),imshow(J),title('(c)均值滤波处理椒盐噪声');
subplot(2,2,4),imshow(K),title('(d)均值滤波处理高斯噪声');
```

程序运行结果如图 9-4 所示。

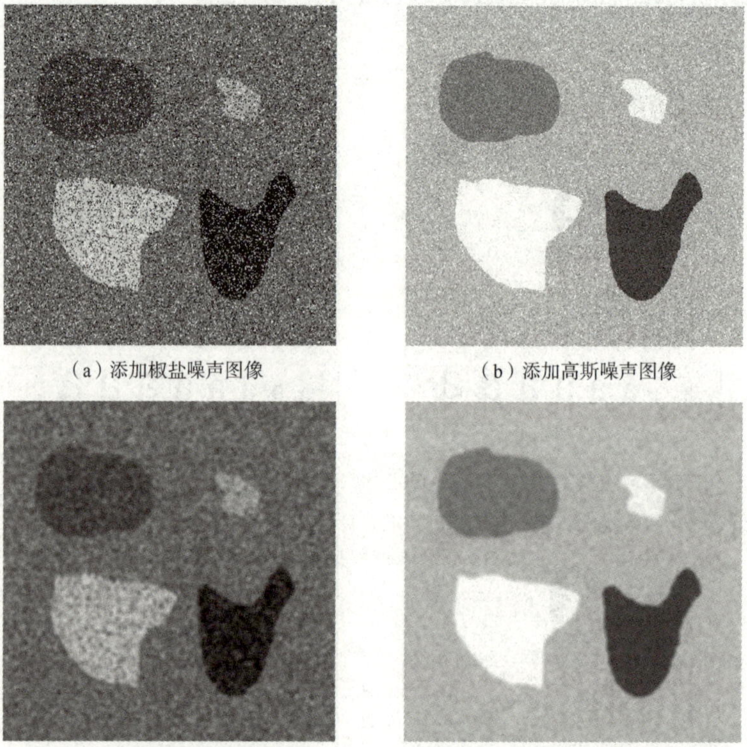

(a) 添加椒盐噪声图像　(b) 添加高斯噪声图像

(c) 均值滤波处理椒盐噪声　(d) 均值滤波处理高斯噪声

图 9-4　均值滤波图像(二)

4. medfilt2( )函数

medfilt2( )函数用于二维中位数滤波。

①J = medfilt2(I):对图像 I 执行二维中位数滤波。每个输出像素包含输入图像中对应像素周围 3×3 邻域的中位数值。I 输入图像,指定为二维灰度图像或二值图像。J 输出图像,以与输入图像 I 具有相同类的数值矩阵形式返回。

②J = medfilt2(I,[m n]):执行中位数滤波,其中每个输出像素包含输入图像中对应像素周围的 m×n 邻域中的中位数值。[m n]邻域大小,指定为由正整数组成的二元素向量。

③J = medfilt2(___,padopt):控制 medfilt2( )如何填充图像边界。padopt 填充选项,指定为下列值之一:

- 'zeros'(默认值):用 0 填充图像。
- 'symmetric':在边界处对称延伸图像。

- 'indexed':如果I的类是double,则用1填充图像;否则,用0填充。

【例9-5】中值滤波。

```
I=imread('eight.tif');
J=imnoise(I,'gaussian');                        % 添加高斯噪声
J1=filter2(fspecial('average',3),J)/255;        % 高斯噪声均值滤波
J1=uint8(filter2(fspecial('average',3),J));     % uint8表示8位无符号整数,通常是在0~255
                                                % 之间的整数
J2=medfilt2(J);                                 % 高斯噪声中值滤波
K=imnoise(I,'salt & pepper');                   % 添加椒盐噪声
K1=filter2(fspecial('average',3),J)/255;        % 椒盐噪声均值滤波
K2=medfilt2(K);                                 % 椒盐噪声中值滤波
subplot(231),imshow(J),title('高斯噪声图像');
subplot(232),imshow(J1),title('高斯噪声均值滤波');
subplot(233),imshow(J2),title('高斯噪声中值滤波');
subplot(234),imshow(K),title('椒盐噪声图像');
subplot(235),imshow(K1),title('椒盐噪声均值滤波');
subplot(236),imshow(K2),title('椒盐噪声中值滤波');
% imwrite(J,'高斯噪声图像.tif');
% imwrite(J1,'高斯噪声均值滤波.tif');
% imwrite(J2,'高斯噪声中值滤波.tif');
% imwrite(K,'椒盐噪声图像.tif');
% imwrite(K1,'椒盐噪声均值滤波.tif');
% imwrite(K2,'椒盐噪声中值滤波.tif');
```

视频

中值滤波

程序运行结果如图9-5所示。

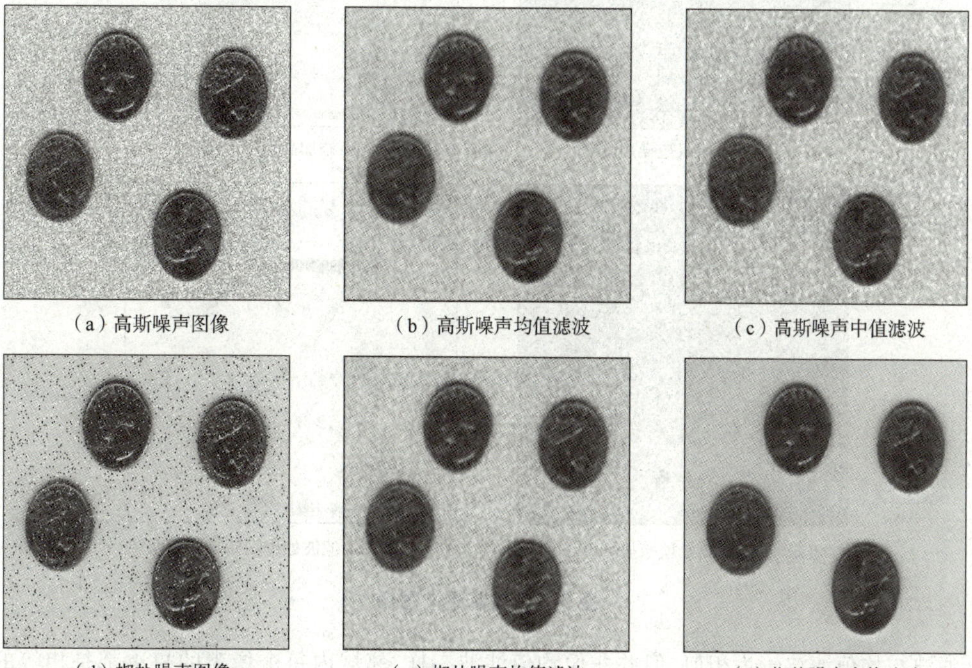

(a)高斯噪声图像 (b)高斯噪声均值滤波 (c)高斯噪声中值滤波

(d)椒盐噪声图像 (e)椒盐噪声均值滤波 (f)椒盐噪声中值滤波

图9-5 中值滤波图像

视频

高斯滤波

中值滤波是将像素邻域内灰度的中值来代替中心像素的值，把不同灰度的像素点看起来更接近于邻域内的像素点，优点是可以很好地过滤掉椒盐噪声，缺点是易造成图像出现不连续性。使用均值滤波法，去噪的同时也使得边界变得模糊，而中值滤波是非线性的图像处理方法，在去噪的同时可以兼顾边界信息的保留。

【例 9-6】高斯滤波。

```
I = imread('threads.png');
I_1 = imnoise(I,'salt & pepper',0.3);          % 对图像添加椒盐噪声
I_2 = imnoise(I,'gaussian',0.3);               % 对图像添加高斯噪声
W = fspecial('gaussian',[5,5],1);              % 创建高斯滤波器
J = imfilter(I_1, W, 'replicate');             % 对椒盐噪声进行高斯滤波
K = imfilter(I_2, W, 'replicate');             % 对高斯噪声进行高斯滤波
subplot(2,2,1),imshow(I_1),title('(a)添加椒盐噪声图像');
subplot(2,2,2),imshow(I_1),title('(b)添加高斯噪声图像');
subplot(2,2,3),imshow(J),title('(c)高斯滤波处理椒盐噪声');
subplot(2,2,4),imshow(K),title('(d)高斯滤波处理高斯噪声');
```

程序运行结果如图 9-6 所示。

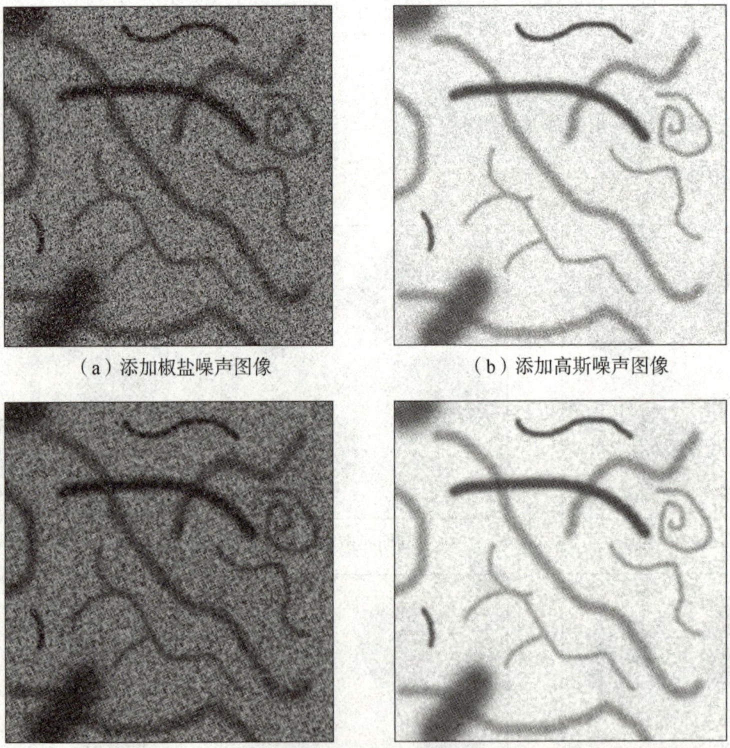

（a）添加椒盐噪声图像　（b）添加高斯噪声图像

（c）高斯滤波处理椒盐噪声 图像　（d）高斯滤波处理高斯噪声图像

图 9-6　高斯滤波图像

高斯滤波与均值滤波较为相似，但并非像均值滤波一样，邻域内每个像素的权重都是相等的(1/9)。在高斯滤波中，靠近中心点的像素灰度值权重值加大，远离中心点的像素灰度值权重值减小。按照此种方

式(不同权重)计算领域内各个像素点灰度值并生成新值的滤波方式称为高斯滤波。高斯滤波时,掩模中值的权重不再都为1。

思考:观察不同参数生成的滤波器有什么不同。

9.3 频域平滑滤波

9.3.1 低通滤波

mesh( )函数——网格曲面图

①mesh(X,Y,Z):创建一个网格图,这是一个具有纯边色而没有面色的三维曲面。该函数将矩阵Z中的值绘制为X和Y定义的X-Y平面中网格上方的高度。边缘颜色根据Z指定的高度而变化。

②mesh(Z):创建一个网格图,并使用Z中元素的列和行索引作为X和Y坐标。

③mesh(Z,C):另外指定了边缘的颜色。

④mesh(ax,___):绘制到ax指定的轴中,而不是当前轴。指定坐标轴作为第一个输入参数。

⑤mesh(___,Name,Value):使用一个或多个名称-值对参数指定表面属性。例如,'FaceAlpha',0.5创建一个半透明的网格图。

⑥S = mesh(___):返回图表表面对象。使用S在创建网格图后修改网格图。

【例9-7】理想低通滤波案例一。

```
M=484;                       % 滤波器的行数
N=484;                       % 滤波器的列数
u= -M/2:(M/2 -1);
v= -N/2:(N/2 -1);
[U,V] =meshgrid(u,v);
D=sqrt(U.^2 +V.^2);
D0 =70;                      % 截止频率设置
H=double(D< =D0);
figure,mesh(U,V,H);          % 理想低通滤波器
```

程序运行结果如图9-7所示。

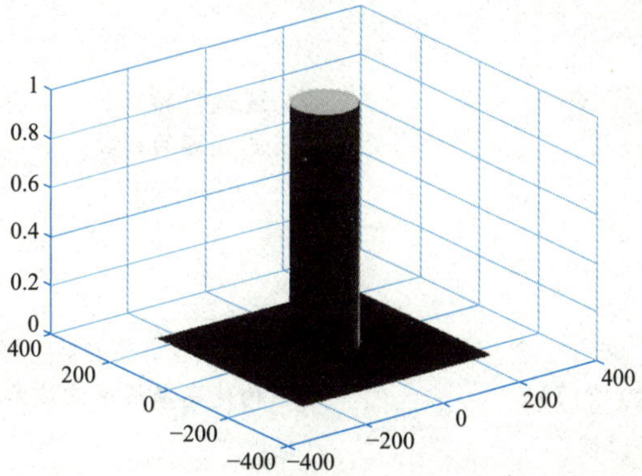

图9-7　理想低通滤波器滤波

【例 9-8】理想低通滤波案例二。

```
I=imread('eight.tif');
I=im2double(I);
M=2*size(I,1);                                    % 滤波器的行数
N=2*size(I,2);                                    % 滤波器的列数
u=-M/2:(M/2-1);
v=-N/2:(N/2-1);
[U,V]=meshgrid(u,v);
D=sqrt(U.^2+V.^2);
D0=80;                                            % 截止频率设置为80
H=double(D<=D0);                                  % 理想低通滤波器
J=fftshift(fft2(I,size(H,1),size(H,2)));          % 傅里叶变换
K=J.*H;                                           % 滤波处理
L=ifft2(ifftshift(K));                            % 傅里叶反变换
L=L(1:size(I,1),1:size(I,2));
figure;
subplot(1,2,1);imshow(I);                         % 显示原图像
subplot(1,2,2),imshow(L);                         % 显示滤波后的图像
```

程序运行结果如图 9-8 所示。

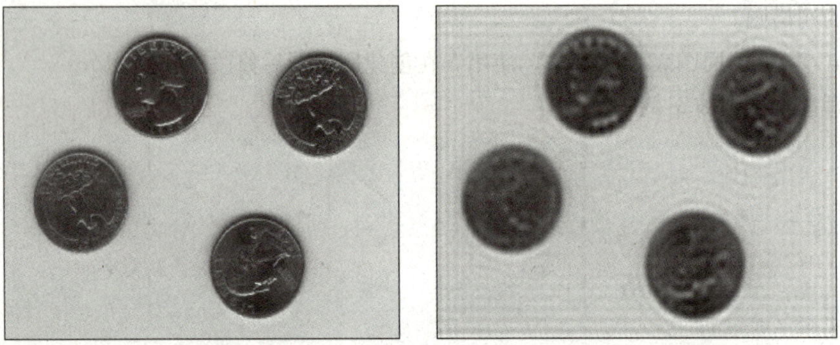

(a) 原图像　　(b) 理想低通滤波图像

图 9-8　理想低通滤波器滤波

【例 9-9】高斯低通滤波。

```
I=imread('eight.tif');
I=im2double(I);
M=2*size(I,1);                                    % 滤波器的行数
N=2*size(I,2);                                    % 滤波器的列数
u=-M/2:(M/2-1);
v=-N/2:(N/2-1);
[U,V]=meshgrid(u,v);
D=sqrt(U.^2+V.^2);
D0=30;
H=exp(-(D.^2)/(2*(D0^2)));                        % 构建高斯低通滤波器
figure;mesh(U,V,H);
```

```
J=fftshift(fft2(I,size(H,1),size(H,2)));          % 傅里叶变换
K=J.*H;                                             % 滤波处理
L=ifft2(ifftshift(K));                              % 傅里叶反变换
L=L(1:size(I,1),1:size(I,2));
figure;
subplot(1,2,1);imshow(I);                           % 显示原图像
subplot(1,2,2),imshow(L);                           % 显示滤波后的图像
```

程序运行结果如图9-9所示。

(a)原图像

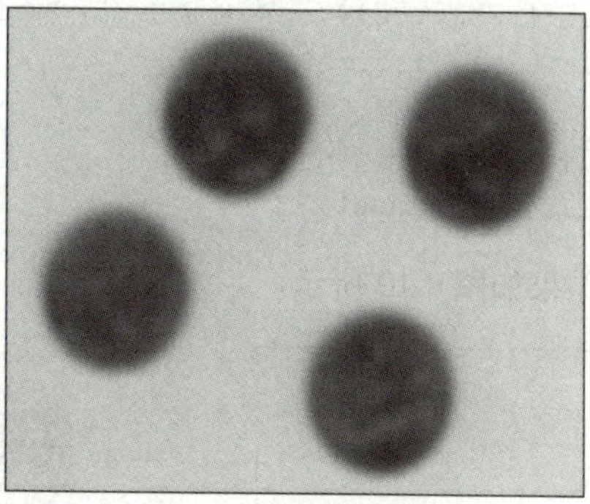
(b)高斯低通滤波图像

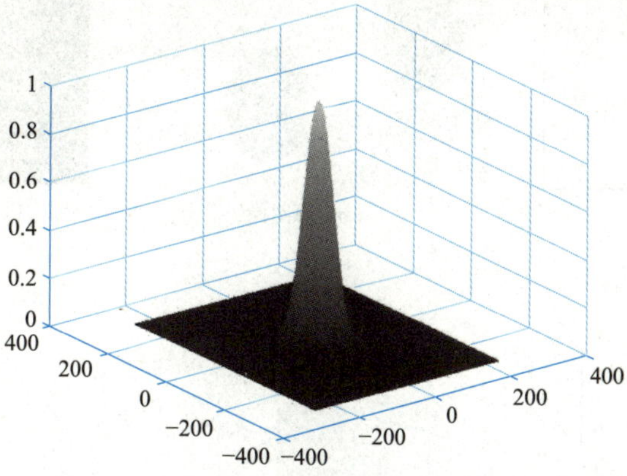

(c)高斯低通滤波器

图9-9 高斯低通滤波器滤波

9.3.2 高通滤波

高通滤波是一种过滤方式,规则为高频信号能正常通过,而低于设定临界值的低频信号则被阻隔、减弱。

【例9-10】理想高通滤波。

```
M=2*size(I,1);                  % 滤波器的行数
N=2*size(I,2);                  % 滤波器的列数
u=-M/2:(M/2-1);
v=-N/2:(N/2-1);
[U,V]=meshgrid(u,v);
```

```
D=sqrt(U.^2+V.^2);
D0=70;                                                  % 截止频率设置
H=double(D>=D0);                                        % 理想高通滤波器
figure,imshow(H);
figure,mesh(U,V,H);
I=imread('eight.tif');
I=im2double(I);
J=fftshift(fft2(I,size(H,1),size(H,2)));               % 傅里叶变换
K=J.*H;                                                 % 滤波处理
L=ifft2(ifftshift(K));                                  % 傅里叶反变换
L=L(1:size(I,1),1:size(I,2));
figure;
subplot(1,2,1);imshow(I);                               % 显示原图像
subplot(1,2,2),imshow(L);                               % 显示滤波后的图像
```

程序运行结果如图 9-10 所示。

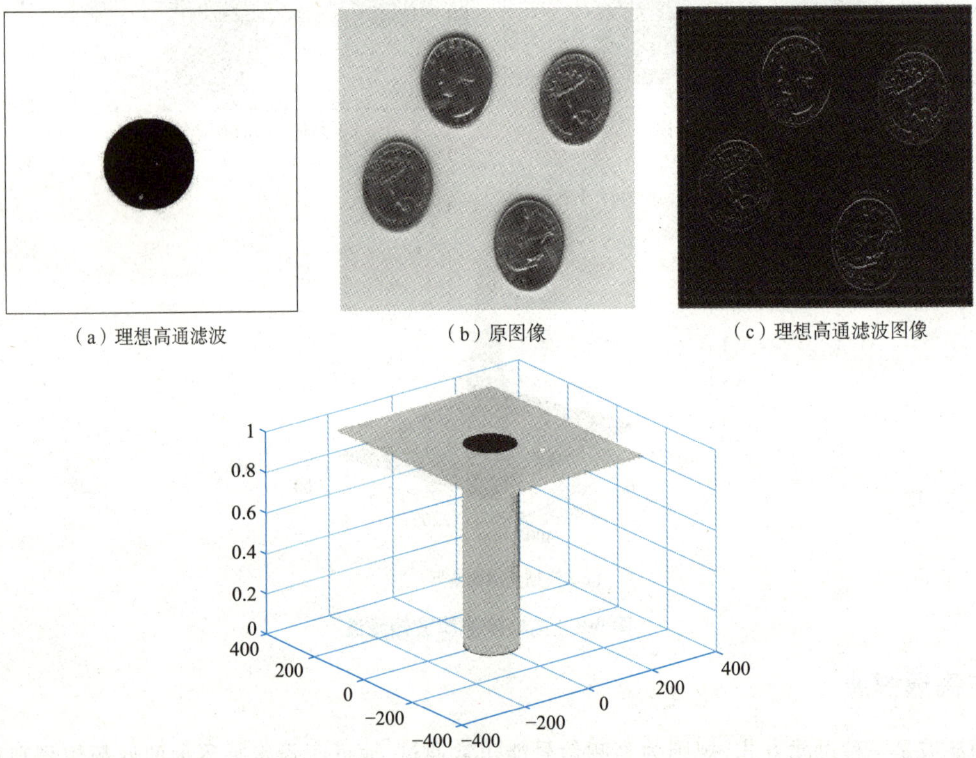

（a）理想高通滤波　（b）原图像　（c）理想高通滤波图像

（d）理想高通滤波器

图 9-10　理想高通滤波器滤波

【例 9-11】高斯高通滤波。

```
M=484;                                                  % 滤波器的行数
N=484;                                                  % 滤波器的列数
u=-M/2:(M/2-1);
v=-N/2:(N/2-1);
```

```
[U,V] = meshgrid(u,v);
D = sqrt(U.^2 + V.^2);
D0 = 30;
H = 1 - exp( - (D.^2)/(2* (D0^2)))                  % 构建高斯高通滤波器
figure,imshow(H);
figure;mesh(U,V,H);
I = imread('eight.tif');
I = im2double(I);
J = fftshift(fft2(I,size(H,1),size(H,2)));          % 傅里叶变换
K = J.*H;                                           % 滤波处理
L = ifft2(ifftshift(K));                            % 傅里叶反变换
L = L(1:size(I,1),1:size(I,2));
figure;
subplot(1,2,1);imshow(I);                           % 显示原图像
subplot(1,2,2),imshow(L);                           % 显示滤波后的图像
```

程序运行结果如图 9-11 所示。

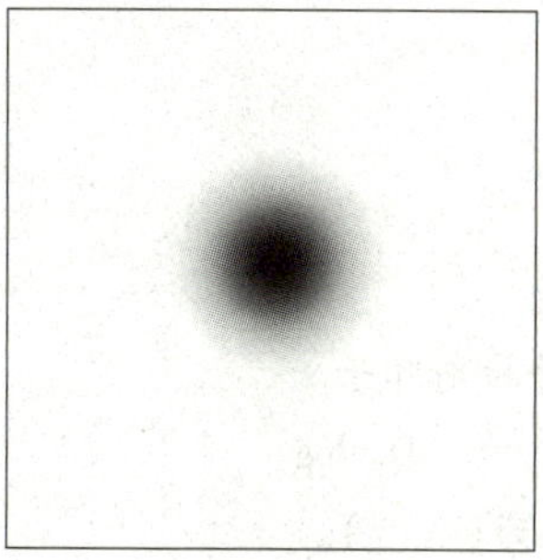

（a）高斯高通滤波

（b）原图像

（c）高斯高通滤波图像

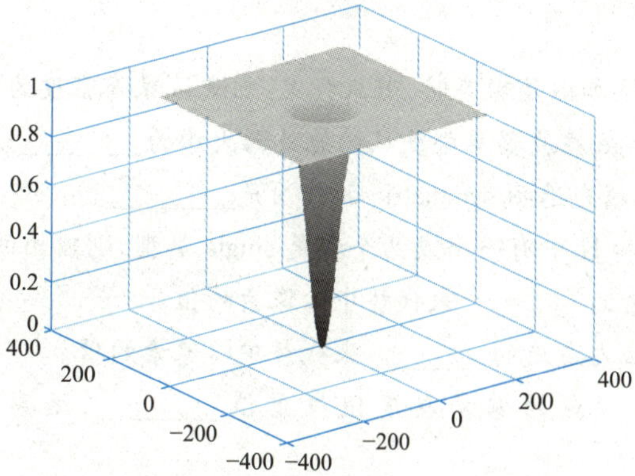

（d）高斯高通滤波器

图 9-11 高斯高通滤波器滤波

单元小结

本单元主要介绍了图像平滑的相关知识，包括图像中的噪声以及空间域和平移域的平滑滤波。其中，

图像中的噪声可通过 imnoise( )函数添加,如高斯噪声、椒盐噪声、泊松噪声等。空间域平滑滤波涉及 fspecial( )函数创建的各种滤波器,如平均值滤波器、高斯低通滤波器等,以及 imfilter( )、filter2( )和 medfilt2( )函数的滤波应用。频域平滑滤波包括低通滤波、高通滤波和带阻滤波,通过构建不同的滤波器对图像进行处理,如理想低通滤波器、高斯低通滤波器、理想高通滤波器、高斯高通滤波器等,以达到平滑图像的效果。

习　题

一、单项选择题

1. 下列(　　)函数用于创建预定义的二维滤波器。

A. imnoise( )　　B. fspecial( )　　C. imfilter( )　　D. medfilt2( )

2. imnoise( )函数向图像添加高斯白噪声时,若要指定均值为 m,方差为 var_gauss,应使用的语法是(　　)。

A. J = imnoise(I,'gaussian',m)

B. J = imnoise(I,'gaussian',m,var_gauss)

C. J = imnoise(I,'gaussian',var_gauss)

D. J = imnoise(I,'localvar',var_gauss)

3. 下列(　　)滤波器类型在 fspecial( )函数中用于逼近二维拉普拉斯算子。

A. average　　B. disk　　C. laplacian　　D. log

4. filter2( )函数中,若要返回完整的二维滤波数据,应指定 shape 为(　　)。

A. same　　B. full　　C. valid　　D. 以上都不是

二、填空题

1. imnoise( )函数向图像添加椒盐噪声时,若未指定,则默认噪声密度为________。

2. fspecial( )函数中,average 滤波器类型默认的滤波器大小为________。

3. imfilter( )函数中,边界填充选项 symmetric 的作用是________。

4. filter2( )函数中,若 X 和 H 中有一个或两个都是 single 类型,则输出的类型也是________。

5. 均值滤波用邻域内像素的________来代替中心像素的值。

6. 中值滤波是将像素邻域内灰度的________来代替中心像素的值。

7. 高斯滤波中,靠近中心点的像素灰度值权重值________,远离中心点的像素灰度值权重值________。

三、简答题

1. 简述 imnoise( )函数中 gaussian 噪声类型的作用及语法格式。

2. 简述中值滤波的原理及优缺点。

3. 简述高斯滤波的原理及与均值滤波的区别。

单元 10
检测图像边缘

在一家先进的医学影像诊断中心，每天都有大量患者的 X 光片、CT 扫描图和 MRI 图像等需要分析。这些图像对于医生诊断病情、制定治疗方案至关重要，任何细微的病变信息都可能隐藏在图像之中。有一天，一位经验丰富的医生在查看一张肺部 CT 图像时，遇到了难题。他发现一些疑似病变的区域边界非常模糊，很难准确判断是正常的生理结构变化还是早期病变的迹象。传统的观察方法在这种情况下显得有些力不从心，就好像在迷雾中寻找蛛丝马迹一样困难。

这时，数字图像处理技术中的微分算子就像一盏明灯，为解决这个问题带来了希望。首先是一阶微分算子，它就像是一个敏锐的探测器，能够捕捉图像中像素值的变化。想象一下，图像是一座连绵起伏的山脉，每个像素值代表着山脉的高度。一阶微分算子就像是沿着山脉行走的探险家，它能感知到每一处山坡的陡峭程度，也就是像素值变化的快慢。在医学图像中，这种像素值的变化往往意味着不同组织之间的边界。对于那张肺部 CT 图像，一阶微分算子可以帮助医生找到肺部组织与周围组织之间的边界，即使这些边界在原始图像中并不清晰。它通过计算相邻像素值的差异，突出了那些可能是病变边缘的微小变化，就像在模糊的画面上勾勒出了淡淡的线条，为医生的进一步诊断提供了重要线索。

然而，一阶微分算子只是一个开始，二阶微分算子则更像是一个高倍放大镜，能更精细地分析图像。它不仅关注像素值的一次变化，还深入到变化的变化。继续用山脉来比喻，二阶微分算子就像是研究山脉地形起伏变化的地质学家，它能发现那些在一阶微分中可能被忽略的更微妙的地形特征。在医学图像里，二阶微分算子可以进一步增强病变区域边界的对比度，更清晰地显示出病变的轮廓和形状。对于那些复杂的、难以察觉的早期病变，二阶微分算子能够挖掘出更多隐藏的细节信息，让医生能够更准确地判断病变的性质和程度。

通过学习和掌握一阶微分算子和二阶微分算子这些数字图像处理技术，医生就像拥有了一双更锐利的眼睛，能够穿透图像的迷雾，发现那些隐藏在细微之处的病变信息，为患者的早期诊断和治疗争取宝贵的时间。

知识能力目标：

- 掌握一阶微分算子。
- 掌握二阶微分算子。

素养要求：

培养严谨作风，激发科技兴趣：图像边缘检测要求精准界定图像边缘，体现了严谨的工作态度，有助于培养学生严谨认真的作风。其在计算机视觉、机器人视觉等领域的应用体现了科技前沿性，激发学生对前沿科技的兴趣。

10.1 一阶微分算子

视频

边缘检测（上）

1. abs( )函数

abs( )函数用于返回绝对值和复数的模。

Y = abs(X)：返回数组 X 中每个元素的绝对值。如果 X 是复数，则 abs(X)返回复数的模。

【例 10-1】梯度算子应用。

```
Image = im2double(imread('circuit.tif'));
figure;subplot(131),imshow(Image),title('原图像');
[h,w] = size(Image);
edgeImage = zeros(h,w);
for x = 1:w - 1
    for y = 1:h - 1
        edgeImage(y,x) = abs(Image(y,x + 1) - Image(y,x)) + abs(Image(y + 1,x) - Image(y,x));
    end
end
subplot(132),imshow(edgeImage),title('梯度图像');
sharpImage = Image + edgeImage;
subplot(133),imshow(sharpImage),title('锐化图像');
```

程序运行结果如图 10-1 所示。

(a) 原图像　(b) 梯度图像　(c) 锐化图像

图 10-1　应用梯度算子的图像

2. edge( )函数

edge( )函数用于查找强度图像的边缘。

①BW = edge(I)：返回二值图像 BW，其中的值 1 对应于灰度或二值图像 I 中函数找到边缘的位置，值 0 对应于其他位置。默认情况下，edge( )使用 Sobel 边缘检测方法。对于 approxcanny 方法，数据类型为

single 或 double 的图像必须归一化至范围[0,1]。如果 I 的值超出范围[0,1],则可以使用 rescale( )函数将值重新缩放到预期范围。I 输入图像,指定为二维灰度图像或二维二值图像。

②BW = edge(I,method):使用 method 指定的边缘检测算法检测图像 I 中的边缘。method 边缘检测方法,指定为下列方法之一:

- Sobel:使用导数的 Sobel 检测,通过寻找图像 I 的梯度最大的那些点来查找边缘。
- Prewitt:使用导数的 Prewitt 逼近,通过寻找 I 的梯度最大的那些点来查找边缘。
- Roberts:使用导数的 Roberts 逼近,通过寻找 I 的梯度最大的那些点来查找边缘。
- log:使用高斯拉普拉斯(LoG)滤波器对 I 进行滤波后,通过寻找过零点来查找边缘。
- zerocross:使用指定的滤波器 h 对 I 进行滤波后,通过寻找过零点来查找边缘。
- Canny:通过寻找 I 的梯度的局部最大值来查找边缘。edge( )函数使用高斯滤波器的导数计算梯度。此方法使用双阈值来检测强边缘和弱边缘,如果弱边缘与强边缘连通,则将弱边缘包含到输出中。通过使用双阈值,Canny 方法相对其他方法不易受噪声干扰,更可能检测到真正的弱边缘。
- approxcanny:使用近似版 Canny 边缘检测算法查找边缘,该算法的执行速度较快,但检测不太精确。浮点图像应归一化到范围[0,1]。

③BW = edge(I,method,threshold):返回强度高于 threshold 的所有边缘。threshold 敏感度阈值,指定为数值标量(对于一般 method)或二元素向量(对于 Canny 和 approxcanny 方法)。edge( )忽略所有强度不大于 threshold 的边缘。

- 如果不指定 threshold 或指定空数组([ ]),则 edge 会自动选择一个或多个值。
- 对于 log 和 zerocross 方法,如果指定阈值 0,则输出图像具有闭合轮廓,因为它包括输入图像中的所有过零点。
- Canny 和 approxcanny 方法使用两个阈值。edge 忽略边缘强度低于下阈值的所有边缘,保留边缘强度高于上阈值的所有边缘。可以将 threshold 指定为[low high]形式的二元素向量,其中 low 和 high 值在范围[0 1]内;还可以将 threshold 指定为数值标量,edge 将其分配给上阈值。在这种情况下,edge 使用 threshold * 0.4 作为下阈值。

④BW = edge(I,method,threshold,direction):指定要检测的边缘的方向。Sobel 和 Prewitt 方法可以检测垂直方向和/或水平方向的边缘。Roberts 方法可以检测与水平方向成 45°角和/或 135°角的边缘。仅当 method 是 Sobel、Prewitt 或 Roberts 时,此语法才有效。direction 要检测的边缘的方向,指定为 horizontal、vertical 或 both。仅当 method 是 Sobel、Prewitt 或 Roberts 时,direction 参数才有效。

⑤BW = edge(___,'nothinning'):跳过边缘细化阶段,可以提高性能。仅当 method 是 Sobel、Prewitt 或 Roberts 时,此语法才有效。

⑥BW = edge(I,method,threshold,sigma):指定 sigma,即滤波器的标准差。仅当 method 是 log 或 Canny 时,此语法才有效。sigma 滤波器的标准差,指定为数值标量,指定以下两种:

- Canny:标量值,指定高斯滤波器标准差。默认值为 sqrt(2)。edge 根据 sigma 自动选择滤波器的大小。
- 'log'(高斯拉普拉斯):标量值,指定高斯拉普拉斯滤波器标准差,默认值为 2。滤波器的大小为 n × n,其中 n = ceil(sigma * 3) * 2 + 1。

⑦BW = edge(I,method,threshold,h):使用 zerocross 方法和指定的滤波器 h 检测边缘。仅当 method 是 zerocross 时,此语法才有效。

⑧[BW,threshOut] = edge(___)：还返回阈值。threshOut 在运算中使用的计算的阈值，以二元素向量形式（对于'Canny'方法）、空向量（[ ]）形式（对于'approxcanny'方法）或数值标量形式（对于所有其他边缘检测方法）返回。

⑨[BW,threshOut,Gv,Gh] = edge(___)：还返回定向梯度幅值。对于 Sobel 和 Prewitt 方法，Gv 和 Gh 对应于垂直和水平梯度。对于 Roberts 方法，Gv 和 Gh 分别对应于与水平方向成 45°角和 135°角的梯度。仅当 method 是 Sobel、Prewitt 或 Roberts 时，此语法才有效。Gv 垂直梯度，以与 I 大小相同的数值数组形式返回。Gh 水平梯度，以与 I 大小相同的数值数组形式返回。

视频

边缘检测（下）

【例 10-2】Canny 算子应用。

```
I = imread('circuit.tif');
figure,imshow(I),title('原图像');
BW1 = edge(I,'Canny');
figure,imshow(BW1);
```

程序运行结果如图 10-2 所示。

（a）原图像　　（b）Canny算子边缘检测图像

图 10-2　应用 Canny 算子的图像

3. imshowpair( ) 函数

imshowpair( ) 函数用于比较图像之间的差异。

①obj = imshowpair(A,B)：创建一个合成 RGB 图像，以不同色带叠加显示 A 和 B。要选择两个图像的另一种可视化类型，可使用 method 参量。如果 A 和 B 具有不同大小，imshowpair( ) 会在下边缘和右边缘用零填充较小的维度，使两个图像的大小相同。默认情况下，imshowpair( ) 彼此独立地缩放 A 和 B 的强度值。imshowpair 返回一个图像对象 obj。A 和 B 是要显示的图像，指定为灰度、真彩色或二值图像。

②obj = imshowpair(A,RA,B,RB)：使用 RA 和 RB 中提供的空间参照信息，显示图像 A 和 B 之间的差异。RA 和 RB 是空间参照对象。RA 和 RB 是关于输入图像的空间参照信息，关于输入图像的空间参照信息，指定为空间参照对象，属于 imref2d 类。

③obj = imshowpair(___,method)：使用由 method 指定的可视化方法。method 显示组合图像的可视化方法，指定为以下值之一：

- falsecolor：用不同色带叠加 A 和 B。灰色区域表示图像具有相同强度的位置；彩色区域表示图像强度值不同的位置。也可以选择使用 ColorChannels 参量指定显示颜色。该函数将 RGB 图像转换为灰度，然后以假彩色显示。

- blend：使用 alpha 混合叠加 A 和 B。显示的强度是两个图像的均值。
- checkerboard：使用来自 A 和 B 的交替矩形区域显示图像。
- diff：显示 A 和 B 的差异图像。该函数在计算差异图像之前将 RGB 图像转换为灰度图像。
- montage：将 A 和 B 在同一图窗中并排放置。

④obj = imshowpair(___,Name,Value)：支持任何上述语法，且可使用一个或多个 Name,Value 对组参量指定其他选项。

【例 10-3】 Prewitt 算子应用。

```
I=imread('circuit.tif');
figure,imshow(I),title('原图像');
BW1=edge(I,'Canny');
BW2=edge(I,'Prewitt');
figure,imshowpair(BW1,BW2,'montage');
```

程序运行结果如图 10-3 所示。

（a）原图像 （b）Canny算子边缘检测图像 （c）Prewitt算子边缘检测图像

图 10-3 应用 Prewitt 算子的图像

10.2 二阶微分算子

拉普拉斯(Laplacian)算子是多维欧几里得空间中的一个二阶微分算子。

【例 10-4】 Laplacian 算子应用。

```
Image=im2double(imread('circuit.tif'));
figure,imshow(Image),title('原图像');
H=fspecial('laplacian',0);
R=imfilter(Image,H);
edgeImage=abs(R);
figure,imshow(edgeImage),title('Laplacian 梯度图像');
H1=[0 -1 0;-1 5 -1;0 -1 0];
sharpImage=imfilter(Image,H1);
figure,imshow(sharpImage),title('Laplacian 锐化图像');
```

程序运行结果如图 10-4 所示。

（a）原图像

（b）Laplacian梯度图像

（c）Laplacian锐化图像

图 10-4 应用 Laplacian 算子的图像

单元小结

本单元主要介绍了图像锐化的相关知识，包括一阶微分算子和二阶微分算子。

在一阶微分算子中，重点讲解了 abs() 函数、edge() 函数和 max() 函数的使用方法。通过这些函数，可以实现对图像边缘的检测和锐化处理。同时，还给出了 Canny 算子、Prewitt 算子等一阶微分算子的具体示例，展示了它们在图像锐化中的应用效果。

二阶微分算子主要介绍了 Laplacian 算子，通过对图像进行二阶微分运算，能够进一步增强图像的边缘和细节信息。同样，也给出了 Laplacian 算子的示例代码和运行结果。

通过本单元的学习，读者可以掌握图像锐化的基本原理和常用方法，能够根据实际需求选择合适的算子和参数进行图像处理，以达到增强图像边缘和细节的目的。

习　题

一、单项选择题

1. 以下(　　)函数用于查找强度图像的边缘。

　A. abs()　　B. max()　　C. edge()　　D. imfilter()

2. edge()函数中，Sobel 边缘检测方法是通过寻找图像的(　　)来查找边缘。

　A. 局部最大值　　B. 过零点　　C. 梯度最大的点　　D. 闭合轮廓

3. 以下(　　)不是 edge()函数中可以指定的边缘检测方法。

　A. Laplacian　　B. Sobel　　C. Prewitt　　D. Roberts

4. abs()函数在处理复数时，返回的是(　　)。

　A. 复数的实部　　B. 复数的虚部　　C. 复数的模　　D. 复数的共轭复数

二、填空题

1. abs()函数用于返回数组中每个元素的________。

2. edge( )函数的默认边缘检测方法是________。
3. 在 edge( )函数中,Canny 方法使用________滤波器计算梯度。
4. edge( )函数中,Sobel 方法通过寻找图像________最大的那些点来查找边缘。

三、简答题

1. 简述一阶微分算子和二阶微分算子在图像锐化中的作用和区别。
2. 简述在 MATLAB 中如何使用 edge( )函数进行图像边缘检测,并说明不同边缘检测方法的特点。

单元 11
图像进行形态学处理

在一家智能安防监控公司，每天都有大量来自各个监控摄像头的图像数据需要处理。这些图像对于保障公共安全和预防犯罪至关重要，因为它们可能隐藏着各种有价值的线索。有一次，在处理一个大型商场停车场的监控图像时，工作人员遇到了麻烦。分析这些图像是为了检测停车场内是否有异常车辆或可疑人员活动。但由于拍摄角度、光线变化以及图像传输过程中的一些干扰，图像质量参差不齐，目标物体的轮廓往往模糊不清。例如，在一张图像中，疑似被盗车辆的车牌号码部分被阴影和一些杂乱的像素点遮挡，车辆的形状也因为周围环境的干扰而难以准确辨认。这时，形态学基础这一数字图像处理技术就成了关键。形态学就像是给图像分析打造了一个特殊的工具箱，其中的膨胀运算和腐蚀运算则是两个重要的工具。

膨胀运算就像是让物体"长胖"。想象一下，图像中的物体是由一个个像素点组成的"小积木"搭建而成，膨胀运算就是在这些"小积木"的周围添加更多的"小积木"。对于模糊不清的车牌图像，通过膨胀运算，可以使车牌上的字符笔画变粗，让被阴影或部分遮挡的字符有机会重新显现出来。就好像在迷雾中给物体加上了一层更厚实的轮廓，让它从模糊的背景中凸显出来。

而腐蚀运算则相反，它像是给物体"减肥"。它会去除物体边缘的一些像素点。在处理车辆图像时，如果车辆周围有一些杂乱的小像素团干扰形状判断，腐蚀运算可以将这些不必要的像素点去除，使车辆的真实轮廓更加清晰，就像用一把精致的小铲子，小心翼翼地把围绕在物体周围的"杂质"铲掉。

除了膨胀和腐蚀运算，开运算和闭运算也是非常有用的技术。开运算可以看作是先腐蚀后膨胀的过程，它特别擅长去除图像中一些孤立的小斑点，同时保持物体的大小和位置基本不变。对于那些因光线问题在图像中产生的噪点，开运算就像一个精准的清洁工，把这些小噪点清理掉，而不会影响到目标物体的主要结构。闭运算则是先膨胀后腐蚀，它常用于填充物体内部的小空洞或者连接物体中断开的部分。例如，当车牌上的某个字符由于磨损或图像问题出现了小缺口时，闭运算就可以尝试将这些缺口补上，让字符更加完整，有助于准确识别车牌信息。

通过掌握这些形态学运算，安防人员就能够从复杂、模糊的监控图像中提取出更准确、更清晰的目标信息，更好地履行保障公共安全的职责，让任何可疑的蛛丝马迹都无所遁形。

知识能力目标：

- 掌握形态学基础。
- 掌握膨胀运算和腐蚀运算。
- 理解开运算和闭运算。

素养要求：

激发创造性思维，强调实际应用结合：图像形态学处理能够改变图像形态，体现了创造性思维。这种思维应鼓励学生在学习和生活中积极发挥，勇于尝试新方法和途径。其在图像识别、目标检测等领域的应用体现了科技对实际问题的解决能力，使学生明白创新思维应与实际应用相结合，才能产生更大的价值。

11.1 形态学基础

Strel( )函数

strel 对象表示一个平面形态学结构元素，该元素是形态学膨胀和腐蚀运算的重要部分。平面结构元素是一个二维或多维的二值邻域，其中 true 像素包括在形态学运算中，false 像素不包括在内。结构元素的中心像素称为原点，用于标识图像中正在处理的像素。使用 strel( )函数创建一个平面结构元素，可以将平面结构元素用于二值图像和灰度图像。

①SE = strel(nhood)：创建一个具有指定邻域 nhood 的平面结构元素。nhood 指定为任意维度的数值数组；nhood 的所有非零像素都属于形态学运算的邻域；nhood 的中心(或原点)是其中心元素，由 floor((size(nhood) +1)/2)给出。也可以使用语法 SE = strel('arbitrary',nhood)创建具有指定邻域的平面结构元素。

②SE = strel('diamond',r)：创建一个菱形结构元素，其中 r 指定从结构元素原点到菱形各点的距离。r-x-y 为平面中结构元素的半径，指定为正整数；x-y 为平面中结构元素的半径，指定为正整数。对于盘形，r 是从原点到盘边的距离；对于菱形，r 是从结构元素原点到菱形各点的距离；对于八边形，r 是从结构元素原点到八边形边的距离，沿水平和垂直轴测量。r 必须为 3 的倍数。

③SE = strel('disk',r,n)：创建一个盘形结构元素，其中 r 指定半径，n 指定用于逼近盘形的线条结构元素的数量。当结构元素使用逼近方法时，使用盘形逼近的形态学运算的运行速度要快得多。用于逼近形状的循环线条结构元素的数量，指定为 0、4、6 或 8。当 n 大于 0 时，盘形结构元素由包含 n 个循环线条结构元素的序列逼近。当 n 为 0 时，strel 不进行逼近，结构元素成员包括中心距原点不大于 r 的所有像素。当结构元素使用逼近(n >0)时，使用盘形逼近的形态学运算的运行速度快得多。有时 strel( )需要在逼近中使用两个额外的线条结构元素，在这种情况下，使用的分解结构元素的数量为 n +2。

④SE = strel('octagon',r)：创建一个八边形结构元素，其中 r 指定从结构元素原点到八边形边的距离，沿水平和垂直轴测量。r 必须为 3 的非负倍数。

⑤SE = strel('line',len,deg)：创建一个关于邻域中心对称的线性结构元素，长度约为 len，角度约为 deg。len 线性结构元素的长度，指定为正数。len 大约是线条两端的结构元素成员中心之间的距离。deg 线性结构元素的角度，以度为单位，指定为数值标量。该角度是从水平轴按逆时针方向测量的。

⑥SE = strel('rectangle',[m n])：创建一个大小为[m n]的矩形结构元素。矩形结构元素的大小，指定为由正整数组成的二元素向量。结构元素有 m 行和 n 列。

⑦SE = strel('square',w)：创建一个宽度为 w 个像素的正方形结构元素。正方形或立方体结构元素的宽度，指定为正整数。

⑧SE = strel('cube',w)：创建一个宽度为 w 个像素的三维立方体结构元素。

⑨SE = strel('cuboid',[m n p])：创建一个大小为[m n p]的三维立方体结构元素。立方体结构元素的

大小，指定为由正整数组成的三元素向量。结构元素具有 m 行、n 列和 p 个平面。

⑩SE = strel('sphere',r)创建一个半径为 r 个像素的三维球面结构元素。

【例 11-1】创建一个长度为 10°、45°角的线形结构元素。

程序如下：

```
SE = strel('line',10,45)
SE =
strel 是具有以下属性的 line 形结构元素:
      Neighborhood:[7×7 logical]
    Dimensionality:2
查看该结构元素:
SE.Neighborhood
ans = 7×7 logical 数组
  0  0  0  0  0  0  1
  0  0  0  0  0  1  0
  0  0  0  0  1  0  0
  0  0  0  1  0  0  0
  0  0  1  0  0  0  0
  0  1  0  0  0  0  0
  1  0  0  0  0  0  0
```

【例 11-2】创建一个半径为 15 的盘形结构元素。

程序如下：

```
SE3 = strel('disk',15)
SE3 =
strel 是具有以下属性的 disk 形结构元素:
      Neighborhood:[29×29 logical]
    Dimensionality:2
显示盘形结构元素:
figure
imshow(SE3.Neighborhood)
```

程序运行结果如图 11-1 所示。

图 11-1 盘形结构元素

练习：利用 strel()函数使用不同类型和参数创建结构元素。

11.2 膨胀运算

视频

膨胀运算

imdilate()函数——膨胀图像

①J = imdilate(I,SE)：用于膨胀灰度图像、二值图像或压缩二值图像 I，返回膨胀图像 J。SE 是结构元素对象或结构元素对象的数组，由 strel()或 offsetstrel()函数返回。I 输入图像，指定为灰度图像、二值图像或任意维度的压缩二值图像。SE 结构元素，指定为标量 strel 对象或 offsetstrel

对象。SE 也可以是 strel 对象或 offsetstrel 对象的数组，在这种情况下，imdilate( )连续使用每个结构元素对输入图像执行多次膨胀。imdilate( )可对除数据类型为 logical 的图像之外的所有图像执行灰度膨胀。在这种情况下，结构元素必须为平面结构，并且 imdilate 执行二值膨胀。

②J = imdilate(I,nhood)：用于膨胀图像 I，其中 nhood 是由 0 和 1 组成的矩阵，用于指定结构元素邻域。imdilate( )通过 floor((size(nhood)+1)/2)确定邻域的中心元素。此语法等效于 imdilate(I,strel(nhood))。nhood 结构元素邻域，指定为 0 和 1 组成的矩阵。例如，[0 1 0; 1 1 1; 0 1 0]。

③J = imdilate(I,packopt)：指定 I 是否为压缩二值图像。packopt 压缩二值图像的指示符，指 notpacked 或 ispacked。notpacked 时 I 被视为普通数组；ispacked 时 I 被视为由 bwpack 生成的压缩二值图像。

④J = imdilate(I,shape)：指定输出图像的大小。shape 为 same 或 full。same 输出图像与输入图像大小相同。

【例 11-3】 对图像进行膨胀运算。

程序如下：

```
Image = imread('menu.bmp');                          % 读入灰度图像
figure,imshow(Image);title('灰度图像');
BW = im2bw(Image);                                   % 灰度图像转换为二值图像
figure,imshow(BW);title('二值图像');
SE = strel('square',2);                              % 创建结构元素
result1 = imdilate(BW,SE);                           % 膨胀运算
figure,imshow(result1);title('膨胀图像');
```

程序运行结果如图 11-2 所示。

(a) 灰度图像　　(b) 二值图像　　(c) 膨胀图像

图 11-2　图像膨胀运算效果

练习：使用不同的结构元素对二值图像做膨胀运算，观察效果有什么不同。

11.3 腐蚀运算

imerode( )函数——腐蚀图像

视频 腐蚀运算

①J = imerode(I,SE)：腐蚀灰度图像、二值图像或压缩二值图像 I，返回腐蚀图像 J。SE 是结构元素对象或结构元素对象的数组，由 strel( )或 offsetstrel( )函数返回。I 输入图像，指定为灰度图像、二值图像或任意维度的压缩二值图像。SE 结构元素，指定为标量 strel 对象或 offsetstrel 对象。SE 也可以是 strel 对象或 offsetstrel 对象的数组，在这种情况下，imerode( )连续使用每个结构元素对输入图像执行多次腐蚀。imerode( )对除数据类型为 logical 的图像之外的所有图像执行灰度腐蚀。在这种情况下，结构元素必须为平面结构，并且 imerode 执行二值腐蚀。

②J = imerode(I,nhood):腐蚀图像 I,其中 nhood 是由指定结构元素邻域的 0 和 1 组成的矩阵。imerode( )函数通过 floor((size(nhood) +1)/2)确定邻域的中心元素。此语法等效于 imerode(I,strel(nhood))。nhood 结构元素邻域,指定为 0 和 1 组成的矩阵。例如,[0 1 0; 1 1 1;0 1 0]。

③J = imerode(___,packopt,m):指定输入图像 I 是否为压缩二值图像。m 指定原始未压缩图像的行维度。packopt 压缩二值图像的指示符,指 notpacked 或 ispacked。notpacked 时 I 被视为普通数组;ispacked 时 I 被视为由 bwpack 生成的压缩二值图像。

④J = imerode(___,shape):指定输出图像的大小。shape 为 same 或 full。same 输出图像与输入图像大小相同。

【例 11-4】对图像进行腐蚀运算。

程序如下:

```
Image = imread('menu.bmp');     % 读入灰度图像
figure,imshow(Image);title('灰度图像');
BW = im2bw(Image);              % 灰度图像转换为二值图像
figure,imshow(BW);title('二值图像');
SE = strel('square',2);         % 创建结构元素
result = imerode(BW,SE);        % 腐蚀运算
figure,imshow(result); title('腐蚀图像');
```

程序运行结果如图 11-3 所示。

(a) 灰度图像　　(b) 二值图像　　(c) 腐蚀图像

图 11-3　图像腐蚀运算效果

练习:使用不同的结构元素对二值图像做腐蚀运算,观察效果有什么不同。

11.4 开 运 算

视 频

开运算

开运算是先用结构元素对图像进行腐蚀之后再用结构元素对图像进行膨胀。

imopen( )函数——对图像执行形态学开运算

①J = imopen(I,SE):对灰度或二值图像 I 执行形态学开运算,返回经过开运算的图像 J。SE 是由 strel( )或 offsetstrel( )函数返回的单个结构元素对象。形态学开运算是先腐蚀后膨胀,这两种运算使用相同的结构元素。I 输入图像,指定为任意维度的灰度图像或二值图像。SE 结构元素,指定为单个 strel 对象或 offsetstrel 对象。如果图像 I 的数据类型为 logical,则结构元素必须为平面。

②J = imopen(I,nhood):对图像 I 执行开运算,其中 nhood 是由 0 和 1 组成的矩阵,用于指定结构元素邻域。imopen( )函数通过 floor((size(nhood) +1)/2)确定邻域的中心元素。此语法等效于 imopen(I,strel(nhood))。nhood 结构元素邻域,指定为 0 和 1 组成的矩阵。例如,[0 1 0;1 1 1;0 1 0]。

【例 11-5】对图像进行开运算。

程序如下：

```
Image = imread('A.bmp');                    % 读入灰度图像
figure,imshow(Image);title('灰度图像');
BW = im2bw(Image);                          % 灰度图像转换为二值图像
figure,imshow(BW);title('二值图像');
SE = strel('square',3);                     % 创建结构元素
result1 = imdilate(imerode(BW,SE),SE);      % 用 3×3 结构元素进行腐蚀后再进行膨胀
figure,imshow(result1);title('开运算图像 1');
result2 = imopen(BW,SE);                    % 用 3×3 结构元素进行开运算
figure,imshow(result2);title('开运算图像 2');
```

程序运行结果如图 11-4 所示。

（a）灰度图像

（b）二值图像

（c）开运算图像（一）

（d）开运算图像（二）

图 11-4　图像开运算效果

思考：图 11-4 中开运算图像（一）和开运算图像（二）的运算方法和效果有什么不同？

11.5　闭运算

闭运算是先用结构元素对图像进行膨胀之后再用结构元素对图像进行腐蚀。

1. imclose( )函数

视 频

闭运算

imclose( )函数用于对图像执行形态学闭运算。

①J = imclose(I,SE):对灰度或二值图像I执行形态学闭运算,返回经过闭运算的图像J。SE是由strel( )或offsetstrel( )函数返回的单个结构元素对象。形态学闭运算是先膨胀后腐蚀,这两种运算使用相同的结构元素。I输入图像,指定为任意维度的灰度图像或二值图像。SE结构元素,指定为单个strel对象或offsetstrel对象。如果图像I的数据类型为logical,则结构元素必须为平面。

②J = imclose(I,nhood):对图像I执行闭运算,其中nhood是由指定结构元素邻域的0和1组成的矩阵。imclose( )函数通过floor((size(nhood) + 1)/2)确定邻域的中心元素。此语法等效于imclose(I,strel(nhood))。nhood结构元素邻域,指定为0和1组成的矩阵。例如,[0 1 0;1 1 1;0 1 0]。

【例11-6】 对图像进行闭运算。

程序如下:

```
Image = imread('A.bmp');                        % 读入灰度图像
figure,imshow(Image);title('灰度图像');
BW = im2bw(Image);                              % 灰度图像转换为二值图像
figure,imshow(BW);title('二值图像');
SE = strel('square',3);                         % 创建结构元素
result1 = imerode(imdilate(BW,SE),SE);          % 用3×3结构元素进行膨胀后再进行腐蚀
figure,imshow(result1);title('闭运算图像1');
result2 = imclose(BW,SE);                       % 用3×3结构元素进行闭运算
figure,imshow(result2);title('闭运算图像2');
```

程序运行结果如图11-5所示。

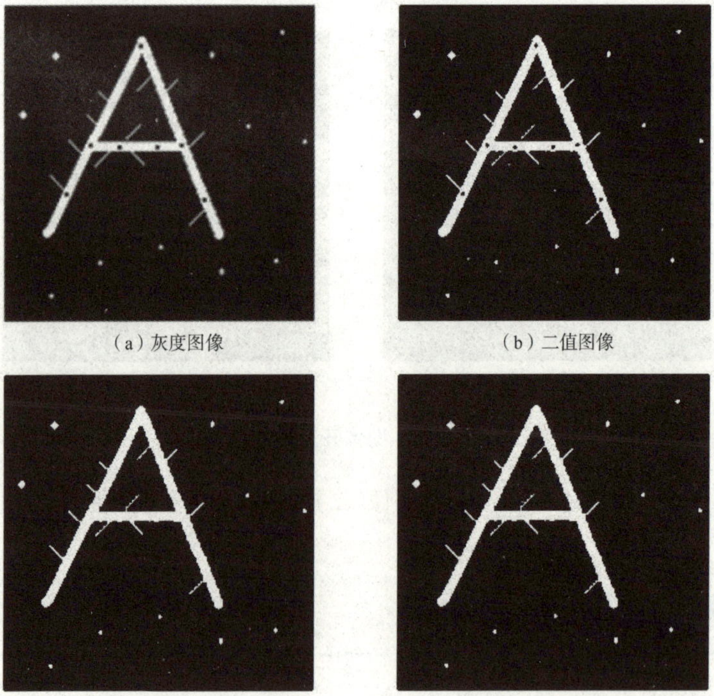

(a)灰度图像　(b)二值图像　(c)闭运算图像(一)　(d)闭运算图像(二)

图11-5　图像闭运算效果

思考：图 11-5 中闭运算图像(一)和闭运算图像(二)的运算方法和效果有什么不同？

【例 11-7】使用形态学运算去除图 11-6 中的噪声，噪声包括黑色背景区域中的白色噪声点，字母 A 边缘区域的白色竖线和字母 A 中的黑色的噪声，要求尽量不改变字母 A 的粗细。

程序如下：

```
Image = imread('A.bmp');
BW = im2bw(Image);
figure,imshow(BW);
SE1 = strel('square',5);
result1 = imerode(BW,SE1);
SE2 = strel('square',10);
result2 = imdilate(result1,SE2);
SE3 = strel('square',6);
result3 = imerode(result2,SE3);
figure,imshow(result3);title('最终结果');
```

程序运行结果如图 11-7 所示。

图 11-6　噪声图像

图 11-7　图像去除噪声效果

【例 11-8】对图像进行边缘提取。

程序如下：

```
Image = imread('menu.bmp');
BW = im2bw(Image);
SE = strel('square',3);
result1 = BW - imerode(BW,SE);                    % 内边界
result2 = imdilate(BW,SE) - BW;                   % 外边界
result3 = imdilate(BW,SE) - imerode(BW,SE);       % 形态学梯度
figure,imshow(result1);title('内边界');
figure,imshow(result2);title('外边界');
figure,imshow(result3);title('形态学梯度');
result4 = bwperim(BW);                            % 使用 bwperim 函数提取边缘
result5 = bwperim(BW,8);
figure,imshow(result4);title('使用 bwperim 函数提取边缘结果图像 1');
figure,imshow(result5);title('使用 bwperim 函数提取边缘结果图像 2');
```

视频

边缘检测案例

程序运行结果如图 11-8 所示。

2. bwperim( )函数

bwperim( )函数用于提取二值图像的边缘。

（a）内边界　　（b）外边界　　（c）形态学梯度

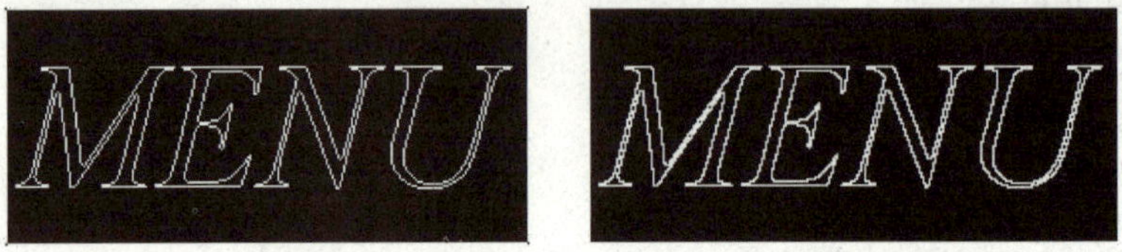

（d）结果图像（一）　　（e）结果图像（二）

图 11-8　图像边缘提取效果

BW2 = bwperim(BW)：返回一个仅包含输入图像 BW 中对象的周长像素的二值图像。如果一个像素非零并且至少连接到一个零值像素，它就是周长的一部分。

BW2 = bwperim(BW，conn)指定像素连接性。

【例 11-9】 对图像进行区域填充。

程序如下：

```
Image = imread('coin.bmp');
BW = im2bw(Image);
figure,imshow(BW);title('二值图像');
result1 = imfill(BW,'holes');    % 使用 imfill()函数进行区域填充，填充图像中的所有孔洞
figure,imshow(result1);title('区域填充图像');
```

程序运行结果如图 11-9 所示。

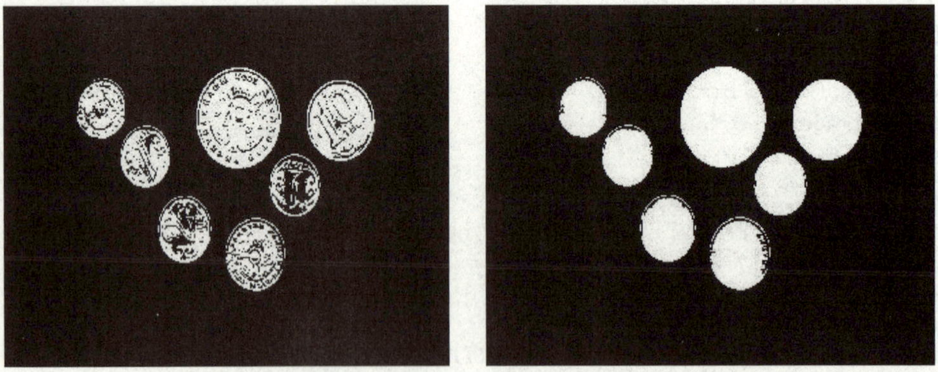

（a）二值图像　　（b）区域填充图像

图 11-9　图像区域填充效果

3. imfill( )函数

imfill( )函数用于填充图像区域和孔。

①BW2 = imfill(BW，locations)：从 locations 中指定的点开始，对输入二值图像 BW 的背景像素执行泛洪填充运算。locations 标识像素位置的线性索引，指定为正整数组成的数值向量或二维数值矩阵。如果

locations 是 p×1 向量，则它包含起始位置的线性索引。如果 locations 是 p×ndims(BW)矩阵，则每行包含一个起始位置的数组索引。

②BW2 = imfill(BW,locations,conn)：填充由 locations 定义的区域，其中 conn 指定连通性，指定为下述中的值之一。对于二维图像，默认连通性是 4，对于三维图像，默认连通性是 6。

二维连通：

- 4 连通：如果像素的边缘相互接触，则这些像素具有连通性。像素的邻域是水平或垂直方向上的相邻像素。
- 8 连通：如果像素的边缘或角相互接触，则这些像素具有连通性。像素的邻域是水平、垂直或对角线方向上的相邻像素。

三维连通：

- 6 连通：如果像素的面接触，则这些像素具有连通性。像素的邻域是符合以下条件的相邻像素：在所列方向之一上连通：内、外、左、右、上、下。
- 18 连通：如果像素的面或边缘接触，则这些像素具有连通性。像素的邻域是符合以下条件的相邻像素：在所列方向之一上连通：内、外、左、右、上、下；在两个方向的组合上连通，如右下或内上。
- 26 连通：如果像素的面、边缘或角接触，则这些像素具有连通性。像素的邻域是符合以下条件的相邻像素：在所列方向之一上连通：内、外、左、右、上、下；在两个方向的组合上连通，如右下或内上；在三个方向的组合上连通，如内右上或内左下。

③BW2 = imfill(BW,'holes')：填充输入二值图像 BW 中的孔。在此语法中，孔是无法通过从图像边缘填充背景来到达的一组背景像素。

④BW2 = imfill(BW,conn,'holes')：填充二值图像 BW 中的孔，其中 conn 指定连通性。

⑤I2 = imfill(I)：填充灰度图像 I 中的孔。在此语法中，孔定义为由较亮像素包围的一个暗像素区域。

⑥I2 = imfill(I,conn)：填充灰度图像 I 中的孔，其中 conn 指定连通性。

⑦BW2 = imfill(BW)：在屏幕上显示二值图像 BW，并允许通过鼠标以交互方式选择点来定义要填充的区域。要使用此语法，BW 必须为二维图像。按【Backspace】或【Delete】键删除之前选择的点。按住【Shift】键单击、右击或双击以选择最后一个点并开始填充运算。

⑧BW2 = imfill(BW,0,conn)：允许以交互方式指定位置时覆盖默认连通性。

⑨[BW2,locations_out] = imfill(BW)：返回在 locations_out 中以交互方式选择的点的位置。要使用此语法，BW 必须为二维图像。locations_out 像素位置的线性索引，以数值向量或矩阵形式返回。

【例 11-10】 对图像进行细化。

程序如下：

```
Image = imread('menu.bmp');
BW = im2bw(Image);
figure,imshow(BW);title('二值图像');
result1 = bwmorph(BW,'thin',1);              % 细化一次
result2 = bwmorph(BW,'thin',Inf);            % 细化至只有一个像素
figure,imshow(result1);title('细化一次图像');
figure,imshow(result2);title('细化至只有一个像素图像');
```

程序运行结果如图 11-10 所示。

（a）二值图像　（b）细化一次图像　（c）细化至只有一个像素图像

图 11-10　图像细化效果

4. bwmorph( )细化函数

①BW2 = bwmorph(BW,operation)：对二值图像 BW 应用特定的形态学运算。operation 参数类型及说明见表 11-1。

②BW2 = bwmorph(BW,operation,n)：应用 n 次运算。n 可以是 Inf，在这种情况下会一直重复运算，直到图像不再变化。

表 11-1　operation 参数类型及说明

operation	说　明
bothat	执行形态学"底帽"运算，返回图像减去图像的形态学闭运算（先膨胀后腐蚀）
branchpoints	找到骨架的分支点
bridge	桥接未连通的像素，即如果 0 值像素有两个未连通的非零邻点，则将这些 0 值像素设置为 1
clean	删除孤立的像素（由 0 包围的单个 1），例如图案中的中心像素
close	执行形态学闭运算（先腐蚀后膨胀）
diag	使用对角填充以消除背景的 8 连通
endpoints	找到骨架的终点
fill	填充孤立的内部像素（由 1 包围的单个 0），例如以下图案中的中心像素
hbreak	删除具有 H 连通的像素
majority	如果某像素的 3×3 邻域中有五个或更多像素为 1，则将该像素设置为 1；否则，将该像素设置为 0
open	执行形态学开运算（先腐蚀后膨胀）
remove	删除内部像素。如果一个像素的所有 4 连通邻点均为 1，则此选项会将该像素设置为 0，因此只保留边界像素为 on
shrink	在 n = Inf 时，将对象收缩为点。它会删除像素，使没有孔洞的对象收缩为点，有孔洞的对象收缩为每个孔洞和外边界之间的连通环。此选项保留欧拉数（也称为欧拉示性数）
skel	在 n = Inf 时，删除对象边界上的像素，但不允许对象分裂。其余的像素构成图像骨架。此选项会保留欧拉数。 在使用三维体时，或当要对骨架剪枝时，使用 bwskel( )函数
spur	删除杂散像素
thicken	在 n = Inf 时，通过向对象外部添加像素来加厚对象，直到先前未连通的对象实现 8 连通为止。此选项会保留欧拉数
thin	在 n = Inf 时，将对象窄化为线。它会删除像素，使没有孔洞的对象收缩为具有最小连通性的线，有孔洞的对象收缩为每个孔洞和外边界之间的连通环。此选项会保留欧拉数
tophat	执行形态学"顶帽"运算，返回原图像与执行形态学开运算（先腐蚀后膨胀）之后的图像之间的差

单元小结

本单元主要介绍了图像形态学处理的相关知识，包括形态学基础、膨胀运算、腐蚀运算、开运算、闭运算以及具体的案例应用。形态学基础中重点讲解了 Strel( ) 函数，用于创建不同形状和参数的结构元素。膨胀运算通过 imdilate( ) 函数实现，对图像进行膨胀操作。腐蚀运算使用 imerode( ) 函数，腐蚀图像。开运算为先腐蚀后膨胀，闭运算为先膨胀后腐蚀，分别通过 imopen( ) 和 imclose( ) 函数执行。

案例部分展示了如何利用形态学运算去除噪声、进行边缘提取、区域填充和细化等操作，通过具体的程序示例和运行结果展示了各种运算的效果和应用场景。

通过本单元的学习，可以掌握图像形态学处理的基本原理和方法，并能够应用于实际的图像处理任务中。

习　题

一、单项选择题

1. 形态学开运算的作用是(　　)。

A. 去除噪声　B. 增强边缘　C. 填充孔洞　D. 收缩图像

2. 对灰度图像进行形态学运算时，结构元素必须为(　　)。

A. 三维结构元素　B. 平面结构元素

C. 任意结构元素　D. 圆形结构元素

3. 以下(　　)不是 imdilate( ) 函数可接受的输入图像类型。

A. 灰度图像　B. 二值图像　C. 压缩二值图像　D. 彩色图像

4. 在形态学运算中，结构元素的中心像素称为(　　)。

A. 边缘像素　B. 角点像素　C. 原点　D. 目标像素

二、判断题

1. imdilate( ) 函数和 imerode( ) 函数对输入图像的处理顺序不同。(　　)
2. 闭运算中的膨胀和腐蚀操作使用的结构元素必须相同。(　　)
3. 形态学开运算可以消除图像中的孤立噪声点。(　　)

三、简答题

1. 形态学开运算和闭运算分别适用于处理图像中的哪些问题？
2. 简述使用形态学运算进行边缘提取的一种方法。
3. 解释在形态学运算中结构元素的重要性。
4. 比较形态学开运算和闭运算对图像中目标的影响有何不同。

第四部分
综合应用案例

单元 12
学习印刷质量检测概念

在一家繁忙的印刷厂里，每天都有大量精美的印刷品从生产线上源源不断地产出，这些印刷品涵盖了书籍、海报、包装盒等各种各样的类型，它们将被运往世界各地，出现在人们的生活和工作中。

印刷质量对于这家印刷厂来说，是关乎生死存亡的大事。这就不得不提到印刷检测的必要性。首先，印刷本身是一个将设计好的图文信息通过特定的方式转移到承印物上的复杂过程。而质量在这个过程中有明确的定义，它不仅是指图文看起来清晰美观，还涉及色彩的准确性、油墨的附着力、图案的完整性等多个方面。印刷质量的决定因素众多，从纸张的材质、油墨的质量，到印刷设备的精度、印刷工人的操作水平，每一个环节都至关重要。印刷品质量则是这些因素综合作用的结果，高质量的印刷品应该在视觉上赏心悦目，触觉上质感良好，并且在使用过程中能够保持长久的稳定性。印刷品质量检测的意义就在于，它是保障客户满意度、维护企业品牌形象的关键环节。任何一个有质量问题的印刷品流入市场，都可能给企业带来声誉上的损害和经济上的损失。

印刷方式，涉及的内容较多。例如，凸版印刷，它就像是一位技艺精湛的雕刻家，把图文部分凸起在印版表面，在印刷时，凸起的部分蘸上油墨，然后压印到纸张上，这种方式印出来的图案往往有独特的立体感，常用于一些精美的艺术印刷品或者需要特殊触感的包装上。平版印刷则像是一位平衡大师，它利用油水相斥的原理，让图文部分和非图文部分处于同一平面，但通过化学处理使图文部分亲油，非图文部分亲水，这样在印刷过程中，油墨只附着在图文部分，能精准地印出高质量、色彩丰富的图像，是书籍、杂志印刷的常见选择。凹版印刷如同一位细腻的画家，其图文部分凹陷在印版表面，油墨填充在这些凹陷处，在印刷时，通过压力将油墨转移到纸张上，这种方式可以印出非常细腻的线条和丰富的层次感，常用于货币、邮票等对防伪要求较高的印刷品。丝网印刷就像是一位耐心的筛网工匠，它通过刮板的挤压，使油墨通过丝网的网孔转移到承印物上，这种方式可以在各种形状和材质的物体上印刷，例如在玻璃、陶瓷、T 恤上印图案。静电印刷则像是一位神奇的魔法师，利用静电吸附原理将油墨吸附到承印物上，它速度快、精度高，在一些高速印刷场景中表现出色。喷墨印刷就像是一位自由的画家，通过喷头将油墨直接喷射到承印物上，可以实现个性化、小批量的印刷，在数码印刷领域应用广泛。

然而，在印刷过程中，质量问题时有发生。以溶剂型油墨印刷为例，溶剂型油墨在干燥过程中，如果溶剂挥发速度不合适，可能会导致油墨干燥不完全，出现粘页现象，影响印刷品的使用。而且，溶剂的挥发性还可能对环境和操作人员的健康产生影响。对于这种情况，就需要严格控制印刷环境的温度、湿度，以及调整溶剂的配方来解决问题。再看水性油墨印刷，虽然它相对环保，但水性油墨的干燥速度较慢，如果印刷速度过快,可能会出现油墨未干就进行下一道工序的情况,导致图案模糊。同时,水性油墨对纸张的吸水性要求较高,如果纸张选择不当,可能会出现色彩饱和度不够等问题。这就需要合理调整印刷速度,选择合适的纸张来保障印刷质量。通过对这些印刷质量问题的深入研究和解决方案的实施,印刷厂才能确保每一个印刷品都能达到高质量的标准,满足客户的需求,在激烈的市场竞争中立于不败之地。

知识能力目标:

- 了解印刷检测的必要性。
- 掌握印刷的方式。
- 掌握质量问题的原因和解决方案。

素养要求:

强化品质意识,培养职业道德:印刷质量检测的目的是确保印刷品质量,体现了对品质的严格要求和责任担当。这就要求引导学生树立质量意识,在学习和工作中注重质量,做到精益求精。其在印刷行业中的应用体现了行业规范和职业道德,培养学生职业道德素养。

12.1　印刷检测的必要性

12.1.1　印　　刷

视频

印刷品和印刷品质量检测的必要性

印刷,其本质在于利用印版或其他技术手段,精确地将原稿上的图像和文字信息转移到印刷介质上。在经典的印刷过程中,首先将油墨均匀涂抹于印版之上,随后,在印刷设备的精密操作下,将印版上的油墨转印到印刷介质表面,最终形成印刷品。

1. 印刷品的定义

印刷品是通过特定的工艺技术,结合印版等各种方法,与承印物、油墨以及印刷机械协同作用而成的,可以忠实地再现原稿的复制品。

2. 印刷品的二重性

①印刷品作为社会物质文明与精神文明的双重载体,不仅承载着经济效益的重任,也彰显着深远的社会效益。因此,在评估其品质时,必须同时从这两个维度进行衡量。

②印刷品不仅是重要的视觉传达媒介,也是商品包装的关键材料。随着人们对印刷品质量要求的不断提升,评价标准也日益严格。这体现在对包装材料的耐用性、设计的艺术性、包装成型后牢度的强弱,所使用的承印物、溶剂、油墨和润湿液等原辅材料对包装物品的潜在影响,以及印刷品本身整体质量水平。

12.1.2　质量定义

质量可定义为“一组固有特性满足要求的程度”。这一定义强调了质量是衡量实体(如产品、服务、系统或个体)满足明确及潜在期望能力的综合指标。实体涵盖了可单独分析或综合考察的各类对象,涉及单一产品、活动流程、组织机构,乃至复杂的系统和个体,及其任意组合。在合同约束或法律法规框架内,需求往往是明确规定且可量化的;而在其他情境中,则可能更多基于隐含的社会或行业标准,需要通过特定的评估标准转换为具体的质量属性。对于产品而言,其质量通常涵盖六大关键属性:性能、可信性、安全性、适应性、经济性和时间性。

质量可分为狭义质量和广义质量两种：一是狭义的质量，主要聚焦于产品的具体品质（如印刷品质量）；二是而广义质量则不仅包括最终产品的质量，还包括产品制造和生产过程的质量（如印刷复制质量）。质量不仅需满足消费者的需求，还应符合社会整体的需要。

质量的内容包括：性能、美学性、一致性、安全性、可靠性、经济性、使用周期、声誉质量以及特殊质量。

12.1.3 印刷质量决定因素

印刷质量由多个关键要素共同决定，包括设计质量；印刷品质量；美观、使用质量；服务质量；安全环保质量。

①设计质量：设计是塑造产品最终质量面貌的基石。它涉及为产品或服务确定具体的特性，如尺寸、形状和位置的特殊性能。优秀的设计意味着设计师对产品性能的具体选择。例如，印刷品的版面设计、文字排版、色彩图像、图表和曲线等，这些设计元素的安排、选择和适宜性，都体现了设计师的意图。设计成果应综合考虑用户要求、生产与服务能力、安全性、可靠性、成本多方面因素。设计师需要与印刷生产实践紧密结合，确保设计方案既美观又实用，同时符合印刷工艺的要求，从而确保设计成果能够准确无误地转化为印刷品。

②印刷品质量：直观反映了图文信息在复制过程中的还原度与视觉呈现，即印刷成品对原始稿件的忠实再现程度以及图文质量的综合评判。因此，严格把控每一道工序的质量，是确保印刷品质量的关键所在。

③美观、使用质量：印刷品兼具工业商品和艺术品的特质。无论是书籍、报纸、杂志，还是各类包装装潢印刷品，它们不仅提供美的享受，提升商品价值，还展现出装饰艺术的效果。印刷品不仅满足人们对物质的需求，更是一种精神文明的载体，其美观度与质量要求的重要性不言而喻。

④服务质量：任何产品都可能因多种原因未能完全发挥功能或提供优质服务。从质量的角度来看，关键在于提供补救措施，确保产品或服务达到预期标准。印刷人员应重视保证印刷品质量，这是他们的重要职责。

⑤安全环保质量：印刷企业需要严格遵守国家相关法规和标准对印刷品进行安全环保性能检测，确保印刷品中不含有害物质以保障用户的身体健康和环境安全。同时，企业还需要积极探索和推广绿色印刷技术降低能耗和排放，实现可持续发展。

12.1.4 印刷品质量

1. 印刷品质量的定义

印刷品质量是指其在还原原稿时所达到的真实程度、清晰度和透视感的程度。

2. 印刷品质量的内涵

印刷品质量的高低可以从以下几个维度来评判：印刷品对原稿的还原度，即成品在多大程度上忠实地反映出了原稿的信息和美学特质；单个印张与样本（或签样）之间的接近程度；同批次印刷品的合格率以及同批印刷品之间的一致程度。前两项聚焦于印刷品的绝对质量，而后一项则强调的是整批产品的平均质量。

3. 印刷品复制质量

印刷复制质量，指的是整个印刷复制过程中图文信息再现的质量。把印刷图像视为二维或三维图画上具有不同明暗度和色彩变化的单个像素组成的信息集合。印刷质量主要包含图像质量和文字质量两个方面：

(1)图像质量

图像质量特征涵盖阶调层次、颜色还原、清晰度和无瑕疵等。阶调指图像密度范围，层次为可辨识亮度级数，密度范围大则层次复制佳，受原稿、工艺、材料等多因素影响。颜色复制需要关注灰平衡，受原稿、分色、网点增大、油墨质量及色差等因素制约。清晰度由相邻细部色调差别决定，受原稿质量、分色准确性、印刷适性等多因素综合影响。龟纹、条痕等瑕疵损害外观质量。表面特性如光泽度、纹理、平整度亦关键，光泽度依据原稿与用途调整，纹理纸张需要谨慎选用以保图像质量。

(2)文字质量

最佳文字质量定义明确：字迹清晰无缺陷，密度达标。密度受墨层厚度限制，涂料纸黑墨密度为1.50～1.70，非涂料纸为1.20～1.40。笔画、字面宽度需要与原图一致，墨层厚度影响变形，小号字变形更明显。为保复制效果，笔画宽度变化不超过原设计的5%，字符尺寸误差在0.025～0.050 mm内。

4. 印刷环保质量

印刷环保质量主要聚焦于无机污染残留物的检测以及有机溶剂残留物的检测。

12.1.5　印刷品质量检测的意义

使用机器视觉技术进行印刷品质量检测具体意义如下：

1. 极致精准的检测能力

机器视觉检测以其高精度、高速度的特点，能够捕捉到人眼难以察觉的微小缺陷，如颜色偏差、网点扩大、套印误差等。这种极致的精准度确保了印刷品质量的稳定性和一致性，满足了现代市场对高品质印刷品的严格要求。

2. 提升生产效率与自动化水平

传统的印刷品质量检测往往依赖于人工，不仅效率低下，而且容易受到主观因素的影响。而人工智能机器视觉检测实现了全自动化检测，能够在短时间内完成对大量印刷品的检测任务，大幅提高了生产效率。同时，自动化的检测流程也减少了人为干预，降低了出错率。

3. 降低人力成本与劳动强度

随着机器视觉检测技术的普及，印刷企业可以逐步减少质量检测岗位的人力需求，从而降低人力成本。此外，机器视觉检测还减轻了工人的劳动强度，使他们能够从事更有价值的工作，提升了整体工作效率和员工的工作满意度。

4. 实现实时监控与数据驱动决策

机器视觉检测系统能够实时收集和分析印刷过程中的数据，包括设备状态、材料质量、工艺参数等。这些数据为企业提供了宝贵的反馈，帮助企业实时监控生产状况，及时发现并解决问题。同时，基于大数据分析，企业还可以优化生产流程、调整工艺参数，实现数据驱动的决策，进一步提升生产效率和产品质量。

5. 推动印刷行业的智能化转型

机器视觉检测是印刷行业智能化转型的重要组成部分。通过与智能制造、物联网等技术的融合，机器视觉检测系统能够与其他生产设备实现互联互通，构建智能化的生产体系。这种智能化的生产体系将极大地提升印刷企业的生产效率和产品质量，降低运营成本，为企业创造更多的商业价值。

6. 提升用户满意度与品牌形象

高质量的印刷品是企业品牌形象的重要组成部分。通过人工智能机器视觉检测，企业能够确保每一件印刷品都达到高标准的质量要求，从而提升用户满意度和品牌形象。这种对品质的严格把控将为企业赢得更多用户的信赖和支持，为企业的长期发展奠定坚实的基础。

12.2 印刷的方式

12.2.1 凸版印刷

凸版印刷作为一种历史悠久的印刷技术，其核心特征在于其印版设计——图文部分高于非图文部分，分为直接凸版印刷与间接凸版印刷。

凸版印刷还可分为刚性凸版印刷和柔性凸版印刷。刚性凸版印刷指的是在印刷过程中印版面存在不可压缩变形的印刷方式，而柔性凸版印刷则是印版面可存在压缩变形的印刷方式。刚性凸版主要包括铅版、锌版和铜版等，而柔性凸版主要是橡皮凸版、固体(或液体)感光树脂凸版等。在凸版印刷中，凸版图文部分始终高于空白部分，形成一定的高度差。刚性凸版的高度差通常为 0.45 ~ 0.5 mm，而在大面积空白区域，则比图文部分低 0.5 ~ 1.0 mm。对于柔性凸版，需要更高的高度差才能确保在印刷过程中空白部分不粘墨且不与承印物接触，高度差通常需要达到 1.5 mm 左右。

凸版印刷品的印刷墨层厚度一般为 4 ~ 7 μm。

大多数凸版印刷采用直接印刷方式，印刷压力大，仅有图文部分承受压力，而空白部分则不承受压力。这使得即使是质次(平整度较差、含水量不太均匀)的承印物也能进行印刷。

凸版印刷品的图文边缘处存在印刷压力的突变，导致印刷墨层在图文与空白交界处产生所谓的“边缘效应”。当承印物的吸墨性较弱时，这种边缘效应更为显著。

在刚性凸版印刷过程中，当垫版未垫平整或压力偏大时，承印物的背面往往容易留下图文边缘的明显压痕。相比之下，这种现象在柔性凸版印刷中则不会出现。

柔性版印刷已成为凸版印刷中的主要部分。它使用具有弹性的浮凸印版，这些印版可以固定在可调节长度的印版滚筒上，或者使用套筒印版。柔性版印刷过程中，网纹辊负责施墨，墨量由墨斗辊或刮墨刀控制，将液态油墨印到承印物上。在许多工业发达国家，柔性版印刷已成为继平版印刷之后的第二大印刷方式。柔性版印刷的承印物范围非常广泛，从塑料薄膜到瓦楞纸板，均可采用柔性版印刷。与凹版印刷相比，柔印价格便宜，生产周期短，并且可以使用多种类型的印刷油墨，包括醇基、水基和 UV 型油墨。特别是对于包装产品，使用水性油墨不仅环保安全，而且油墨中的联结料对承印物具有很好的附着力。柔印不仅适用于各种承印物，而且墨层厚实，非常适合进行大面积的实地印刷。

12.2.2 平版印刷

平版印刷的核心特性是其印版的印刷区域和空白区域处于近乎相同的平面上。这种印刷方式利用不同物质的表面差异，使空白区域能够先吸附润湿液，而图文部分则选择性地吸附油墨。随后，通过橡皮布将油墨传递到承印物上。

平版印刷的印版种类繁多，包括石版、珂罗版、蛋白版、手工版、PVA 树脂平凹版、多层金属版、纸基平版、PS(预涂感光平版)版和无水平版。除了无水版外,前八种均属于有水平版。

在平版印刷中,印版图文部分与空白部分之间的高度差非常小,通常仅有 3~8 μm。根据图文和空白部分的高低,平版可以分为平凹版和平凸版两大类。在平凸版中,图文部分略高于空白部分,例如蛋白版(阴图版)的高度差为 3~5 μm;PS 版(阳图或阴图)的高度差约为 3 μm 左右;多层金属版的图文部分,其镀铜层比空白部分的镀铬层高出 4~6 μm。相对地,平凹版的图文部分则略低于空白部分,如多层金属版的图文部分镀铜低于空白部分的镀铬层 1.5 μm;PVA 平凹版(又称聚乙烯醇树脂平凹版),其图文部分则低于空白部分 5~8 μm。

大多数平版印刷采用间接印刷的方式,即平版印刷油墨通过橡皮布转移,整体压力相对较小,且图文部分和空白部分都存在印刷压力。因此,它对承印物的要求比凸版印刷更为严格(特别是对其平整度、表面强度、含水量和均匀度),否则容易拱皱。

平版印刷通常采用有水印刷方式。平版印刷品不存在边缘效应,其图文中心与边缘部分的墨层均匀分布,相较于凸版印刷或凹版印刷更佳。平版印刷复制的层次比较丰富,色调柔和。不过,由于墨层的厚度有限,限制了颜色的深度。此外,在平版印刷过程中,油墨会有一定程度的乳化,导致光泽度降低。平版印刷品印刷墨层厚度通常为 1~2 μm,有时可达到 2.5 μm。

12.2.3　凹版印刷

凹版印刷技术与凸版印刷技术相反,其印版上的图文区域低于空白区域。所有空白区域都处于同一水平面上,图文部分的凹陷程度则随图像的深浅变化而调整,以此来呈现原稿中复杂多变的浓淡变化。图文部分如果凹进较深,其能填充的油墨量增加,经压印后在承印物上形成的墨层也会相应增厚;如果图文部分凹陷较浅,容纳油墨量减少,则墨层较薄,压印后承印物上的墨层亦会较薄。印版上墨量的多少与原稿图文的明暗层次紧密相关。在凹版印刷过程中,首先让印版滚筒浸入墨槽或通过传墨辊转动,以确保图文部分的凹陷区域充满油墨。随后,使用刮墨刀清除附在空白部分上的油墨,而凹陷处的油墨则在适当的印刷压力下转移到承印物表面。此外,也可以采用喷淋方式,将油墨喷洒在印版表面,然后用特制的刮墨刀清除印版空白部分的油墨,在压力作用下将图文部分的油墨转移至承印物上。

凹版的图文部分总低于非图文部分,高度差为 25~35 μm,最深可达 65 μm。

凹版印刷通常采用直接印刷方式,因此印版上的图文与凸版一样,呈现为反向。

在印刷过程中,无论是图文部分还是空白部分,都存在印刷压力。由于印迹中心部位的油墨转移比边缘困难(中心处的压力略小),所以网穴中心的密度通常比边缘浅,导致文字出现锯齿形状,大面积图文区域会出现网墙。

凹版印刷的油墨流动性能通常优于平版印刷或刚性凸版印刷的油墨,并以溶剂挥发型干燥为主。凹版印刷的墨层比前两种印刷更厚,一般为 12~15 μm(最多达 20 μm)。凹版印刷能够通过墨层厚度来表现不同的色彩浓淡,色彩的丰富性、色调的浓厚以及层次的表现力上都显得更为出色。

12.2.4　丝网印刷

丝网印刷的印版,图文部分是由不同大小或数量不等的网孔构成。在印刷过程中,油墨涂覆在丝网上,随后通过刮墨板使油墨透过网孔转移到承印物上。丝网印版一般是由具有网孔、富有弹性、抗溶剂性好、耐磨性佳的薄层材料构成。感光硬化了的感光胶膜覆盖了空白部分的网孔。

图文部分的网孔保持畅通,允许油墨顺畅地通过。丝网印刷一般采用直接印刷的方法,印迹墨层通过网孔转移到承印物上。故印版上的图文与原稿保持正向一致。丝网印刷品的印刷墨层厚度大，通常为100 μm左右。

丝网印刷的图文边缘和网点边缘通常呈现出与网孔大小相当的锯齿形状。在丝网印刷过程中，部分图文部分和空白部分都受到全面的压力。这导致丝网印刷产品的墨层较厚，印刷品上的图文呈现出略微凸起的效果，不仅具有立体感，且层次丰富。同时可以在平面或曲面上进行印刷。

12.2.5 静电印刷

静电印刷的像素特点在于：其像素（点、线、面）的边缘总会存在细小的同色墨粉点，这种效果类似于铁粉末在磁场中显示的磁力线。

上述特征只有采用静电墨（电子墨）替代传统的墨粉进行静电除外（如Indigo）。这种像素与平版胶印的像素极为相似。

12.2.6 喷墨印刷

喷墨印刷的特点如下：

①喷墨印刷的像素主要由调频点构成。

②喷墨印刷的像素边缘会显现出偏深的轮廓，这种轮廓与凸版印刷的"边缘效应"有所不同，它更像是墨水滴落在玻璃上后自然风干所留下的痕迹。

③水性喷墨的印刷品如果承印物较薄时，背面常常会出现"透印"的痕迹。这种印迹一旦接触到水就会化开。

12.3 质量问题的原因和解决方案

12.3.1 溶剂型油墨印刷

溶剂型油墨印刷常见原因分析及解决方案主要有以下18种。

1. 条杠

条杠也称作墨杠，其成因复杂多样，但主要表现为印刷品的横向出现一深一浅的条纹。这种条纹可能在网线版面中显现，也可能在实地版面中出现。这些条纹的宽度、数量和深浅各不相同。一些条杠的出现具有规律性，每当版辊旋转一周时，相同数量、宽度和深浅的条杠会在固定位置重复出现；而另一些则没有固定规律，它们会随机出现在版面的不同位置。

条杠的原因通常有以下几种：

（1）压力太大

在印刷过程中，如果发现影响印刷质量的条杠，应首先检查该色组的版辊和网纹辊的压力是否过大。为避免印刷机提速时图案发虚，操作人员经常会增大印刷压力以提升操作安全感。但实际上，柔性印刷需要的是尽可能小的印刷压力。因此，适当的印刷压力不仅能显著减轻条杠的出现，还能提高柔性印刷的品质。

（2）贴版双面胶太硬

应检查该色组使用的双面胶硬度是否适合。如果双面胶过硬，应更换为密度低一档或两档的双面胶，并重新贴版。双面胶的具体型号可以参考各供应商的硬度与颜色对照表。此外，在贴版前，应根据印刷版面的情况确定每个色组应使用的双面胶型号，最简单的方法是使用查阅黑白分色稿。

(3)刮刀压力过大

如果刮刀的压力过大，不仅会导致刀片卷曲、网纹辊异常磨损和刮刀寿命缩短，还会将过大的刮刀压力传递到网纹辊和印版辊筒上，引发版辊的异常跳动，从而产生条杠。为解决这一问题，应将刮刀压力调整到合适的范围，通常控制在 2～2.5 kg，最大不得超过 3 kg。

(4)印版辊筒的变形

长时间使用或储存不当可能导致印版辊筒周向变形，在印刷过程中会形成固定的跳动，进而产生条杠。解决这一问题的方法是更换印版辊筒，同时，需要建立所有印版辊筒的管理台账，记录其购买时间、日常检查中发现的问题以及印刷过程中发现的问题等。对于圆周度和平整度较差的版辊，应做好标注，在贴版时一般使用在印版图案小的色组上。

(5)版面图案设计排布不合理，图案间空隙过大。当印版上没有压条时，这种情况通常发生在承印物非常昂贵(如牙膏片材)或不易分切的产品边丝上；或者因为版面较短，为了节省印版和双面胶(在制版行业中通常称为节约发版)而没有将压条包满印版辊筒一周；或者因为套色标记(如圆点或十字线)导致压条断开。这些情况都可能导致高速印刷时版辊发生规律性跳动，从而产生条杠。

解决这一问题的方法是在图案空隙处的压条部位加贴其他报废的实地版，使压条能够完全包满印版辊筒的一周，并确保接缝尽可能短，因为即使 1 mm 的缝隙也可能导致明显的条杠。在后续类似产品的排版过程中，应考虑尽量采用错位拼版的方式，使图案在周向上尽量连接起来，或者加粗印版上的压条宽度以增加支撑。

2. 白点

白点是印刷品图案部分出现的不规则点状白点，其大小各异，分布或有序或无序，油墨未能全面覆盖。在实地图案中，它们呈现为白点或显露出承印材料的基色；而在网线图案上，则可能变现为深色赃点。面对此类现象，首先需要仔细观察和分析其产生的根本原因，只有追本溯源，才能迅速且彻底地解决问题。

白点产生的原因一般有以下几种：

(1)印版表面存在灰尘

印版从存放、出库、贴版、装版到上机印刷，需要经历多个操作步骤。在此过程中，难免会有灰尘或杂物附着于印版表面。若未及时清理，便会在印刷品上形成白点。这类白点的出现具有规律性，通常都会出现在同一位置。为避免此情况，建议在装版上机前的最后步骤中，使用压缩空气对版面除尘，或用无纺布蘸取溶剂对版面进行清洁。同时，还需要保持车间的干净整洁。

(2)双面胶过软不匹配

当印刷样品出现实地部分布满无规律的白点时，应检查该色印版所使用的双面胶。有些版面同时包含实地与网线部分，在贴版时，可能因考虑到网线部分的印刷效果而选择了偏软的双面胶，却忽略了实地部分。这会导致实地部分的图案密度不够，油墨无法均匀分散，从而形成密集的白点。解决方案：调整为适当硬度的双面胶，并在后续的技术单中详细标注每个颜色所需的双面胶型号，以防再次生产时重复发生类似问题。

(3)薄膜表面出现晶点

在印刷过程中，若发现印品实地部分出现无规律的白点，而网线部分出现深色点。将印样水平放置在玻璃桌面上，用手触摸能感到轻微但明显的突起感，这通常意味着承印物原材料存在晶点或僵块。解决方案：更换不同批次的原材料。

(4)印版存在缺陷

在印刷拉样过程中，若发现每个周长下，某一图案在固定位置有规律地出现白点，需要停机检查印版上是否有杂质；若无杂质，则需要仔细检查印版是否有凹坑。印版在制版过程中可能因混入异物而形成版面凹坑；或者版材本身就存在缺陷，新制版时需要加强这方面的验收工作，将其纳入验收项目中。若遇到此类情况，只能更换新版。对于老印版，也可能出现类似问题，通常意味着印版已受损。解决方案：若表皮未破损，可先尝试烘版，使用吹风机热风对凹陷部位加热 5 ~ 10 min，利用热胀原理尝试使其恢复。

3. 图案发花

图案发花通常指的是印刷品中实地图案部分的油墨分布不均匀，导致出现深浅不一、各种斑点的油墨纹理，会影响产品的整体质量。

图案发花产生的原因一般有以下几种：

(1)油墨黏度失控

在印刷过程中，油墨黏度的控制至关重要，但对操作工来说，这往往是一个烦琐的任务，特别是在那些依赖人工测量和人工控制的印刷设备上。在印刷生产过程中，由于种种原因，可能会出现忘记测量或忘记添加溶剂的情况，这会导致油墨黏度过高或溶剂添加过量时造成油墨黏度过低，导致油墨的转移分散不均。解决方案：重新调整油墨黏度，并安排专人负责黏度检测，或可安装自动黏度控制器。

(2)网纹辊堵塞

网纹辊是柔印设备的核心部件，其正确使用和维护对于印刷质量至关重要。如果生产结束后未能及时或彻底清洁网纹辊，可能会导致网纹辊的网孔堵塞，影响上墨量，从而在印刷品上形成深浅不一或密集斑点的花纹。解决方案：更换网纹辊，在生产车间建立网纹辊的清洗保养计划，定期对网纹辊进行维护清洗，并确保下机网纹辊得到及时清洁。

(3)印版老化

印版在使用过程中，树脂表面会逐渐磨损和老化，随着转印次数的增加或存放时间的延长，磨损老化现象会更加严重。当印版达到一定的使用寿命或存放的时间时，树脂表面会对油墨的亲和力降低，导致从网纹辊上转移的墨量减少或不均匀，进而在转印到承印物上时出现深浅不一的斑点花纹。解决方案：更换新版，并由专人管理车间使用的印版，记录上机次数、转印数及制版时间并建档，随时更新和关注印版状态。对于达到转印寿命或存放时间超过一年的印版，需要做好检查并及时更新替换。

4. 脏版

脏版现象在网线版中表现为网点与网点之间发生粘连、网点残缺、网点边缘积墨，这些问题导致网点的过渡不柔和或出现小墨点，从而影响整体效果。在柔版印刷中，脏版问题尤为棘手。一旦发生脏版，会导致印刷品的外观变差，层次不清，对印刷质量和生产进程均产生影响。

在日常生产过程中，通常依赖经验来应对脏版问题，但这种做法缺乏直接的数据支撑，难以准确识别问题的根源，也就难以采取针对性的解决措施。

脏版产生的原因一般有以下几种：

(1)网纹辊与印版线数不匹配

印版线数与网纹辊线数的比例通常介于 1:6 ~ 1:9 之间。使用高线数的网纹辊相对于较低线数的网纹辊，本身其送墨量就会减少。

在其他条件不变的情况下，如果印版到承印物的油墨转移率为 75%，则残留率为 25%。使用低线数网纹辊给印版上送墨 1 g/m^2，一次转移印刷后印版上残留 0.25 g/m^2；而使用高线数网纹辊给印版上送墨仅为 0.5 g/m^2，转移后印版上残留 0.125 g/m^2。这样，印版上的油墨残留量随之减少，从而降低了脏版发生的概率。

(2)网纹辊与印版之间的压力过重

在生产过程中，由于多种原因，可能在调整网纹辊与印版之间的压力时过于用力，导致墨层在分离时印版上的墨量突然增加。即使这时的油墨转移率保持不变，印版上的油墨基数已变大，印版上的油墨残留量也会随之增加，可能导致油墨堆积形成脏版。

典型特征：在高倍放大镜下观察网点形状，边缘有重边框，中间空心。解决方案：仔细调节网纹辊与印版之间的压力，确保两边压力均衡，尽量减轻压力。对于没有实地内容的层次版，由于上墨在版面上看不清楚，在调节时可以两边压条为准进行调节。

(3)双面胶过硬

在贴版过程中，使用了密度偏硬的双面胶。硬度越高的双面胶提供的压缩量越小，网点承受的压力就越大。在从网纹辊上转移油墨的瞬间可能会把部分油墨挤压至网点边缘，同样油墨从印版转移至承印物上时会导致网点扩张过大，导致网点与网点之间油墨的不规则桥接形成脏版。解决方案：改用较软的低密度双面胶，并在后续对该产品的每个色序使用的双面胶型号进行标注，以避免在重复订单中再次发生类似问题。

(4)油墨黏度过高

如果生产过程中油墨黏度控制不当，过高的黏度会降低流动性，导致脏版。油墨作为一种流体，其黏度是影响流动性的关键指标，应保持在一定范围内，避免波动过大。此外，使用正确配比的专用溶剂也很重要，水性油墨印刷时还需注意 pH 值的稳定性。解决方案：调整油墨至合适的黏度，经常搅拌墨桶中的油墨，确保墨桶中各个部位的油墨均处于流动状态；长时间印刷时，及时补充新墨，保持油墨良好的流动性。

(5)油墨干燥太快

油墨的干燥速度与油墨特性和设备结构密切相关。对于卫星式柔印机，版辊和网纹辊之间的干燥距离较短。版面上的油墨会受到色间干燥的热风影响，如果油墨在转移前就已干结在版面上，就会导致脏版。现象：网点颜色发白，油墨不实，部分边缘压印不出。解决方案：调整色间干燥风量和出风口的位置；在油墨中加入慢干剂；加快车速以提高油墨转移率。

(6)湿压湿

湿压湿是指前一色油墨表面未干透，后一色油墨就进行压印。这会导致后一色油墨在版面与承印物分离时，由于前一色未干透，后一色油墨的亲和力下降，造成油墨传递不良，版面上残留量增大。现象：在高倍放大镜下观察网点形状，后一色网点呈现大锯齿边缘。解决方案：加快前一色油墨的干燥速度，在油墨中加入快干剂，并适当降低黏度；或在工艺允许的情况下，将需要叠色的色组间隔开。

(7)溶解不良

由于车间湿度或其他因素影响，油墨中含水量过大变质或溶剂平衡发生变化，可能引起溶解力降低，造成油墨转移率降低形成脏版。解决方案：更换新油墨，控制好车间湿度，检测评估好溶剂的平衡性。

5. 压力过大

压力过大通常是指在版辊与承印物之间施加的压力超出了正常压力，导致印刷图案、文字或网点出现变形，线条边框出现重影，或者网点扩张超出了一定范围。

压力过大产生的原因一般有以下几种：

(1)版辊压力过大

版辊压力过大往往是由于操作人员在调整压力时的不当操作，或者为了预防印刷过程中图案发虚而故意增加版辊与承印物之间的压力。解决这一问题的关键在于适当减轻压力，直至在图案不发虚的前提下最轻的压力水平，这才是最合适的压力。

(2)小字体图案使用的双面胶太硬

并非所有实地都需要使用高密度的双面胶。对于线条和文字，使用中密度的双面胶已足够。特别是对于细线条和5磅以下字体，使用低密度双面胶可以轻松应对。解决方案：更换双面胶，并在未来的双面胶使用中制定规范，确保合理性。

6. 色差

色差是指印刷产品的颜色与用户指定的标准颜色存在偏差，或超出了合理的范围，这种情况可能导致内部报废损失或用户投诉损失；此外，色差的发生还会导致用户的信任度下降。产生色差的途径通常可以归纳为两个主要方面：一是在生产初期，未将色相调整至与标准一致便开始印刷，导致颜色差异；二是生产过程中对颜色控制不严格所引起。

色差产生的原因一般有以下几种：

(1)印版磨损

新印版在首次使用时网点状态最佳。随着使用次数和转印次数的增加，印版会逐渐磨损，尽管实地部分的油墨转移能力保持不变，但网点部分的网点直径会逐渐变大。在油墨配比、黏度、网纹辊、双面胶等印刷条件未变的情况下，印版磨损会导致网点部分的油墨转移发生变化，进而影响印刷品图案的色相，典型表现为网点扩张值异常增大。

解决方案：适当调整油墨配比和黏度，更换同线数但上墨量不同的网纹辊，以确保印刷色相与首次印刷的标准接近或一致；或重新制作印版。

(2)油墨原因

在产品重复生产时，通常会先使用此产品(或系列产品)的旧油墨，这可能导致旧油墨与新墨在光泽度和饱和度上存在轻微差异。

解决方案：加入适当比例的新油墨进行微调，以保持印刷效果的一致性。

(3)网纹辊原因

如果上机印刷时安装的网纹辊与首次印刷时的网纹辊线数不同或上墨量不同，可能会造成轻微的色差。

解决方案：恢复首次印刷时使用的网纹辊工艺，并记录网纹辊编号，避免再次生产中重复出现类似问题，确保生产的可重复性。

(4)生产控制原因

①在生产过程中，操作人员需要定时测量油墨黏度并添加适量溶剂，如添加溶剂过量可能导致色相偏浅，添加不足可能导致色相偏深，甚至忘记添加溶剂而导致批量色差。

解决方案：指定专人负责油墨黏度的测量和溶剂添加，溶剂添加以少量多次为宜；条件允许的企业建议配置自动黏度控制器，设定好所需要的黏度后设备将自动检测油墨黏度、按设定要求自动添加溶剂，以确保全过程黏度的稳定性。

②在大订单生产中，可能会遇到墨桶内配制好的油墨不足，需要重新配制并添加。如配制不当或添加

不当可能导致色差，其关键在于添加时机和添加后的检查比对工作。

解决方案：按配比称重并配制油墨，添加溶剂调整黏度，并确保整个过程的搅拌均匀；添加时机最好选择在膜卷最后的 200～300 m，此膜卷换卷需要停机与标准样仔细比对，确保色相一致后方可继续生产。

③车速的影响，不同印刷速度下卫星式柔印机的印刷压力可能发生轻微变化；印刷过程中应保持同等车速，避免因印刷速度不同造成色差。

7. 套色不准

套印不准指的是印版上的图文未能正确地转移到承印物所规定的位置。由于传递不准确等印刷机调节不当造成套印不准，另外制版过程、纸张质量好坏、印刷过程等其他工艺因素也可能造成套印不准。

套印不准又可分为：轴向套印不准、周向套印不准、局部套印不准、正反面套印不准、间隔性套印不准等。

(1)轴向套印不准(拉纸不准)

产生的原因有如下几种：

①纸张与侧规的距离较远，通常，纸张离开侧规的最佳距离为 5～6 mm，距离过远容易导致拉不到位，而过近则可能拉过头。现代的多色平版印刷机通常配备有侧规报警系统，当纸张与侧规的距离超过 6 mm 时，报警探头会发出警报，提醒机台操作人员及时调整纸堆与侧规之间的距离。

②侧规压板的高低位置调节应在合适的范围内，如果调节过低，会压住纸张，导致推、拉不到位；而如果侧规压板调节过高，则会造成纸边上翘，形成推、拉过头的现象。

③毛刷轮引起的拉不动：当毛刷轮的压力调得过大，或者输纸台板上的压轮压住纸边时，会引起纸张推、拉不动，从而导致轴向不到位。

④侧规与前规不呈直角：如果侧规与前规之间的角度不垂直，不是小于 90°或大于 90°，就会导致套印不准。

⑤侧规块磨出槽沟：由于大量印刷作业，侧规块逐渐磨损形成了一条槽沟，在印刷过程中，纸张有时会被拉进槽沟内，有时则拉到槽沟外，从而导致不规则的轴向不准。

⑥切纸误差大造成的故障：由于裁切纸张不直，使得开切后的纸张呈现出平行四边形的形状，在正常印刷时，这种形状的纸张会造成纸边与侧规只是点接触而非线接触，进而引发轴向不准。

⑦输纸压板引起的故障：为了防止纸张在前规处上翘，部分印刷机配备了压板机构。如果压板压力调得过大，也会导致轴向套印的不准。

⑧拉(推)规弹簧压力过大或过小造成的故障：一般多色平版印刷机的侧规通常配备有粗细两根弹簧。在印刷薄纸时，应使用细弹簧，而在印刷厚纸时应使用粗弹簧。具体选择方法如下：凡印 157 g/m^2 以下的纸(含 157 g/m^2)，用细弹簧；印 157 g/m^2 以上的纸张，用粗弹簧。

⑨机械过量磨损问题：由于多年使用或保养不当，印刷机可能出现机械磨损过量的情况。摆动递纸牙与侧规不同步或同步时间不够，造成有时拉纸拉过头、有时则拉不到的现象。

⑩侧规拉纸轮压力调节问题：侧规拉纸轮的压力过大或过小都会导致问题。压力过大时，纸张会被拉得过弯甚至过头；而压力过小时，则可能无法将纸张拉到预定位置。调节拉纸轮压力的正确方法是：在不输纸的情况下，调节拉纸轮的压力，调到拉纸轮刚好与拉条接触，然后再顺时针旋转一周(增加压力)即可。

⑪拉纸轮不规则磨损：会导致拉纸轮压力时大时小，轴向定位时好时坏。检验拉纸轮是否不规则磨损的方法是：将印刷机点动到拉纸轮与拉条刚好接触的位置(停车)，然后用手去转动拉纸轮。如果转动过

程中有轻重不一的感觉，则证明拉纸轮存在不规则磨损，必须及时更换拉纸轮。

⑫纸张弯曲：一般发生在较薄的纸张或离出厂期较近的纸张，纸张的含水量不均匀造成弯曲，会导致推、拉过头现象。解决方法：在靠近侧规的地方轻敲纸3～5下、敲纸距离大于30 mm为宜。

造成轴向不准的原因还可能有：拉（推）纸力大小不当；拉（推）规定位板处有碎纸或杂物；承印物有静电或阻力过大；侧规挡纸板与输纸板未密合；压轮压力调节不当或径向跳动；拉（推）规拉（推）纸时间不当；气动侧规吸气过小或吸气、吹气时间调节不当以及气路堵塞等。

（2）周向套印不准

周向套印不准（前规不准）：主要表现是承印物在输纸台板上无法正确到达或超过规定位置。

产生周向套印不准的原因可能有如下几种：

①毛刷轮位置不当：毛刷轮离纸张拖梢边过远，未能有效压住纸边，为保证纸张进入前规时的稳定和准确，在输纸台上设置了2只毛刷轮，要求压住拖梢纸边，防止纸张回弹，若压力过轻或未压住纸边，将导致纸张回弹，进而造成纸张走不到位的故障。

②毛刷轮压纸太重：毛刷轮对纸张的压力过大，会导致纸张叼口部位弯曲，进而引发走纸过头故障，严重时会造成纸张弓皱，导致印刷品报废。

③前规上挡板太低：通常薄纸的高度应设置为三张纸厚为宜；而厚纸则为两张纸厚高度为宜。若前规调得太低，会造成纸在前规定位处的阻力过大，使纸张无法准确到位。

④前规有线形沟槽：前规挡块经过长时间与纸边的摩擦，会产生线形沟槽（同侧规沟槽相同），由于前规的上挡板高度设置为2～3张纸厚的高度，所以在正常印刷时，纸边有时会嵌进线形沟槽内，有时不进入线形沟槽，进而导致周向套印不准。

⑤前规不在一条直线上：校版时纸张两边被叼纸牙叼住的数量不一致，相差1.95 mm时，会造成纸边与前规的接触不在一条直线上。高速输送纸张时，冲力都集中在一个前规上，造成纸张叼口边承受不了点冲击而产生弯曲，进而引发无规则套印不准。解决方法：每批产品结束，前规必须回零；前规多叼与少叼只能作为微调，过量的调节容易造成叼口纸边只是接触一个前规，而发生周向套印不准故障。

⑥前规上挡板过高：在高速输纸状态下，前规的冲击会导致纸张叼口弯曲，若前规上挡板调节过高，会提供纸张弯曲的空间，产生不规则的弯曲，进而引发周向定位不准。

⑦侧规压板太低：侧规压板调得过低，会在纸张还未准确定位时就压住纸张，使纸张无法准确定位，进而造成周向定位不准。侧规高低的调节与前规相同，薄纸以三张纸厚高度为宜；而厚纸以两张纸厚高度为宜。

⑧侧规上抬过慢：由于控制侧规上下动作的凸轮磨损等原因，造成侧规上抬缓慢与摆动递纸牙配合出现失误，交接时间过长，导致周向套印不准。

⑨摆动递纸牙开牙滚轮过量磨损：经过长时间摆动，摆动递纸牙的开牙滚轮或开牙导板磨损，造成开牙开不足，在摆动递纸牙与前规交接时，摆动递纸牙的牙片会碰撞已定位好的纸边，造成纸张走动，产生套印不准。

⑩摆动递纸牙叼力太小造成纸张移位：摆动递纸牙的叼力略小于压印滚筒叼牙的叼力，摆动递纸牙只起到传递纸张的作用，但经过长期使用牙片牙垫的磨损，造成摆动递纸牙叼力的减少。在印薄纸时，摆动递纸牙叼不住在摆动运动的纸张，导致纸张移位，造成套印不准。

⑪压印滚筒叼牙轴或轴套松动：在整体套印不准的情况下，通常只关注交接关系和叼牙的叼力，而容易忽视对压印滚筒叼牙轴与轴套的检查。尽管叼牙轴的开闭幅度不大，但其在撑簧的作用下始终处于受

压状态。长期高速运转后,叼牙轴或叼牙轴轴套可能会出现松动。为了检查它们是否松动,可以使用小撬棒轻撬,若有摆动或间隙,即表明存在松动,需要进行更换或维修。叼牙轴和轴套的磨损是不可避免的,因此日常保养尤为关键。建议每月对叼牙轴的三个油眼加注润滑脂一次,以减缓叼牙轴和叼牙轴轴套的磨损。

⑫压印滚筒叼牙叼力太轻:压印滚筒在长期工作后,其叼牙的牙片和牙垫会发生磨损,同时开牙滚轮也可能松动。开牙滚轮的过量磨损会造成压印滚筒叼牙叼力的减小,在纸张从橡皮布上剥离时,就会造成套印不准。为了避免此类故障,建议每周对压印滚筒开牙滚轮加注润滑脂一次。

周向套印不准还可能由以下因素导致:输纸器与前规的配合失误;前规下摆时间调整不当或凸轮磨损;多个前规不能同时靠在纸张的边缘;前规与递纸牙的时间配合不当;纸张周向尺寸偏差过大;前规有轴向串动;纸张叼口边不符合定位要求;纸带张力波动过量等。

(3)局部套印不准

局部套印不准在多色平版印刷机上虽然不常见,但有时也会发生。导致局部套印不准的因素一般有以下几种:

①纸张因素:若上机印刷的纸张丝缕不符合印刷适性要求,需要将上机印刷纸张丝缕平行于印刷滚筒轴线。若垂直于印刷滚筒轴线容易造成散尾现象,从而在拖梢部位产生套印不准。可采用拖梢顶版螺栓向内或向外顶来解决局部套印不准问题。在有防散尾装置的平版印刷机中,可启用防散尾装置来纠正局部套印不准问题。

②装版因素:装版时若叼口或拖梢版夹未回零,或两者在印版滚筒上不平行,当拖梢版夹自动收紧时,会造成印版变形,进而引起局部套印不准。这种情况下,通常只能重新晒版,因为已变形的印版是无法还原的。高档平版印刷机配备了版夹平整度的监控扫描装置,一旦发现叼口版夹不在一条直线上,将报警并拒绝执行夹版命令。

③印版或橡皮布衬垫厚度不准确:若某一色组的印版或橡皮布衬垫厚度不准确,会导致图文变宽或变窄,从而引起叼口、拖梢局部套印不准。解决方法:调整中心距,并合理使用印版或橡皮布的衬垫厚度。

④压印滚筒表面有过多堆积物:由于生产周期短,产品在印迹未完全固着的情况下进行反面印刷,墨层较厚的地方油墨容易堆积在压印滚筒上,导致碰坏反面图文或引起纸张弓皱。因此,需要经常检查压印滚筒的堆墨情况,或在滚筒上涂布防堆积的快印膏,减少油墨堆积在压印滚筒的情况发生。

⑤叼牙因素:多色机每一排叼牙轴上至少设置 14 只叼牙,其中任何一只叼牙不正常都会导致局部套印不准(倍径滚筒还将产生 AB 重影)。调节叼牙叼力必须严格按照操作说明书进行,不能仅凭经验,因为多色平版印刷机要求纸张从第一色组到最后一色组印刷过程中,不能有任何滑移,一旦发生滑移将会造成局部套印不准和变形的发生。而光凭经验对叼牙进行调节,既不能保证开闭牙的一致,也不能保证所有叼牙叼力的一致,影响套印准确。

⑥纸张荷叶边:纸张对环境相对湿度敏感,组成纸张的纤维具有吸湿和放湿作用,空气中含有一定量的水分,当周围环境中的湿度高于纸张含水量时,纸张就会吸收空气中的水分而伸长。当周围环境的空气湿度低于纸张含水量时,纸张就会释放出水分而收缩变短。造纸厂生产的纸张由出厂到印刷厂印刷的时间间隔太短,在开切和堆放过程中,吸收或释放水分造成纸张变形,会在印刷过程中造成拖梢部位套印不准。

造成局部套印不准的原因还可能有:衬垫测量不准或衬垫未垫平;橡皮布未安装好;印版安装或调整不当;开牙轮、凸轮磨损;印刷时版面水分太大等。

(4)正反面套印不准

造成正反面套印不准的原因有:纸张伸缩;定位机构产生故障;正反面印刷时使用同一个侧规;印版的正、反面未拼准;橡皮布未安装好等。

(5)间隔性套印不准

造成间隔性套印不准的原因有:前规或侧规定位板由于使用时间过长而磨出沟槽;承印物的厚度不均匀;输纸过程中间隔性出现故障(如双张、歪斜等)导致定位误差(且这些误差未被检测机构发现);承印物本身周向尺寸存在偏差;倍径压印滚筒的某些叼牙轴的叼牙叼力不足以和印张的剥离张力相抗衡所引发的间隔性套印不准等。这种间隔性的套印不准表现为:从收纸处抽取三十余张印张,依次以叼口和侧规边作为对齐的基准,会发现相应的规线(十字线)有上下(叼口、拖梢)方向或者左右(靠身、朝外)方向上有不规则的跳动。

造成间隔性套印不准的原因还可能包括:倍径压印滚筒分度圆半径未调好;纸张在翻转滚筒传递过程中叼口发生变化;纸张周向尺寸偏差过大;个别叼牙在交接时有误等。

8. 气泡(上墨不匀)

气泡也称作上墨不匀或上墨不良,其具体表现为印刷图案上出现方向为纵向、宽度在 2 ~ 5 mm 之间且长短不一的不规则白斑。轻微的白斑长度约为 5 mm,而严重时甚至会有 100 mm。实地版面上出现气泡的概率远远大于网线版面,且这些气泡会随机无规律地出现在版面的不同位置。幅面越宽、印刷速度越快,出现的频率也就越高。

气泡产生的原因有以下几种:

(1)油墨原因

在印刷过程中,油墨在墨泵的作用下来回循环流动。然而,这种循环不可避免地会导致油墨中混入空气。带有空气的油墨循环到墨腔体内对网纹辊进行传墨时,形成的气泡会依附在网纹辊上。这些气泡会阻隔油墨进入网纹辊网穴。随着网纹辊的转动,气泡被刮墨刀刮破,导致网纹辊上这一小块区域无法将新的油墨转移给印版,进而引发上墨不良的现象。

解决方案如下:

①若油墨中的气泡问题特别严重,建议加入适量的消泡剂。根据墨桶中泡沫的实际情况,消泡剂的加入比例为 0.1%~0.5%。

②在墨泵的进墨口处加装细过滤网,让油墨在经过时把气泡打散。

③将油墨桶中气动搅拌器稍微开大些,把气泡尽量打散。

(2)刮刀原因

①当印刷厂更换油墨刮刀和封墨块时,通常会在刀架和封墨块上涂抹凡士林。然而,如果涂抹不当,凡士林会融入油墨中,并随着油墨转移到网纹辊上,从而导致上墨不良。

解决方案:按标准要求进行涂抹,切忌超量或涂抹不当。

②全封闭墨腔的两端会连接排气管,长时间使用后,排气管会可能堵塞,导致排气不畅或墨腔内油墨液位不足,进而引起上墨不良。

解决方案:应疏通刮刀腔的排气管,并定期检查两边的排气孔是否通畅,以确保腔体内的空气能够顺利排出。

(3)墨泵原因

油墨泵在长期的使用过程中,其隔膜片会出现老化或破损的情况,尽管轻微破损的隔膜片仍然可以继续工作，但是其所抽取的油墨量会低于正常值，同时也会导致空气被吸入油墨中，进而造成上墨不良。

解决方案：更换隔膜片，并定期对墨泵的油墨循环量进行检测，如果循环量远低于正常值（可查阅设备说明书），该墨泵隔膜片就可能已经破损，需要及时更换。

此外，对于设备上的排气管、墨泵等部件，应列入平时周保养和月度保养计划内，按照要求做好维护保养工作，可以有效避免印刷过程中出现各种缺陷。

9. 断墨

断墨现象主要是由于墨腔内的油墨液位下降，低至刮墨刀片与网纹辊的接触点以下。这种情况导致网纹辊的部分区域无法被腔体内的油墨完全覆盖，经过刮墨刀后形成网纹辊表面的局部油墨缺失，无法给印版转移足够的墨量。当色组位于卫星式柔印机中心压印辊筒两侧时，断墨所对应的刮墨腔体内的油墨液位高度不同，其表现为印刷品上图案纵向出现断续或直接缺失。

断墨产生的原因一般有以下几种：

（1）墨泵原因

在生产过程中有时会遇到墨泵突然中断工作或供墨不足的情况，油墨泵的供墨和回墨是由活塞驱动两片隔膜片的律动来实现的。然而，长期使用后的隔膜片会有老化破损，一旦破损就会导致供墨不足甚至不供墨。

解决方案：维修或更换隔膜片，并定期检查墨泵的工作情况。

（2）管路原因

油墨循环管路是从油墨桶中抽取油墨，经过自动黏度控制器及墨泵，然后进入油墨管传送到墨腔。由于循环管路接口和转弯较多，容易被堵塞导致供墨不通畅，这使得墨腔内的油墨量不足，引发断墨现象。

解决方案：清除堵塞或更换新管道。

（3）滤网原因

大多数印刷厂都会在供墨系统的抽墨口安装过滤网。但是在生产结束后进行清洁工作时，往往会忽略对过滤网的清洁。摆放在车间现场的油墨在生产过程中会有碎膜、抹布、棉絮等杂物进入桶内，堵塞过滤网并影响墨量，进而造成断墨现象。

解决方案：对过滤网进行清洁，并且纳入每次生产结束后的清洁工作流程中。

（4）刮墨刀原因

刮墨刀腔内在生产过程中同样容易有异物进入，特别是薄膜类印刷，原膜中可能有未剔除掉的废边丝或断料的薄膜残片被带入刮墨刀腔体中，这些异物会造成刀腔内局部堵塞，进而发生断墨现象。

解决方案：停机时打开刮墨刀腔并清除异物。

（5）油墨原因

印刷厂在订单生产时可能会由于估算不准或订单量较大，导致油墨桶内配制的油墨量不足，如未及时添加，也会导致断墨。

解决方案：按订单情况精准核算，配制所需的油墨量，并随时观察油墨桶中的墨量。

10. 翘版

翘版是印刷过程中一个常见的问题，它主要是由于各种原因导致在印刷过程中的印版接口部位发生起翘，当网纹辊在给印版图案部分转移油墨的同时，把翘起的接口部位印版底基也转移上了油墨，这表现为在印刷品本来应该空白的接口处出现不应有的线条或块状。通常，翘版出现位置与印版接口的位置相对应。

翘版的产生主要有以下几种原因：

(1)双面胶原因

①不同品牌、型号的双面胶黏性不同，同时不同品牌型号的版材与双面胶的黏合匹配性也存在差异。因此，在许多印刷厂中，经常会遇到贴好的印版在经过一段时间或上机印刷过程中，印版的接口会发生起翘现象。

解决方案：选用与印版黏性比较匹配的双面胶型号，还可以使用封版笔在印版的接口部位背面底基上做处理，以增加印版接口部位的黏性。

②在贴好印版后，如果仔细检查，会发现印版与双面胶并非百分之百完全贴合，它们之间存在许多小空隙。在压印过程中，印版会不停地向一个方向挤压，导致印版与双面胶空隙中的一部分空气排出，而另一部分可能会被挤压汇集到图案的边缘空白区，造成底基鼓起并被印刷出来。

解决方案：需要将印版揭起，排出多余的空气并重新贴合。

③在印刷过程中，可能会遇到印刷脏版等问题需要刷版，刷版时会要用到溶剂，而溶剂渗透进印版接口内会影响印版与双面胶的黏合度，从而造成翘版。

解决方案：清洗版面后把溶剂吹干，检查印版接口处，确保无残留溶剂后，再用封版胶带封好。

(2)印版原因

印刷厂对于印版的图案浮雕高度和底基厚度会有明确要求，但有时会遇到底基厚度偏厚的状况，这时印版接口部位的印版底基容易转印到油墨上，导致印刷不良。

解决方案：重新返工制版。在紧急情况下，可在接口处更换厚度低一档的双面胶，订单生产完毕后再重新返工制版。

11. 印刷发虚

印刷发虚是指在生产过程中，由于各种原因导致的印刷图案局部出现缺失或颜色明显偏浅发白。这种现象有的呈现连续性且有规律，即印版每运转一周，在固定位置、固定的拼版上连续出现；也有的是无规律、非连续地随机出现在图案的任一位置。

印刷发虚产生的原因一般包含以下几种：

(1)压力原因

在生产印刷过程中，通常所说的压力有两种：一是网纹辊压力，即网纹辊与印版之间的压力；二是印版压力，即印版辊筒与中心压印辊之间的压力。网纹辊与印版辊筒之间的压力不足或两端不均，会导致版面无法足够上墨或上墨不均匀。印版辊筒与中心压印辊之间的压力不足或两端不均，则会造成无法将图案完整转移到承印物上或转移不均匀，在高速运转时产生离心力，导致局部压力不足，进而造成图案缺失。

解决方案：调整好网纹辊、印版辊筒的两种压力，确保它们既足够又不会过大，并保持两端压力的均衡。

(2)印版原因

在生产过程中，会遇到印版版面高低不平整或磨损程度有差异的情况，导致正常生产无法高速运行，速度一旦提升就立即出现各种发虚现象，只能降速运行。遇到这种现象时，需要检查印版的平整度和磨损情况，看是否为印版的问题。

解决方案：重制更换新的印版。

(3)贴版原因

贴版工作对于每家印刷企业来说都是相当重要的环节，贴版质量的好坏直接决定了该产品印刷过程是否顺畅。在贴双面胶和印版时，由于所用工具的差别和操作人员的认真程度不同，会出现局部位置压不到的现象。这时就可能会造成双面胶与套筒之间或印版与双面胶之间残留有空气。印版在转印过程中，因为有空气的地方会高于边缘，其他地方就会造成高的部位压力明显较重，而边缘部位就会发虚。

解决方案：重新贴版或揭起版子排除空气后重新压平再上机，后续需要规范贴版操作，要求平整无气泡出现。

(4)双面胶原因

有印刷企业在生产订单量大、印刷时间长的产品时，会遇到开始生产很顺畅，但是在连续生产中遇到图案逐步发虚的情况，甚至好几色都有发虚的现象，特别是实地图案。这是因为双面胶有使用寿命。双面胶在印刷过程中，不断受压后回弹、再压再回弹；到了一定的转印次数后，双面胶的回弹性会越来越差，直接导致印版的压力不够，造成印刷品图案发虚。

解决方案：及时更换新的双面胶并重新贴版；连续印刷达到60万印(具体与设备和双面胶状况相关)，双面胶就可能存在风险，需要更换。

(5)设备原因

目前，卫星式柔印机制造商都给印刷机配置了冷水机，主要是用于保障中心压印辊的恒温以及收卷前的承印物冷却。在生产过程中，如果刚开始生产时图案压力都是正常状态，但在车速不变的情况下，印刷图案时而整体压力偏重、时而整体压力偏轻甚至发虚，这就需要密切关注中心压印辊的温度。当中心压印辊温度不稳定，上下波动幅度较大时，金属材质的中心压印辊会受热胀冷缩的影响而发生比较大的尺寸变化，导致印刷辊筒的压力变化，进而使印刷图案出现间断性的压力大或发虚。

解决方案：密切关注中心压印辊的温度变化，温差应控制在 ±0.5 ℃之内；如果温控仪有问题，需要及时更换。

(6)排版原因

如果在印前图案排布或拼版不当，会造成条杠现象。同样，在印刷过程中产生条杠的同时，相邻近的部位就可能会存在发虚的可能，条杠越严重，发虚的概率越大。

解决方案：尽量采用错位拼版，使图案在周向上尽量连接起来，或加粗印版上的压条宽度以增加支撑力。

12. 黏墨

黏墨，这里特指正面印刷面出现的黏墨，而非油墨黏附到承印物的背面(又称黏背)。在生产过程中，由于多种原因，所印刷的图案上面会残留有前面其他色组所印图案的印迹。这种情况通常是浅颜色的色组黏附前面深颜色色组的图案，或者上墨量小的色组黏附前面上墨量大色组的图案；前提是这两色有叠色压印关系，即使压印部位很小(如扩缩)，也有可能会发生这种黏墨情况。

黏墨产生的原因一般有以下几种：

(1)色序原因

在生产过程中，有时会遇到因为工艺色序排布不是最适合而造成黏墨。例如，深色在前，浅色在后，或网纹辊墨量大色组在前，墨量小色组在后。

解决方案：在不影响图案压印效果的前提下对换色组，尽量将浅色系和网纹辊墨量小的图案排在前面色组。如果调整会影响到图案压印效果，应尽可能最大化间隔黏墨的两个色组，以避免前面色组的油墨未干就被后面的色组压印上，湿压湿后造成图案边缘效应、叠色不良或出现反黏前面图案颜色的现象。

(2)压力原因

在印刷过程中，由于印版压力调整不当，过大时会造成图案边缘出现重影，重影部位堆积的墨层较厚，来不及彻底干透，后面色序的印版在压印时会将前面未干透的部位反黏到印版上，再由印版转移回网纹辊，网纹辊重新上墨时如未完全溶解残留的图案，再次给印版传墨时就会把之前残留的图案一起转印到印版上，造成黏墨。由于网纹辊与印版辊筒的周长不同，所以残留图案与正式图案在前后位置会有差异，但处于同一纵向位置。

解决方案：调整印版至合适的压力，以减少图案边缘的墨层堆积。

(3)干燥原因

色组干燥不够会导致前面色组的油墨未干，后面图案压印上后，会把前面承印物上的图案部分反黏下来，造成黏墨。

解决方案：加大色组间的进、排风量，以加快油墨的干燥速度；调整色序，增加黏墨两色组间的间隔。

13. 拉伤

拉伤是指所生产的产品在印刷图案表面出现的一种现象，即油墨有纵向线条状或片状被刮擦的痕迹。在严重时，甚至会刮伤承印物材料的表面。拉伤有连续性也有间断性，使用放大镜看印刷品拉伤部位，沿进料方向查看拉伤末端是否存在油墨拖尾情况，各种原因所造成的结果不尽相同。

拉伤产生的原因一般有以下几种：

(1)刮刀原因

刮刀在使用过程中，有异物卡入或安装操作不当而导致刮墨刀有缺口变形，在刮墨时会产生刮不净的深线条或白线条。如果是这种情况造成的拉伤，其现象是有规律可循的，连续性一直都存在，在同一垂直线上不变，并且无油墨拖尾情况。停机查看网纹辊时，也可以看到线条痕迹，把网纹辊擦干净后没有痕迹，即可判断是刮刀的问题。

解决方案：更换新刮刀，并确保安装过程标准化。

(2)网纹辊原因

网纹辊在长期使用后，有可能在其表面刮出线。如果所印刷的图案正好位于网纹辊有线的位置，印刷出来的图案就会出现纵向线条，或深色或白线条，有规律、连续性一直都有，在同一纵向位置不变，无油墨拖尾情况。停机查看网纹辊可以看到线条痕迹，擦净后仍然有线条，即可判断是网纹辊问题。

解决方案：若是套筒式网纹辊，可调转方向安装，看能否避开图案或更换其他网纹辊。

(3)导辊原因

在印刷过程中或后道工序中，如果发现或反馈有印刷品拉伤，且呈间断性，隔一段距离有拉伤，无规律、有油墨拖尾情况，可以排除刮刀、网纹辊这两种因素。由于印刷机从放卷到收卷中间有很多根导辊在同时运转，如果在图案印刷完毕后任何一根与油墨面接触的导辊辊面上有瑕疵，如磕伤、突起毛刺、硬油墨块、胶带纸等异物，都会造成印刷品的油墨拉伤。

解决方案：将与油墨面接触的这部分导辊做好标记，并定期仔细检查、清洁，以保持其良好的灵活性和平衡性。

(4)烘箱原因

出现无规律、间断性拉伤，而且有油墨拖尾情况，除了导辊原因之外，还有一种可能就是烘箱原因。无论是色组烘箱还是主烘箱，烘箱中风嘴与承印物之间的距离都非常近；如果在生产过程中不小心有碎膜、碎纸、干油墨或者其他异物卡在烘箱内，就会导致拉伤现象。

解决方案：首先需要仔细查看是哪色有拉伤现象，来判断异物所处位置是在此色组烘箱，还是之后的烘箱；然后逐个检查并清理，找到异物后分析其来源，并设法阻断其再次进入的渠道。

14. 甩墨

甩墨又称为飞墨，是指在产品印刷过程中，印刷品上出现不规则墨滴的现象。这些墨点可能是由网纹辊在特定异常状态下甩出的油墨所形成的。在正常操作条件下，网纹辊不会甩墨，但在油墨溢出或积聚等特殊情况下，会导致甩墨现象的发生，从而在承印物上形成墨点。

导致网纹辊甩墨产生的原因一般有以下几种：

(1)刮刀原因

①刮刀在安装过程中如未到位，会导致刮刀左右不水平，无法彻底刮净网纹辊上多余的油墨，当网纹辊高速运转时，就会造成甩墨。

解决方案：按标准更换、重新安装刮刀，刮刀两端最边缘与外侧卡板预留 1 mm 空隙，以便让封墨刀上多余的油墨有空间流入墨盘。

②目前卫星式柔印机多使用封闭式墨腔，上下配有两片刮刀，在连续生产过程中，刮墨刀片与封墨刀片的磨损程度可能会有不同，当上下两片刮刀磨损差异过大时，网纹辊上的多余油墨无法被刮净，从而形成甩墨。

解决方案：制定相应的刮刀使用标准，到达使用寿命后及时更换刮刀。

③刮刀压力异常，在更换刮刀或者更换网纹辊后，如果未对刮刀压力进行调整，导致刮刀压力过大而弯曲，或者刮刀压力不足，都会引起网纹辊上的油墨无法被刮净而甩墨。

解决方案：在每次更换新刮刀或网纹辊后，都需要重新调整刮刀压力，以确保能刮净网纹辊上的多余油墨。

(2)网纹辊原因

网纹辊在长期使用后，其辊面两端边缘可能会出现轻微的不平整，在这些不平整的部位，油墨无法刮净，在高速旋转中会导致甩墨。尽管网纹辊两端有挡墨板遮挡，但网纹辊挡墨板本身很窄，无法保证能完全遮挡住。

解决方案：首先，要注意网纹辊的使用，轻拿轻放，尽量避免网纹辊的任何部位受损，包括两端也需要注意。其次，需要改造网纹辊的挡墨板，以增加其对网纹辊边缘甩墨的遮挡能力。这需要验证挡墨板增加到多宽才合适，以确保既不能碰到版辊又能起到有效的遮挡作用。

(3)封墨块原因

封墨块对封闭墨腔来说其作用非常重要，既要起到封闭油墨不外漏，又要保证网纹辊在与其紧密接触中运转不受影响。由于各种原因，操作者有时虽然更换了刮刀，但对封墨块没做到同步更换，导致封墨块与刮刀片高度不一致，与网纹辊的贴合度也不对。在运转过程中，导致无法起到有效的封墨作用，致使油墨外溢至网纹辊端面，高速旋转的网纹辊就把油墨甩飞到承印物上或者机台上。

解决方案：制定标准程序，更换刮刀的同时，必须按照标准作业流程更换封墨块。当然，封墨块的材料多种多样，只有适用自身机台的封墨块才是最好的选择。

15. 拖墨

拖墨是指在正常印刷的图案上出现不应存在的深色油墨线条，或者出现其他油墨颜色的线条。这些线条会在垂直方向出现，会有规律地出现在同一轴向位置，也可能会不规则地出现在任意位置，一旦出现拖墨，会在连续几幅图案上都存在，随后逐渐淡化消失，但过一段时间又会再次出现。

对于有经验的操作员来说，遇到问题时首先需要仔细观察：拖墨是否为图案的本色组油墨？其位置是否固定？如果符合以上条件，那么基本可以确定拖墨的原因有以下两种：

①油墨刮刀上的刀片压板变形或存在异物无法与刀架完全贴合，中间产生的间隙导致墨腔内的油墨从刮刀与刀架之间反渗到刮刀背上，流下后滴落到网纹辊上，网纹辊上突然出现的大墨量转印到印版后，会在承印物上形成一条颜色较深的墨线。

②目前所用的封闭式墨腔通过螺钉来固定刮刀压板，固定螺钉在频繁拆装后会出现滑丝现象，滑丝后就会无法很好地固定压板，油墨就有可能进入压板与刀架，再从螺钉孔中溢出，从刮刀背上流到网纹辊上，从而形成拖墨。

以上两个原因造成拖墨的解决方案：在遇到这种情况时，可以先采取简便方法进行临时处理，使用胶带把刮刀离刀口 3 mm 位置以上连同压板一起贴住，以防止渗出的油墨流到网纹辊上，待产品结束后再彻底解决压板的问题。

另外，如果图案上的拖墨现象是其他油墨颜色的线条、位置不固定、无规则，那么形成这种拖墨的原因为：在更换产品的过程中，油墨泵、刮刀、循环管路、网纹辊等未被彻底冲洗干净，其中残留有其他颜色的油墨颗粒，在后续产品的油墨循环过程中，这些颗粒随着油墨循环依附在网纹辊上，刮出不同颜色的线条，并转移至图案上。

解决方案：使用溶解力强的溶剂（如醋酸正丙酯）来循环冲洗墨泵、刮刀、管路和网纹辊，并更换新的油墨。

16. 鬼影

鬼影是指在印刷图案垂直方向显现的其他图像阴影，其表现形式多样，有文字、图案形式或印版接口空白等，且出现的最大概率是在大图案的底色上面。

印版上有文字、图像、色块等图文设计元素。在印刷时，与印版图文区域对应的网纹辊网穴中的油墨会被转移到印版上，而与印版上非图文区域对应的网纹辊网穴中的油墨则不会被转移。在网纹辊旋转过程中，油墨未被转移走的区域也会暴露在空气中，随着网纹辊的高速转动，稀释剂（如溶剂）会挥发，导致该区域网穴中的油墨黏度上升。当网纹辊旋转至下一圈时，已转移走油墨的区域网穴中将会重新补充油墨，而未转移走油墨的区域网穴中的油墨将难以彻底置换。这就造成两个区域网穴中的油墨特性存在轻微的差异（这种差异不仅是黏度的差异，还包括油墨转移性能、色浓度、流平性能、干燥性能、叠印性能等）。随着网纹辊的继续旋转，再次进行局部油墨转移，仍然会造成轻微的差异，而且会导致这种差异性进一步复杂。这种轻微差异将导致图案上会形成略深或略浅颜色的影子，即鬼影。

本质上，鬼影的产生是由于网纹辊与版辊的周长不同所造成的，影子与实际图案的距离正好是网纹辊与版辊的周长差，当版辊周长接近网纹辊周长时，由于二者的差值非常小，会造成鬼影的视觉效果更加明显。

一旦发现鬼影的存在，很难通过工艺调整来彻底解决。但可通过工艺技术上面的略微调整来减轻鬼影的严重程度，使其淡化，从视觉角度达到鬼影不明显的效果：

①检查版面排布情况，在特定情况下可以更换装版方向，改变鬼影明显的实地图案位置，使鬼影处于图文、文字或空白处，从而在视觉上减少其明显程度。

②适当降低油墨黏度，增加油墨的流动性，使其在给网纹辊网穴中注入的新油墨时能与残留油墨更加充分融合，减少色相上的轻微差异。

③降低油墨的干燥速度，令不同部位网穴的溶剂挥发差异减小，有效减少鬼影的发生。

④在油墨中加入适量溶解力较强的溶剂，使其在给网纹辊网穴中注入的新油墨能与残留油墨更加充分融合，减少色相上的轻微差异。

⑤在个别案例中，如使用周长为400 mm 的版辊印刷周向二拼的产品，若出现严重鬼影时，可以更换印版，使用600 mm 的版辊印刷周向三拼，这样拉大了版辊和网纹辊周长的差值，可以减少鬼影出现的频率，并使其更有可能避开敏感区域。

⑥目前有一种三片刮刀式墨腔，它在给网纹辊的网穴中注入新油墨时挤压两次，再刮除多余油墨后转印到印版，可在一定程度上解决鬼影问题。

17. 印版垃圾

印版垃圾是指在生产过程中，因多种因素导致的异物黏附于印版上，进而在转印至承印物表面时，在图案上显现出异物的形状。表现为每个版周长上固定位置、连续性、有规律地出现，直至异物掉落或清除为止。

印版垃圾产生的原因一般有以下几种：

（1）操作区域环境差

印刷机的操作区域（尤其是上料区）由于需要不断拆包、上料、贴胶带、接料、斩料等重复工作，地面上容易散落碎片膜、纸屑、头发等异物。而原材料在快速放卷过程中会产生较大的静电，导致地面上的异物可能会被静电吸附带入原材料中，当承印物印刷至这些异物时，它们会黏附在印版上，从而形成印版垃圾。

（2）原材料上有蚊虫

在原材料的制造收卷过程中，可能会包裹进异物，尤其是蚊虫，这在薄膜印刷厂中较为常见，同样会导致产生印版垃圾。

以上两个原因造成问题的解决方案：首先，时刻保持机台区域干净无异物，并在每次接班时进行彻底的卫生清洁；其次，可在原材料进印刷色组之前的导辊上面缠绕一层纸胶带，黏性面朝外，可黏除原材料上的异物，每隔三天更换一次胶带以保持其黏性。有条件的企业还可以考虑加装自黏导辊，此外，有些印刷机在购买时已配备有除尘装置。

（3）印刷色组上干油墨掉落

印刷色组区域的墨盘背面和色组烘箱上难免会残留一些油墨，待油墨干透之后，在机器振动下部分可能会掉落至印版上，造成印版垃圾。

解决方案：杜绝源头，保持色组间干净。

18. 皱褶

皱褶又称膜皱，是指因多种因素导致印刷产品的图案上出现纵向或斜条状的白纹，油墨没有印上，严重的甚至会出现材料重叠在一起，展平后图案错位，间断性出现。

膜皱产生的原因一般有以下几种：

（1）原膜原因

①印刷过程中发现有一种膜皱现象：把膜展平之后可以看到薄膜边缘多出一小块，呈现三角形形状。此情况表面，制膜车间在原膜收卷之前就已存在褶皱，在褶皱错位的情况下经过裁切边丝收卷，虽然收卷端面看似平整，但褶皱经过展平之后边缘就会多出一块。

解决方案：将原膜在机器上空走一遍或离线复卷一遍，张力设置比正常略大，以使原膜能展平。之后再印刷，若无法展平只能更换原料。

②原膜表面没有褶皱，但是上机印刷之后出现皱褶。为判断原因，把原膜裁切下10 m 左右，两人分别拉住两端展平观察原膜表面，若原膜上有一高一低的条纹，那就是吹膜有流道，用测厚仪测量会发现流道部位比其他部位偏薄，在印刷时印版容易把有流道部位压皱。

解决方案:在不影响产品质量的前提下,适当加大进料张力 1 ~2 kg,若无效果则只能更换原料。

③原膜表面无褶皱,但是放卷后发现导辊间原膜边缘一边平整另一边奁拉下来不平整,这种情况是原膜直线度不良,有单边。

解决方案:在不影响产品质量的前提下,适当加大进料张力 1 ~2 kg,如无效果则只能更换原料。

(2)温差过大

这种情况仅在冬季低温下进行薄膜印刷时才会发生,若车间温度低于 15 ℃,原膜若存放在仓库中,温度甚至会更低。上机后,由于原膜和中心压印辊温差过大,导致薄膜间断性拱起,无法在中心压印辊上贴平,从而引起皱褶。

解决方案:

①紧急情况下,可在印刷机上复卷一遍,趁热及时印刷,需要在半小时之内及时上机。

②在原料进入中心压印辊之前对原膜进行预加热。

③提高车间温度至 15 ℃以上,等待 1 ~2 h 后原膜温度有提高后再进行印刷。

④把仓库中的原膜提前运输至印刷车间,放置 8 h 以上再上机印刷。

12.3.2 水性油墨印刷

水性油墨印刷常见原因分析及解决方案主要有以下 9 种:

1. 叠印不良

定义:颜色叠加时,后续的颜色发虚不实,无法实现叠印所需的色相及流平效果。造成叠印不良的原因主要有以下几种:

①前道颜色干燥速度太慢。

②后印的颜色干版,导致转移不良。

③印刷压力设置不当。

④油墨黏度偏低。

⑤后道颜色油墨表面张力偏高。

⑥印版或胶带硬度使用不当。

相应的解决方案如下:

①提高油墨和设备的干燥能力。

②避免热风吹到印版上;加入慢干剂降低油墨干燥速度。

③调整印刷压力。

④一般情况下,后印色组油墨的黏度略高些,有助于提高叠印效果。

⑤添加润湿流平剂。

⑥使用较软的印版和较硬的胶带。

2. 色弱

定义:颜色浓度不够,实地发虚。造成色弱的原因主要有以下几种:

①添加或清洗过程残留了过量的水。

②油墨 pH 值太低,复溶性差。

③油墨干燥过快,导致干版。

④网纹辊供墨能力不足。

⑤网纹辊磨损。

⑥网纹辊有堵塞现象。

⑦印版硬度不合适。

⑧印刷压力设置不当。

相应的解决方案如下：

①保证水量添加在 5% 以内，适当添加新墨或色浆。

②调整 pH 值。

③添加慢干剂。

④更换大墨量网纹辊，提高供墨量，调整提墨辊与网纹辊间压力，调整刮刀压力。

⑤要求网纹辊制造商进行检查，必要时更换。

⑥清洗网纹辊。

⑦选择恰当硬度的印版。

⑧调整印刷压力。

3. 色相差异

定义：印刷过程中，色相出现与标准不符的现象。造成色相差异的原因主要有以下几种：

①现场黏度及 pH 值控制缺失。

②油墨批次差异大。

③使用不合格的旧墨。

④基材表面吸收性及表面处理存在差异。

⑤印刷工艺条件的变化，如基材/压力等。

相应的解决方案如下：

①及时检测调整油墨的黏度及 pH 值。

②检查并控制油墨批次间色差。

③上机前进行油墨色相检查，替换或添加新墨。

④保证印刷工艺标准化。

4. 糊版

定义：印版的网点或者文字边缘出现多余的油墨，导致印品网点搭接，图像模糊或脏污。造成糊版的原因主要有以下几种：

①油墨干燥太快。

②油墨 pH 值过低，复溶性差。

③油墨黏度太高或者太低。

④过多油墨转移到印版上。

⑤印版与压印辊之间的压力太大。

⑥纸屑或棉尘堆积过多。

⑦印版发胀。

相应的解决方案如下：

①避免热风吹到印版上，油墨中加入慢干剂。

②添加 pH 稳定剂。

③调整油墨黏度。

④提高网纹辊线数，调整网纹辊与提墨辊之间的压力，调整刮墨刀的压力。

⑤调整印刷压力。

⑥改善工作环境或过滤油墨。

⑦调低网纹辊和印版间的压力，换新版。

5. 鬼影

定义：在本不应该出现特定图像的区域出现其模糊虚影。造成鬼影的原因主要有以下几种：

①印版与网纹辊尺寸配合。

②网孔中的油墨干燥太快。

③油墨复溶性差。

相应的解决方案如下：

①调整印版尺寸/版面设计，调整网纹辊尺寸，增加墨斗中的油墨流动速率。

②降低油墨的干燥速度，更换低线数网纹辊。

③添加调墨油，提高供墨量，提高 pH 值，更换复溶性更好的油墨体系。

6. 实地颜色不均

定义：实地图像出现有深有浅的色调点。造成实地颜色不均的原因主要有以下几种：

①油墨黏度偏低。

②油墨润湿流平能力差。

③纸张表面吸收性强或表面凹凸不平。

④印版的表面被污染。

⑤印刷压力不合适。

相应的解决方案如下：

①确认 pH 值，添加新墨并充分搅拌，添加增稠剂。

②添加润湿流平剂。

③更换基材或增加底涂，尝试使用遮盖力高的油墨。

④清洁印版，或重新制版。

⑤加大印刷压力。

7. 针孔

定义：实地图像出现浅色/无色的针状小孔。造成针孔的原因主要有以下几种：

①油墨与基材表面张力不匹配。

②油墨中消泡剂过量。

③油墨的表面张力过高。

④油墨干燥太快。

⑤基材表面处理效果不均匀。

⑥泡沫过多。

相应的解决方案如下：

①更换油墨体系。

②充分搅拌，添加新鲜油墨，添加润湿剂。

③降低表面张力，添加润湿流平剂。

④避免热风吹到印版上，加入慢干剂降低油墨干燥速度。

⑤检查基材处理情况，重新离线电晕处理或在线处理。

8. 黏背

定义：放卷时印刷面和非印刷面出现粘连，导致颜色转移，甚至基材被破坏。造成黏背的原因主要有以下几种：

①油墨在基材上未干燥彻底。

②收卷张力太大。

③薄膜正反两面均进行了表面处理。

④薄膜中的助剂过量，或者加工工艺不当。

⑤收卷时材料温度过高。

⑥收卷重量太大。

⑦收卷时表面湿度太大。

相应的解决方案如下：

①检查烘箱的干燥能力，添加快干剂提高油墨干燥速度，添加蜡助剂或爽滑剂。

②降低收卷张力。

③避免过大的收卷张力，若有必要，通过印刷光油保护，能够避免蹭脏。

④确认是否薄膜批次差异，收卷前基材咨询薄膜供应商。

⑤通过冷却辊降低收卷前基材的温度。

⑥选择大小适中的卷径，加强通风，竖放或者卷筒悬挂。

⑦避免过度冷却导致薄膜表面形成雾气。

9. 蹭脏

定义：图像周边出现颜色拖尾，甚至油墨通过导纸辊传递到下一个色组。造成蹭脏的原因主要有以下几种：

①上墨量太大。

②油墨干燥太慢。

③多色叠印或叠印率过高。

④设备原因。

相应的解决方案如下：

①更换上墨量小的网纹辊，降低黏度，调整印刷压力或刮刀压力，减少上墨量。

②添加快干剂，提高油墨干燥能力，降低印刷速度，添加蜡助剂或爽滑剂。

③变更设计，提高油墨和设备的干燥能力。

④调整、清洁与印刷面接触的皮带和导辊。

单元小结

本单元围绕印刷质量检测展开，定义了印刷及印刷品质量，探讨其经济与社会双重效益。印刷质量涵盖设计、还原度、美观、服务及安全环保等要素。印刷质量检测意义重大，提升精度与效率，降低人力成本，实现实时监控与智能化转型。同时本单元介绍了凸版、平版、凹版等多种印刷方式。针对条杠、白点等常见问题，提供详尽的解决方案。同时，展望行业未来，强调技术创新与质量控制的重要性。印刷企业应强化检测与管理，提升竞争力，赢得市场信赖。通过科学管理与技术创新，确保印刷品高质量，推动行业健康发展。

习　题

一、单项选择题

1. 印刷品质量的定义中，强调的关键是印刷品在视觉上对原稿的(　　)。
   A. 艺术性再现　B. 忠实再现　C. 主观感受　D. 功能实现
2. 下列(　　)印刷方式中，图文部分与空白部分处于近乎同一平面上。
   A. 凸版印刷　B. 凹版印刷　C. 平版印刷　D. 丝网印刷
3. 在印刷过程中，以下(　　)不属于影响印刷质量的直接因素。
   A. 油墨的黏度　B. 印版的平整度　C. 印刷机的颜色　D. 印刷压力
4. 质量的定义侧重于(　　)。
   A. 产品的物理属性　B. 产品的经济效益
   C. 产品满足要求的程度　D. 产品的市场口碑
5. 印刷质量检测中，采用机器视觉技术的主要优势之一是(　　)。
   A. 降低生产效率　B. 增加人力成本
   C. 提高检测精度　D. 依赖主观判断
6. 下列(　　)方式常用于大面积的实地印刷，且墨层厚实。
   A. 平版印刷　B. 凸版印刷　C. 凹版印刷　D. 静电印刷
7. 印刷品出现“条杠”问题，可能的原因是(　　)。
   A. 油墨颜色过浅　B. 印版辊筒变形
   C. 承印物吸墨性过好　D. 印刷速度过慢
8. 在印刷质量检测中，以下(　　)不是常用的评价指标。
   A. 色彩还原度　B. 清晰度　C. 印刷机的品牌　D. 一致性
9. 柔性版印刷过程中，印版通常固定在(　　)的滚筒上。
   A. 平版滚筒　B. 凹版滚筒
   C. 橡胶滚筒　D. 可调节长度的印版滚筒
10. 为了避免印刷品出现“色差”，应采取的关键措施是(　　)。
    A. 降低印刷速度　B. 增加印刷压力
    C. 严格控制油墨批次质量　D. 改变承印物材质

二、填空题

1. 在印刷质量检测中，印刷品质量的定义是其对原稿的忠实再现程度，包括________、清晰度等方面。

2. ________的定义是“一组固有特性满足要求的程度”。

3. 凸版印刷的印版设计特征是图文部分________非图文部分。

4. 在平版印刷中，印版图文部分与空白部分之间的高度差非常小，通常仅有________μm。

5. 印刷品质量检测中，使用机器视觉技术的主要优势之一是能显著提高________和效率。

三、简答题

1. 简述平版印刷的基本原理及其特点。

2. 请列举并解释三种常见的印刷质量问题及其可能的原因。

3. 讨论印刷质量检测对企业发展的重要性，并阐述如何通过质量检测提升企业竞争力。

单元 13

了解检测设备

在一家高度自动化的印刷厂里，印刷品如潮水般从生产线上不断产出。这里有色彩绚烂的杂志、精致的书籍、各式各样的包装盒，每一个印刷品都像是一件艺术品，不容许有丝毫的瑕疵。然而，随着印刷业务量的大幅增加，人工检测印刷缺陷变得越来越困难且容易出错。为了解决这个问题，厂里引进了一套先进的印刷缺陷检测设备。这套设备对于保障印刷品质量来说，就像是一座灯塔，为人们指引着方向。

当第一次接触这套设备时，熟悉它是首要任务。其中，检测系统启动方法是开启探索之旅的第一步。启动这个设备，就像是启动一艘驶向高质量印刷品海洋的巨轮。我们按照特定的步骤，按下相应的按钮，接通电源，看着指示灯一盏盏亮起，系统开始自检，这一系列的操作都像是在唤醒一个沉睡的巨人，为后续的检测工作做好准备。

当设备成功启动后，主界面呈现出来。这个主界面就像是设备的大脑中枢，有着丰富多样的功能。这里有显示当前检测状态的区域，像一个实时的仪表盘，告诉我们检测的进度、已检测的产品数量等关键信息。还有设置检测参数的功能区，通过调整参数，可以让设备适应不同类型、不同质量要求的印刷品检测，就像为它配备不同的“视觉模式”。同时，主界面上还有警报提示功能，一旦检测到严重的印刷缺陷，它就会像警铃一样及时给出通知，让我们能迅速做出反应。

在实际的生产过程中，经常需要在不同的印刷产品之间进行切换检测。检测产品切换功能就像是设备的“多功能插件”。无论是从检测薄如蝉翼的纸张印刷品转换到厚实的包装盒印刷品，还是从色彩丰富的海报切换到黑白的说明书，都可以轻松地通过这个功能让设备快速适应新的检测对象。这就保证了在多种印刷品混合生产的情况下，检测工作依然能够有条不紊地进行。

一天的工作结束后，或者当设备需要进行维护保养时，正确关闭检测系统就变得至关重要。要按照规定的顺序操作，先关闭某些特定的检测模块，再切断电源，确保设备在关闭过程中不会受到任何损害，等待下一次的启动，继续为印刷品质量保驾护航。通过熟悉和掌握这些关于印刷缺陷检测设备的操作，就能让这套先进的设备在印刷生产中发挥出最大的作用，确保每一个印刷品都能以最完美的状态呈现在客户面前。

知识能力目标：

- 熟悉印刷缺陷检测设备。
- 掌握检测设备启动与关闭的方法。

素养要求：

培养遵守规则习惯，强化安全意识：检测设备的启动与关闭需要遵循严谨规范的操作流程，这有助于培养学生遵守规则的习惯。其准确性和安全性要求体现了对自身和他人安全的重视，可强化学生的安全意识。

13.1 印刷缺陷检测设备

基于机器视觉的纸质印刷品检测缺陷设备的品牌很多，本书以凌云光的单张检品机作为检测设备，如图 13-1 所示。该设备可以在线实时检测纸质印刷品是否含有缺陷，并判断缺陷类型，以下是实验操作的详细内容。

视 频

印刷检测设备介绍

图 13-1　凌云光的单张检品机

1. 检测设备结构

凌云光的单张检品机检测设备系统主要由以下七部分构成：光学成像单元，图像采集控制单元，吸风及控制单元，传输及控制单元，图像采集处理单元，良品收集单元，废品收集单元。

①光学成像单元：其作用是为图像采集提供清晰、稳定的成像条件，包括光源、镜头等光学元件，确保印刷品的表面细节能够被准确捕捉，如图 13-2 所示。其中包括三个摄像头，如图 13-3 所示。

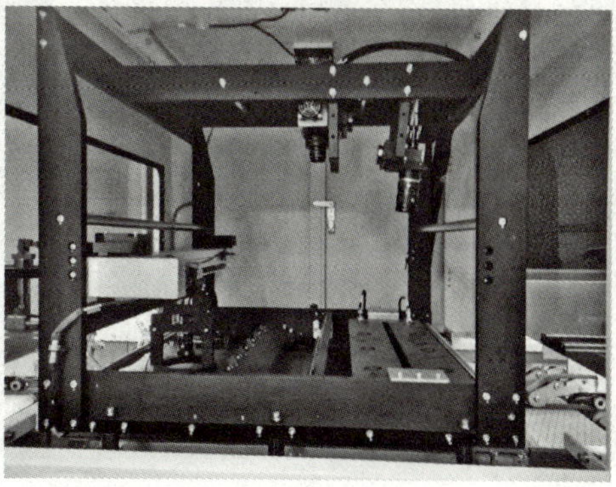

图 13-2　光学成像单元

（a）

（b）

（c）

图 13-3　三个摄像头

每个摄像头配有专门的光源，如图 13-4 所示。

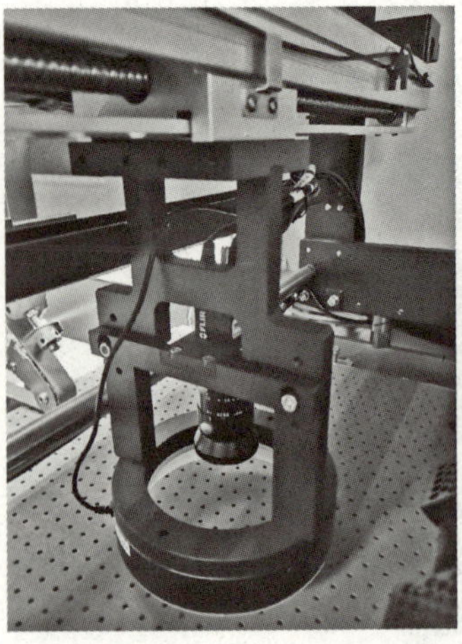
（a）

（b）

（c）

图 13-4　光源

②图像采集控制单元:控制摄像头的曝光时间、增益等参数,以获取高质量的图像数据,并将其传输至图像处理单元。

③吸风及控制单元:通过吸风装置确保印刷品在传输过程中平整无褶皱,同时控制吸风力度以适应不同厚度和材质的印刷品。

④传输及控制单元:精确控制印刷品的传输速度和位置,确保每张印刷品都能准确地通过光学成像单元,并被图像采集系统所捕获,如图 13-5 所示。

⑤图像采集处理单元:接收来自图像采集控制单元的图像数据,运用图像处理算法进行缺陷检测与识别,并将结果实时反馈至控制系统,如图 13-6 所示。

图 13-5 印刷品传输

图 13-6 图像采集处理单元

⑥良品收集单元:根据图像处理单元的判断结果,自动收集无缺陷或符合质量标准的印刷品,如图 13-7 所示。

图 13-7 良品收集单元

⑦废品收集单元:将检测出有缺陷的印刷品自动分拣至废品收集区,以便后续处理或重新印刷,如图 13-8 和图 13-9 所示。

2. 检测设备使用步骤

①按照操作手册启动检品机,完成各单元的初始化设置,包括模板的制作和优化等。

②将待检测的印刷品放置在传输单元的入口处,启动传输系统,确保印刷品平整且速度稳定地通过图像采集区。

图 13-8 废品收集单元自动分拣

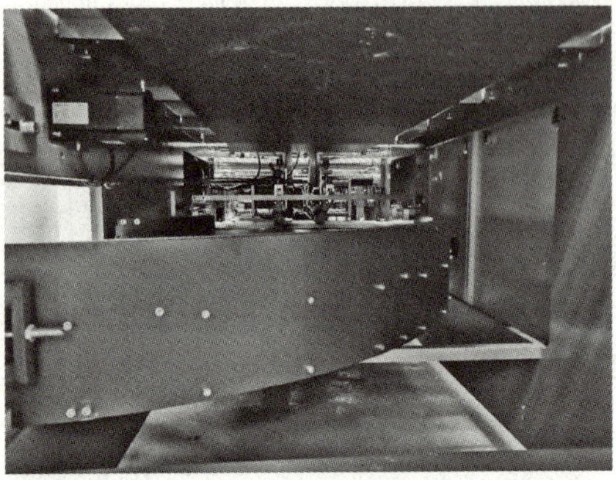

图 13-9 废品收集单元废品收集

③观察图像采集处理单元的实时反馈，调整模板等参数以获得最佳的图像质量检测结果。

④根据处理结果，控制系统将自动判断每张印刷品的质量，并控制良品收集单元或废品收集单元进行相应操作。

⑤通过软件上显示的数据记录实验过程中的关键数据，如检次品率、缺陷类型等，并对实验结果进行统计分析，以评估印刷品的质量。

13.2 检测设备启动与关闭

13.2.1 检测系统启动方法

具体操作步骤如下：

①先打开电柜电源开关，如图 13-10 所；再打开光源开关，如图 13-11 所示。此时，系统会自行启动。

图 13-10 电柜电源开关

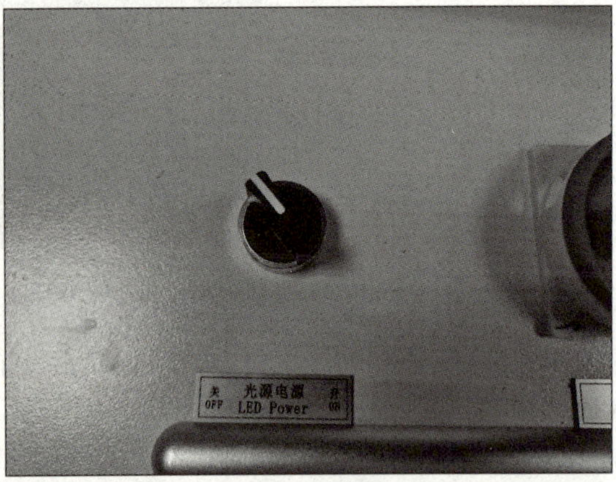

图 13-11 光源开关

②系统正常启动之后，找到计算机显示屏桌面上的检测软件 PrintingPlus6 的图标，如图 13-12 所示。

③双击 PrintingPlus6 图标,弹出 PrintingPlus6 系统登录对话框,输入登录名和密码,单击"登录"按钮进入系统,如图 13-13 所示。

图 13-12 检测软件 PrintingPlus6 的图标

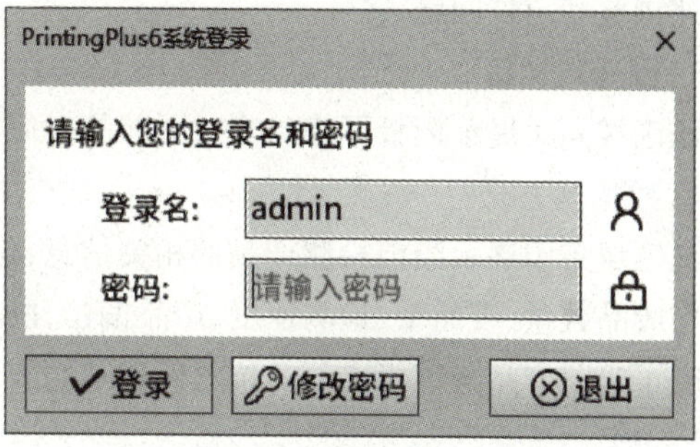

图 13-13 登录对话框

系统主界面如图 13-14 所示。

图 13-14 检测软件 PrintingPlus6 的系统主界面

13. 2. 2 主界面功能介绍

软件主界面功能区域划分得清晰有序,主要包括实时图像显示区、缺陷小图显示区、图像对比区、数据区、IPU 状态区、系统日志展示区、检测精度调节区、检测结果可视化列表区和控制区多个方面。下面对各方面的功能进行讲述:

1. 实时图像显示区

该区域用来呈现检测系统的实时图像流,涵盖产品的正面及背面视图,确保能够实时监控检测过程。

2. 缺陷小图显示区

该区域专门用于展示系统检测到的各类缺陷小图，所有被识别出的缺陷图像将集中在此区域显示，便于快速浏览和定位问题。

3. 图像对比区

该区域同时展示模板图像与实时图像的对应小图，保证两者内容的一致性，提供直观的对比参照。

4. 数据区

该区域集中展示当前检测产品的相关信息，包括操作人员、用户名称、产品名称、当前批次、检测总数、良品与废品数量、废品率、检测速度、产品偏位，以及检测起始与当前时间等关键数据。其中，产品偏位数据反映了当前产品与模板之间的位置偏移及倾斜角度信息，为精确调整提供重要参考。

5. IPU 状态区

该区域用于显示系统智能处理单元(IPU)的连接状态。当状态指示由蓝色变为绿色时，意味着 IPU 已成功连接至系统，保障检测流程的顺利进行。

6. 系统日志展示区

该区域用于展示系统的工作状态日志，详细记录系统的各项操作与事件，提供全面的运行信息。

7. 检测精度调节区

该区域用于展示产品的检测精度设置。可以在检测区内对各种缺陷的检测精度进行细致调整，一旦调整完毕，新的检测精度设置将即刻生效，确保检测过程的准确性与高效性。

8. 检测结果可视化列表区

该区域位于实时图像显示区的上方，以直观的形式展示产品的多个工位检测结果，包括正面工位、3D 面工位、条码工位及背面工位。四个方格分别对应不同的检测面，通过颜色变化迅速标识产品的检测状态。当正面检测判定为良品时，左上方格呈现绿色；若判定为废品，则显示为红色。类似地，3D 面判定为良品时，右上方格保持空白；判定为废品时，则变为红色。条码工位面和背面工位的显示逻辑依此类推，提供清晰、迅速的检测结果反馈。

9. 控制区

该区域汇集了系统控制中的核心功能按钮，方便进行常用操作。对于不常用的控制功能，可通过单击主界面左上角的 PrintingPlus6 菜单下的子菜单进行访问和调试。控制区的主要功能涵盖广泛，旨在提供便捷、高效的系统控制体验。

13.2.3 检测产品切换

视频

检测产品切换

当单击“切换产品”按钮时，系统将弹出“切换产品”对话框，提供选择或切换产品的便捷途径，如图 13-15 所示。若有添加新客户的需求，可通过单击“新建客户”按钮来实现。此时，系统将弹出“新建客户”对话框，其中可以设置新客户的名称、详细编写客户信息，并为每个检测面中的印次配置相适应的系统检测精度。配置过程简洁直观：只需在新建用户界面选定特定的检测面与印次，再选择相应的系统精度检测等级即可完成设置。

1. 客户编辑与名称修改

灵活的客户编辑功能，通过单击“编辑客户”按钮，可以轻松进入编辑客户对话框，对已有客户的信息及各印次的检测精度进行细致的编辑调整。同时，若需要更改客户或模板的名称以适应实际需求，可单击“改名”按钮来实现；此功能能够智能识别选择的对象，并据此进行准确的名称修改。

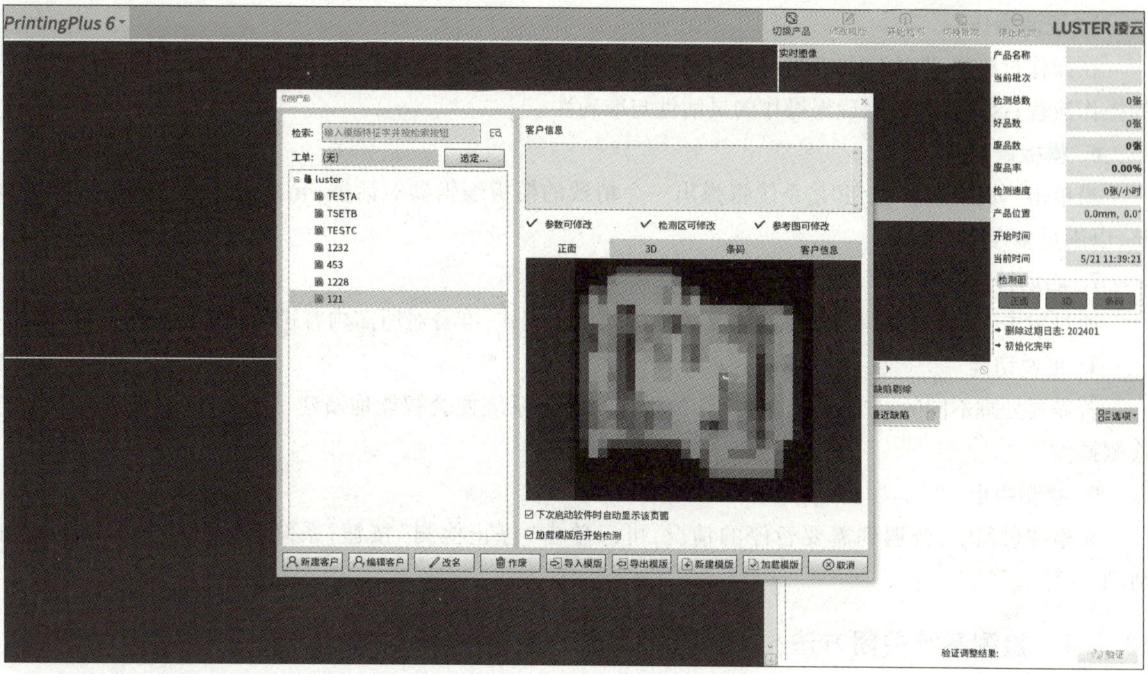

图 13-15　切换产品

2. 客户与模板的作废与恢复

为满足模板管理的全面需求，含有作废与恢复功能。单击“作废”按钮，可以将选定的客户或模板进行删除操作；被删除的对象将被妥善地移至“作废模板”列表中，以备后续处理。在此列表中，可以随时选择已作废的客户或模板进行恢复操作，实现资源的灵活再利用。同时，若需要彻底清除“作废模板”列表中的内容以释放存储空间，只需简单选中列表中的项目，再单击“清空”按钮即可完成清理工作。

3. 模板的导入与导出

为提升在使用过程中的便捷性和灵活性，含有模板的导入与导出功能。通过“导入模板”选项，可以将先前创建的 *. ppm 模板文件轻松地从其他位置导入系统的模板库中；而“导出模板”功能则允许将已建好的模板导出至指定位置，并以清晰明了的“模板名 . ppm”格式进行保存，便于后续的使用与分享。

4. 新建与加载模板

系统支持进行模板的新建与加载操作。单击“新建模板”按钮后，将进入直观易懂的新建模板界面，如图 13-16 所示。而“加载模板”功能则能够将选定的模板快速加载至检测系统中；加载后的模板将在 PPICW 主界面上清晰展示，在进行检测时随时调用。

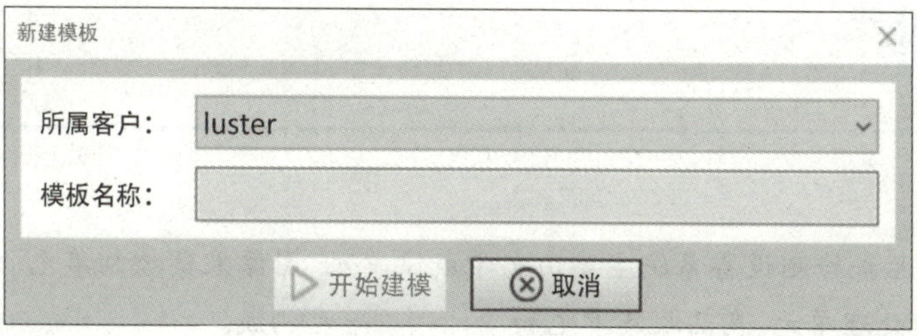

图 13-16　新建模板

5. 取消操作

在操作过程中,若决定放弃当前的产品切换或其他相关操作,可以单击“取消”按钮便捷地撤销当前的操作流程;这一设计旨在确保操作的灵活性与准确性。

6. 模板调整

当单击“修改模板”按钮时,系统将弹出一个精致的模板编辑器对话框,允许进行细致的模板参数调整,以满足多样化的需求。

7. 启动检测流程

通过单击“开始检测”按钮,系统将平稳地进入检测模式,准备对所需内容进行精确的分析与处理。

8. 批次切换

若需要处理不同的批次,只需单击“切换批次”按钮,系统便会智能地新建一个批次,以便进行后续的检测操作。

9. 检测中止

在检测过程中,若遇到需要暂停的情况,可以单击“停止检测”按钮,系统会立即停止当前的检测活动。

13.2.4 检测系统关闭方法

关闭检测系统时,单击主界面左上角的 Printing Plus 6 菜单,在弹出的子菜单中选择“退出”命令。此时,系统将弹出确认对话框,只需单击“退出”按钮,即可关闭检测系统的全部程序。这一设计确保了在结束使用时能够顺畅地退出系统,保障操作体验的完整性。此外,也可以按键盘上的【Alt + F4】组合键,通过使用快捷方式进行操纵。

单元小结

本单元以凌云光的单张检品机为例介绍了基于机器视觉的纸质印刷品检测缺陷设备。该设备由光学成像、图像采集控制、吸风及控制、传输及控制、图像采集处理、良品收集和废品收集等单元构成。系统启动时需要先打开电柜和光源开关,然后双击检测软件图标并登录。软件主界面功能区域包括实时图像展示、缺陷小图展示、图像对比观察等。在检测产品切换方面,可进行用户编辑、模板导入导出等操作。关闭检测系统可通过选择菜单命令或快捷方式来完成。此外,还对检测设备的各单元功能和操作步骤进行了详细说明。

习 题

一、填空题

1. 凌云光单张检品机检测设备系统主要由光学成像单元、图像采集控制单元、吸风及控制单元、传输及控制单元、图像采集处理单元、良品收集单元和________单元构成。

2. 图像采集处理单元接收来自图像采集控制单元的图像数据,运用图像处理算法进行缺陷检测与识别，并将结果实时反馈至________系统。

3. 废品收集单元将检测出有缺陷的印刷品自动分拣至________收集区，以便后续处理或重新印刷。

4. 检测系统启动时，先打开________电源开关，再打开光源开关。

5. 单击“切换产品”按钮时，系统会弹出“切换产品”对话框，若有添加新客户的需求，可单击________按钮。

二、简答题

1. 图像采集控制单元的主要功能是什么？

2. 吸风及控制单元的作用有哪些？

3. 软件主界面中数据区展示的关键数据有哪些？

4. 简述检测系统关闭的两种方法。

三、计算题

1. 已知某批印刷品的检测总数为1 000张，其中良品数为950张，计算废品率。

2. 若某印刷品的检测速度为40张/分钟，检测一批印刷品共用时25分钟，其中废品数为10张，计算良品数。

单元 14
创建模板

在一家老牌印刷厂，过去凭借优质印刷品声名远扬。但随着业务增长，传统人工检测因耗时、易出错，导致次品率上升、客户投诉增多。于是，厂方引入先进印刷缺陷检测设备，其核心是精准建模技术。

建模前，准备工作至关重要。工作人员小李要确保设备纸张输送稳定、图像采集精准、废品剔除机制精确、气压合适、纸张收集有序且全程监控纸张有无损伤。操作上，产品须居中放置，纸张输送平稳，他通过软件测试，仔细调整运动方向长度、传感器到顶部距离等参数。

图像采集时，小李在主界面单击“切换产品”按钮，新建用户并设检测面精度，输入产品走纸长度等信息。采集图像时，从众多产品选优质“好品”，再挑角度规整、无明显缺陷的作为模板。接着校正正面图像，绘制定位核，严格遵循原则。然后依次完成校正(3D)、(条码)检测图绘制，在不同检测面准确添加定位核。之后设置背景和3D背景检测区，自动提取结合手动调整参数，标注压痕区域，处理条码和折痕区域。设置文字检测区分“文字”“小字”子界面，依烫金效果设烫金/烫金3D检测区，配置可变条码检测区域，最后查看并保存最终模板。

操作按钮说明是设备操作指南。图像显示工具集在界面右下角，小李借此切换显示模式、观察图像细节。绘制检测区工具在左侧，他用指针、撤销、多边形等工具绘制和编辑检测区。

检测中遇非关键缺陷，小李用屏蔽功能，也可依缺陷位置调整检测严格程度，按“左松右严”准则调整参数。若仍有误检或漏检，停检测后修改模板，调定位核或套印参数，还可深入高级参数配置进行优化。若图像不佳，可挑选替换图像，停检测后替换，使系统用新图检测。

经努力，设备成“火眼金睛”质检员，次品率大降，产品质量稳步提升，厂方重获客户信任和市场份额。

知识能力目标：

- 做好准备工作。
- 熟悉建模流程。
- 了解操作按钮详细说明。
- 完成模板优化。
- 了解检测界面。
- 掌握检测操作流程。

素养要求：

诠释严谨工作态度，强调质量把控重要性：检测工作要求精准确保结果准确性，体现了严谨的工作态度，有助于培养学生严谨认真的作风。其在各领域的应用体现了对各领域质量的把控，使学生明白质量把控是各领域发展的重要保障。践行知识综合运用，强调实际问题解决：建模过程需要综合运用各种知识和技能，体现了知识的综合性和实用性。这引导学生注重知识整合和运用，培养综合分析能力和解决实际问题的能力。其结果要符合实际需求，体现了对实际问题的关注和解决问题的决心。

14.1 准备工作

建模是建立在预先采集到的样本数据基础上，进而去构建能够为自动检测服务的模板的一个流程。建模的质量所产生的影响可谓至关重要，它在相当大的程度上直接左右着系统最终所能达成的检测成果。在视觉检测设备的日常运行过程中，建模是一项具有极端重要性且起着关键作用的操作步骤。例如，在电子产品的外观检测中，建模能够将人工对于外观瑕疵的判断标准转化为机器能够理解的参数和模式。如果建模质量高，机器就能准确识别出微小的划痕、色差等问题；反之，如果建模不够完善，就可能导致大量的误判或者漏判，严重影响产品的质量把控和生产效率。再如，在汽车零部件的检测场景里，通过精准的建模，机器能够按照严格的标准去检测零部件的尺寸、形状等关键指标。一个高质量的建模能够确保检测的准确性和稳定性，从而保障汽车的整体质量和安全性。以下内容详细描述印刷品缺陷检测建模的具体过程。

视 频

准备工作

1. 检查工作

为了切实保障建模能够顺利进行，必须要提前做好一系列检查工作：

①确认纸张在输送过程中的稳定性。纸张输送过程中出现一丝一毫的不稳定，都可能对后续的检测造成严重影响。同时，还要精确无误地确定图像采集位置的准确性。只有采集位置精准，所采集到的图像数据才有价值。

②仔细检查废品剔除机制的精确性至关重要。如果废品剔除机制不够精确，就可能导致废品混入良品之中，影响整个检测的准确性。此外，气压设置的合理性也不容忽视。不合适的气压设置可能导致设备运行异常，从而影响检测效率和质量。

③密切观察纸张收集过程是必不可少的环节。要确保良品和废品能够分别有条不紊地进行整齐收集，并且两者之间的剔除操作绝对不能相互干扰。一旦出现干扰，不仅会影响收集效率，还可能导致错误的分类。

④全程监控整个流程更是重中之重。要时刻警惕纸张出现刮伤、卡纸、跳纸、撕裂或者擦痕等任何可能的损伤情况。哪怕是一点点细微的损伤，都可能影响到最终的检测结果和产品质量。

2. 操作要求

产品必须精准地居中放置，只有这样才能有力地确保图像采集的准确性。纸张输送需要始终保持稳定状态，在图像采集的整个过程当中，不允许出现上下跳动或者左右晃动的现象。这一要求完全可以通过软件测试来进行验证。具体的操作方法：单击主界面左上角的 Printing Plus 6 下拉按钮，选择“采集图像”命令，进入图像工具页面，如图 14-1 所示。

（1）采集图像界面说明

①3D 面：展示由黑白相机所捕获到的图像。

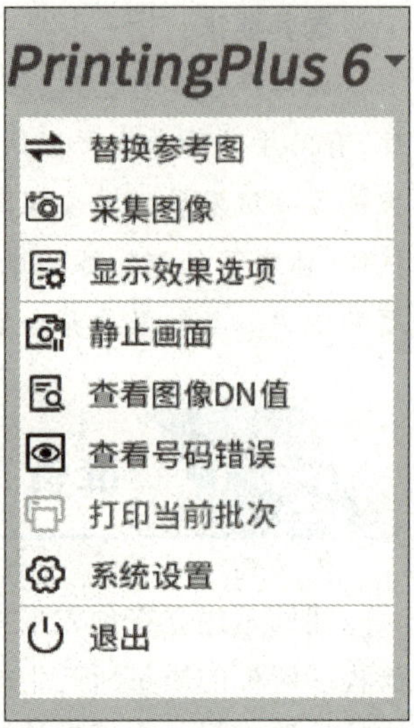

图 14-1 采集图像按钮

②条码面:展示由面阵相机采集而来的图像。

③背面:展示由背面黑白相机所采集的图像。

(2)采集图像参数设置

①运动方向长度:定义为纸张在走纸方向上的长度再加上 20 mm 的额外空间。这额外的 20 mm 主要是为了保证在图像采集时,纸张的上下边缘均能够预留出一定的余量。倘若需要对纸张的间距进行调整,可以将此参数减少 5 ~ 10 mm。

②传感器到顶部距离:指的是在走纸方向上,光电传感器触发点与纸张顶部之间的距离,其单位精确到毫米。当单击"采集"按钮时,图像采集工具便开始工作;再次单击则停止采集。如果修改了上述任何一个参数,需要先单击"停止"按钮,然后再次单击"采集"按钮,这样才能让修改产生效果。

(3)设备功能测试

①全部放行:用于对图像采集过程中,良品纸张是否能够顺利被收集进行验证。

②全部剔除:对废品纸张的收集状况进行测试,同时检查剔废点的准确性、气压的满足程度以及剔废长度的合理性,保证连续剔除操作能够有条不紊地进行。

③间隔剔除:模拟在实际的走纸过程中,良品与废品纸张交替收集的情形。此测试的目的在于验证系统是否能够精准地在间隔状态下剔除废品纸张。

(4)系统设置与调整

①电控系统设置:通过单击相应的按钮,会弹出电控系统设置对话框,可以对电控系统的拍照和剔除动作参数进行配置。

②相机位置设置:通过对相机横向和纵向位置的调整,保证正面相机与 3D 相机所采集的图像在显示界面上能够左右对齐。

为保证设备能够稳定运行并且具有高度的可靠性,借助"全部放行""全部剔除""间隔剔除"等功能开展持续至少 5 min 的综合测试。系统要检查正品与废品传送带,并有效辨别是否存在纸张堵塞等异常状况,以此保障生产流程能够顺利推进。

(5)图像采集

操作人员应当在图像工具界面上通过单击专门的图像采集按钮来开启采集流程。在采集过程中,一定要保证所捕获的图像能够完整覆盖纸张的整个区域,同时在图像的边缘、上下左右四个方向预留出适当的空白区域,以满足后续处理和分析的需要。另外,为防止图像质量受到损害,在采集过程中必须坚决避免纸张重叠的现象,从而确保每一张图像的清晰度与准确性达到最优状态。

14.2 建模流程

1. 图像采集

在主界面的右上角菜单栏中,客户需要找到并点击"切换产品"按钮,弹出切换产品对话框,参见图 13-15。

单击"新建客户"按钮，会弹出"新建客户"对话框，如图 14-2 所示。在对话框中，要依照提示在特定的用户名称栏中输入客户确切的名称，还要在客户信息栏中录入有关的备注信息，方便日后进行查阅和识别。与此同时，在检测面设置方面，应当依据实际的需求，精准地对各印次的系统精度予以配置，保证后续检测工作具备准确性和高效性。在完成上述信息的录入及设置之后，需要单击"确认"按钮，从而保存所输入的信息并且关闭对话框。接下来，当切换到产品界面时，需要单击"新建模板"按钮。

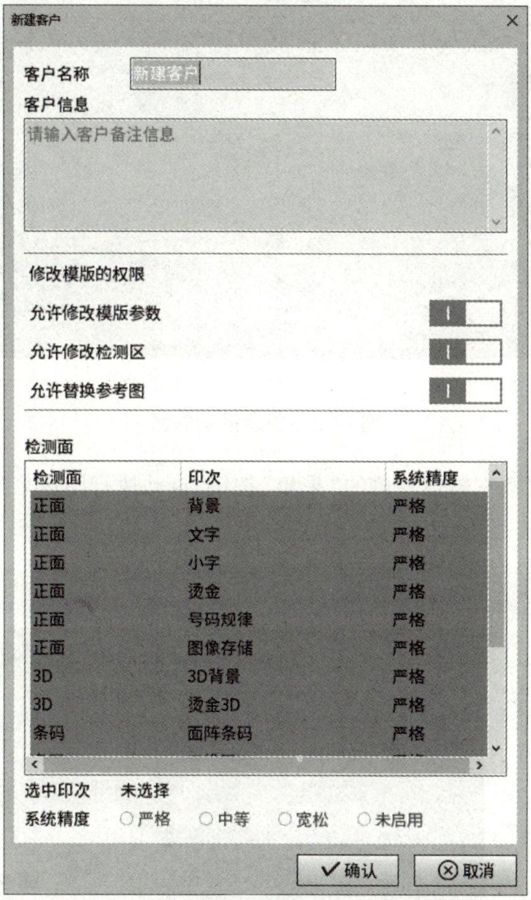

图 14-2 新建客户

在单击"新建模板"按钮之前，需要选中相应的名称。在指定的"模板名称"中，需输入新建模板的准确名称，以便后续识别和管理。完成模板名称的输入后，单击"开始建模"按钮，系统将响应此操作并弹出如图 14-3 所示的对话框，引导进入模板建模的后续流程。

在设置"运动方向长度"时，输入待检测产品在走纸方向上完成一个周期所需要的长度，并且在此基础上再增加 20 mm。这多出来的 20 mm 是为了保证在采集到的图像里，产品的上下部分都有充足的余量空间，进而利于后续的图像处理和分析。在弹出界面的"传感器扫描产品长度"中，输入传感器在扫描产品纸张时获取的实际长度数值。

在进行图像采集以前，要事先设置好走纸方向纸张的长度以及传感器到纸张顶部的距离。完成设置后，通过单击模板编辑器界面中的"采集"按钮，系统会捕获并展示产品的图像。这一步骤目的在于获取一个完整周期内的图像，该图像作为建模过程中的基准图使用。当保证机台运行平稳并且待检测产品是

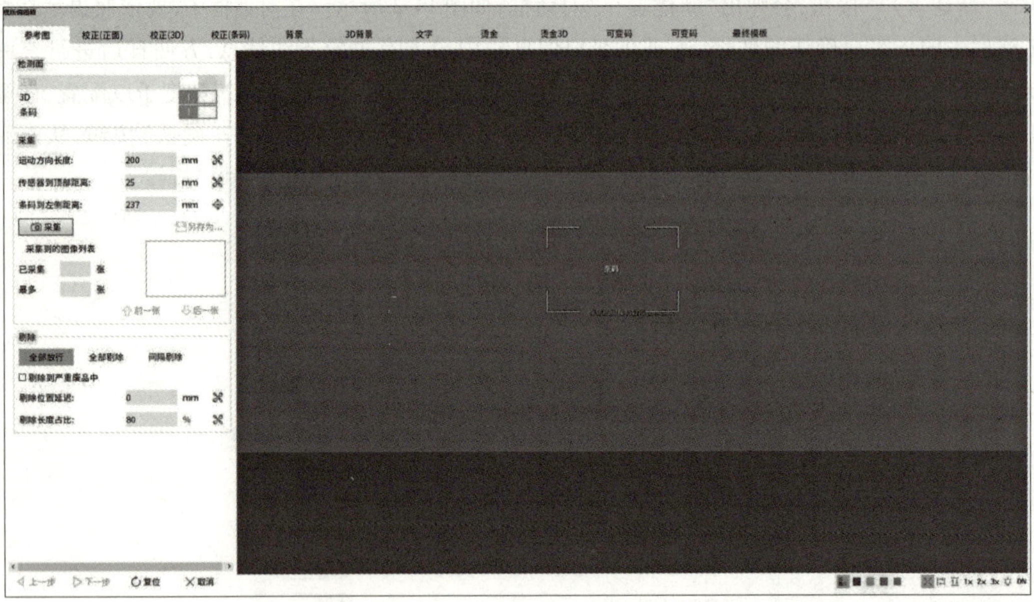

图 14-3　图像采集界面

良品时,操作人员应当单击模板编辑器左侧的“采集”按钮,自动执行图像采集操作,采集到的图像在界面中呈现出来,如图 14-4 所示。

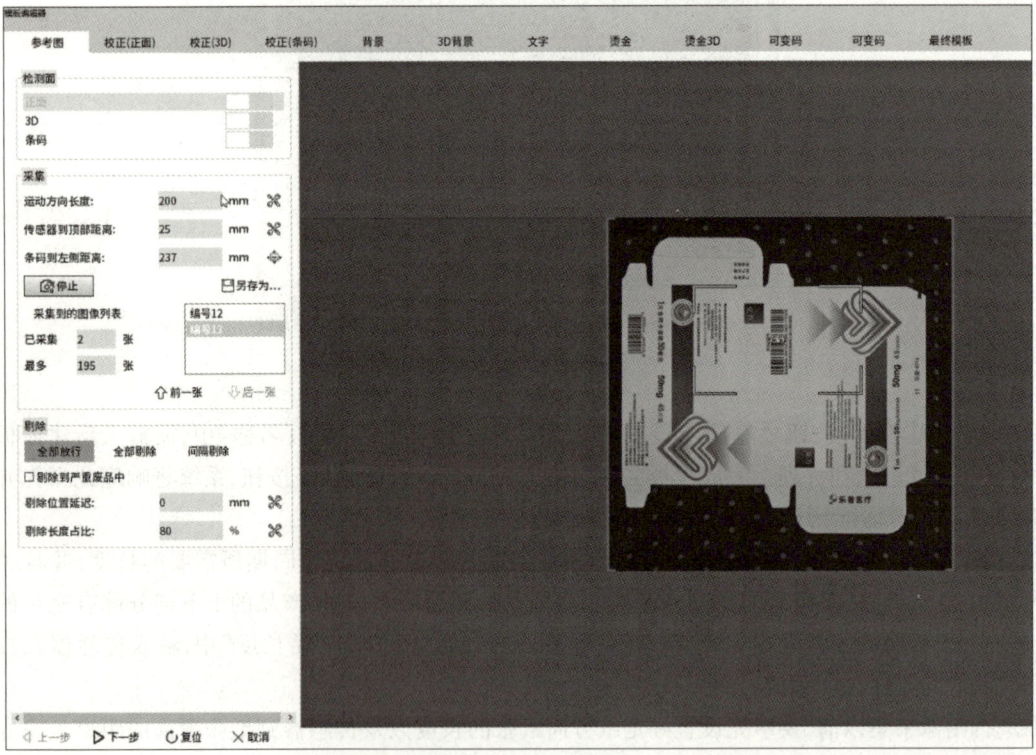

图 14-4　建模参考图

保障模板的准确性,从待检测产品中人工挑选出大概 25 张优质的产品,也就是“好品”。这些“好品”在人工检测时应当符合以下条件:套印精确、没有色差、模切整齐规范、印刷没有瑕疵,而且监管码的位置一定要处于居中状态,不能有上下左右的偏移。

在已经采集的图像当中,选取一张角度规整、旋转度较小的图像作为模板,旋转角度不能超过正负两度。在选定图像以后,需要进行仔细查看,保证这一图像作为模板时不存在明显的缺陷。如果发现图像有着显著的缺陷,可以通过单击图像编号或者使用“前一张”“后一张”按钮(见图 14-5),或者利用键盘上的上下键来重新进行选择。如果已采集的图像中没有符合条件的模板图像,需要重复采集流程,一直到获取一个周期内角度规整、没有明显缺陷的图像为止。

完成图像采集以后,可单击弹出的模板编辑器参考图界面右下角的工具栏按钮,选择最适合屏幕、最合适宽度、最合适高度、实际大小、放大 2 倍、放大 3 倍或者加亮显示等图像显示模式。为了让模板保持完整,建议在选取模板图像时运用 1:1 显示工具进行仔细查看,以便发现并排除任何可能存在的缺陷。

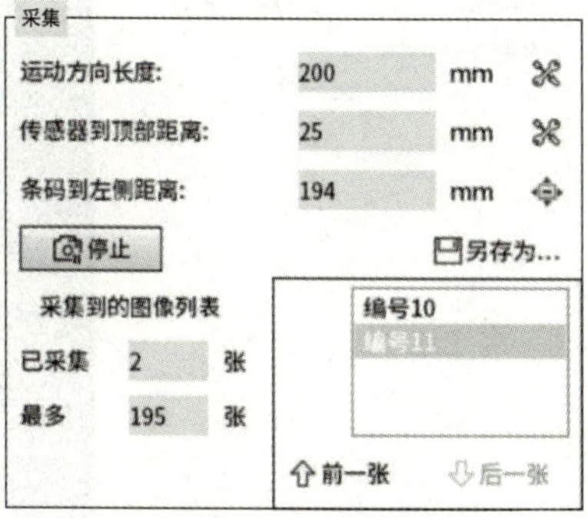

图 14-5　模板图像选择图

2. 校正正面图像

在开展正面图像的校正工作时,需要绘制三种定位核:用于水平校准的自动旋转定位核、校准定位核和模切定位核。具体来讲,水平校准定位核应当绘制在图像顶部的水平线上,用以保证图像的水平准确性;校准定位核要处在采集到的纸盒图像之上,用于精准地对准纸盒的位置;模切定位核则要画在纸盒图像的边缘部位,来辅助确定模切的位置。

在选定恰当的模板图像之后,单击“下一步”按钮,系统就会跳转到如图 14-6 所示的校正正面界面。在这个界面中,需要单击“自动旋转”按钮启动旋转校正的功能。接着,在图像顶端挑选一条清晰的水平线(例如模切边缘),并且在这条线的左端和右端分别单击,进而添加两个箭头状的定位核。这两个定位核的主要作用是计算图像的旋转角度,并将其调整到完全水平的状态。如果绘制过程中需要取消已经添加在水平线上的定位核,可以单击“取消分切”按钮,恢复到校正之前的状态,重新进行定位核的绘制及图像的校正。

在对正面图像进行处理时,要借助“添加”按钮在图像上绘制两个定位核。单击“添加模切”按钮,在正面图像上绘制用于测量模切偏位的定位核。

3. 校正(3D)检测图

绘制好校正(正面)定位核之后,单击“下一步”按钮,如图 14-7 所示。

单击弹出界面中的“添加”按钮,在 3D 检测面上加两个定位核,这两个定位核画在采集的图像上,3D 检测面的定位核可以和校正(正面)的定位核画在相同位置。

4. 校正(条码)检测图

画好校正(3D)定位核后,单击“下一步”按钮,出现如图 14-8 所示界面。

单击弹出界面中的“添加”按钮,在条码检测面上画两个定位核,这两个定位核要画在采集的图像上,定位核可以直接画在条码上方的固定印刷文字上(一左一右),若没有则可画到前 10 位不变的条码字符上,尽量拉开两个定位核的距离。校正(条码)面不用画水平线校正的定位核。

5. 设置背景检测区

画好定位核后,单击“下一步”按钮,进入设置背景检测区界面,如图 14-9 所示。

图 14-6　校正(正面)图

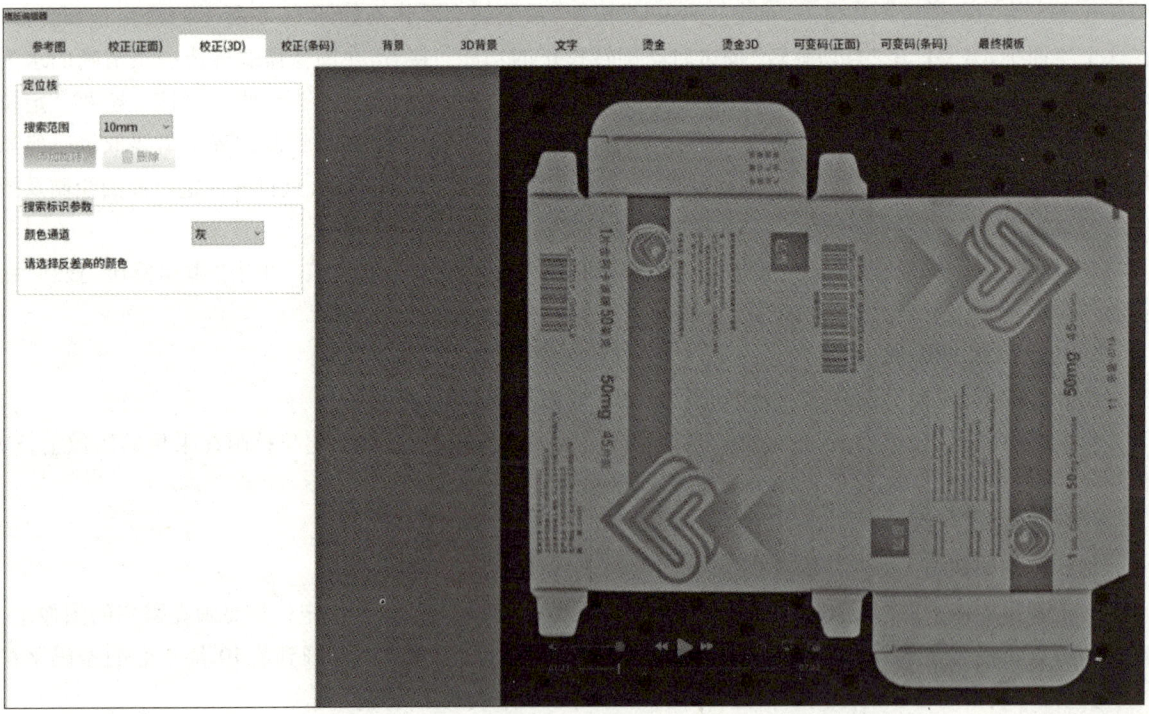

图 14-7　校正(3D)图

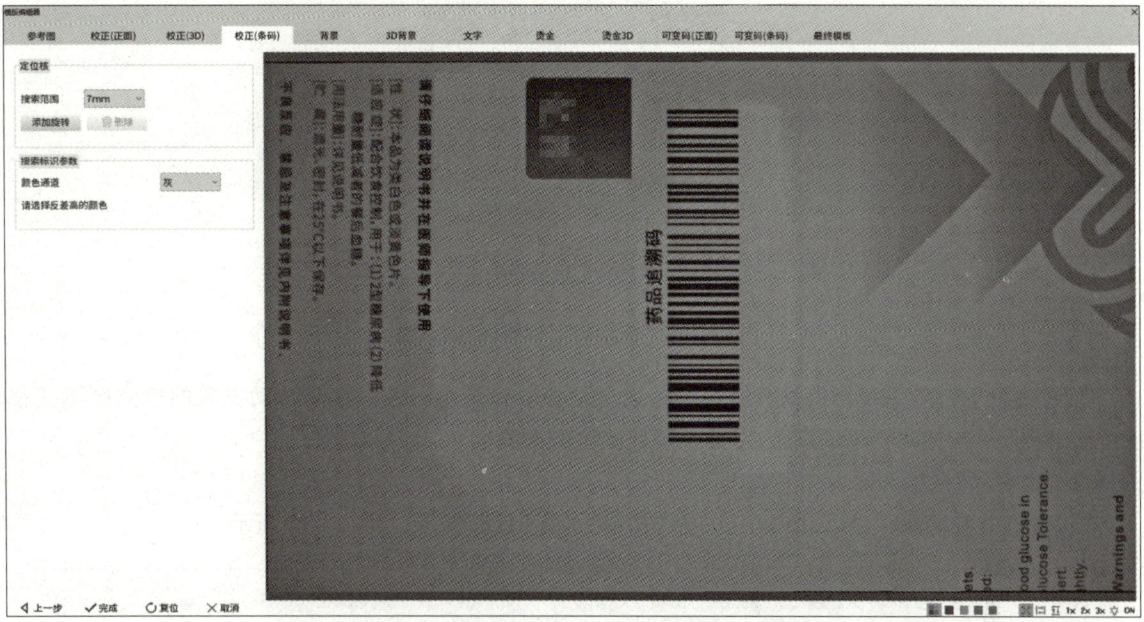

图 14-8　校正(条码)图

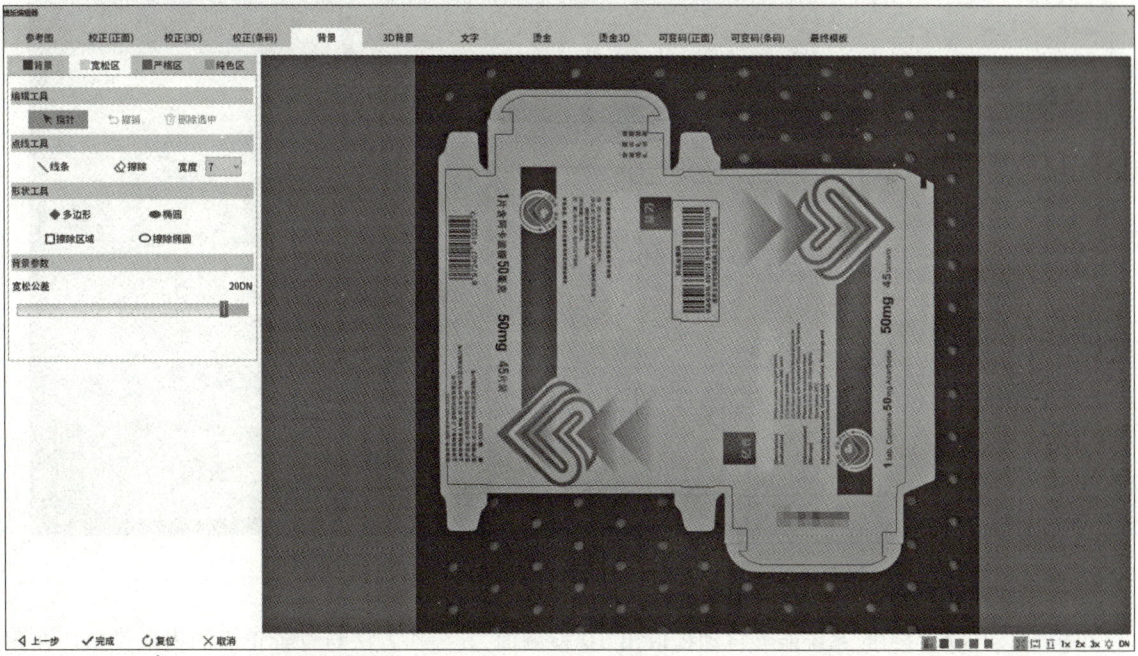

图 14-9　背景图

单击形状工具集中的“自动提取”按钮，弹出如图 14-10 所示对话框，可以定义横向缩进与纵向缩进参数。“横向缩进”指的是在自动提取检测区时，水平方向上检测边缘与目标图像边缘之间的间距；而“纵向缩进”则对应于垂直方向上的这一间距。设置容差值，表示目标图像与传送带之间的色差范围，有效值为 0～255。

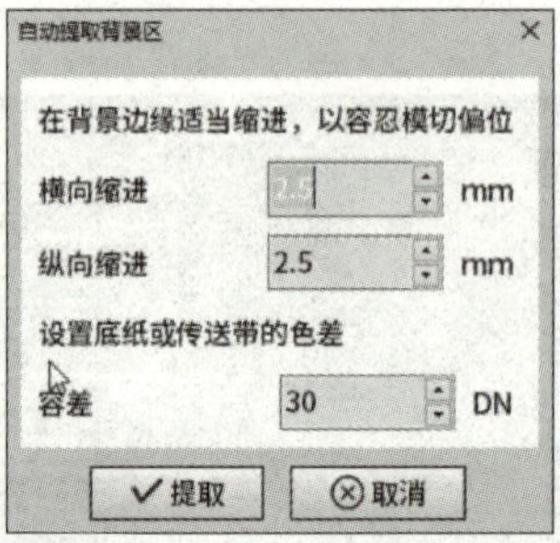

图 14-10 “自动提取背景区”对话框

单击“提取”按钮，系统会依据所设置的参数自动提取背景检测区。如果自动提取的检测区不完整，可单击“多边形”按钮进行手动调整，以此保障检测区的准确性。

6. 设置 3D 背景检测区

在设置好背景检测区之后，单击“下一步”按钮，进入 3D 背景图，如图 14-11 所示。

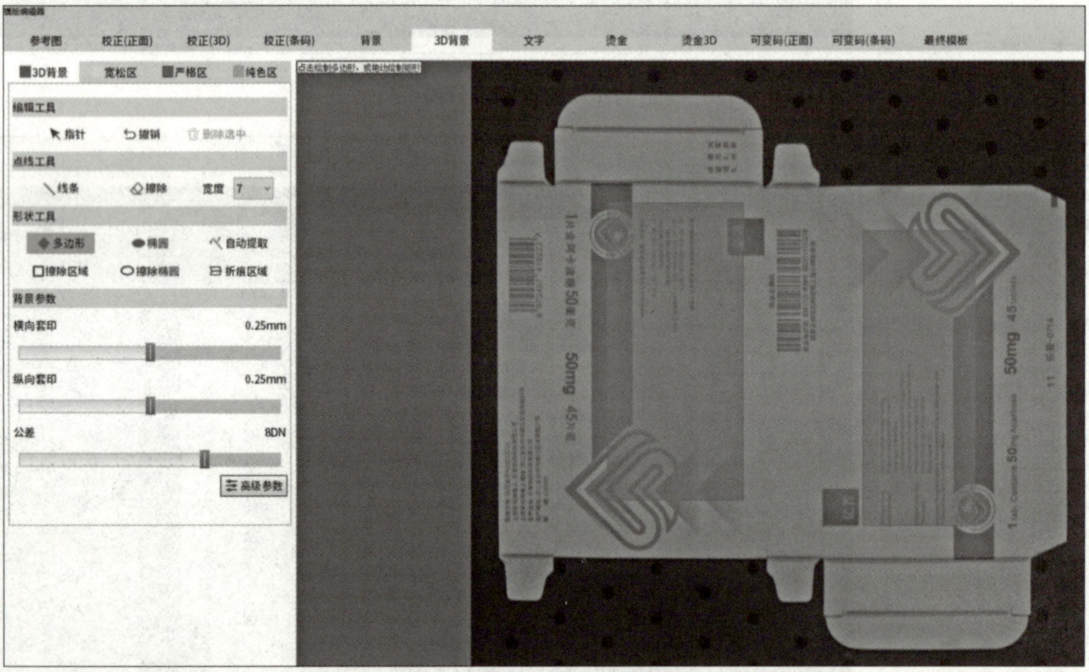

图 14-11 3D 背景图

单击“自动提取”按钮，系统能够自动提取出 3D 检测面，其操作方法与背景正面的提取类似。在 3D 面的检测中，主要侧重于识别光油缺陷；对于覆膜产品，此功能还可有效检测覆膜起泡等瑕疵。值得注意的是，3D 面的检测范围可以相对正面稍小一些。

7. 设置文字检测区

完成背面背景检测面的设置后，需要单击“下一步”按钮，系统将跳转至文字检测区设置界面，如图 14-12 所示。在这一步骤中，将能够定义和设置针对正面文字的检测区域和参数，以确保对印刷品的文字内容进行有效且准确的检测。

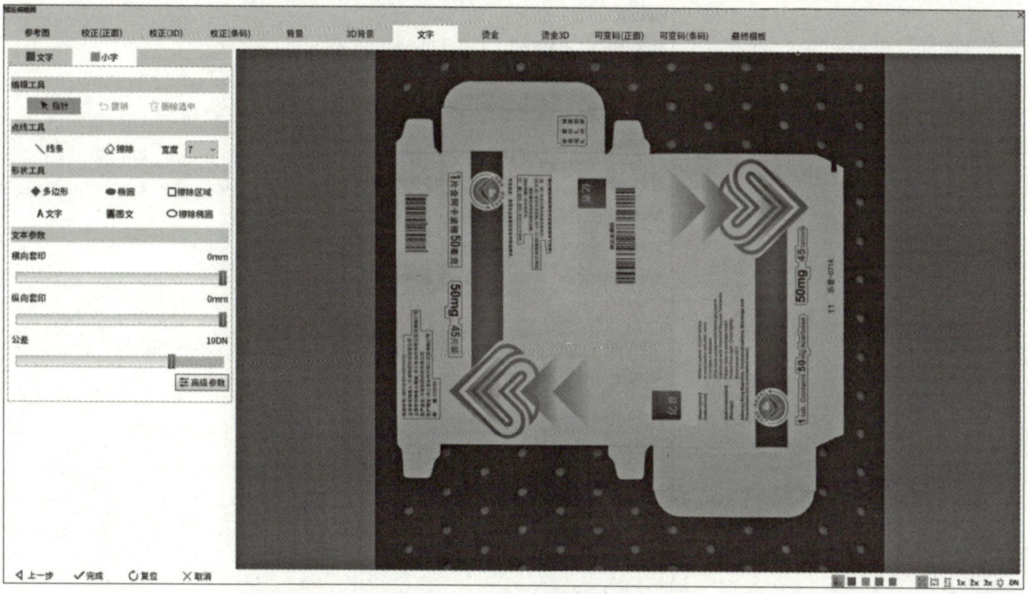

图 14-12　文字图

8. 设置烫金/烫金 3D 检测区

在完成文字检测面的设置之后,单击“下一步”按钮,系统会跳转至烫金检测面设置界面,如图 14-13 所示。烫金检测同样包含两个子界面:“烫金”与“烫金 3D”,主要是为了处理在不同工序中两次烫金可能出现的套印问题。

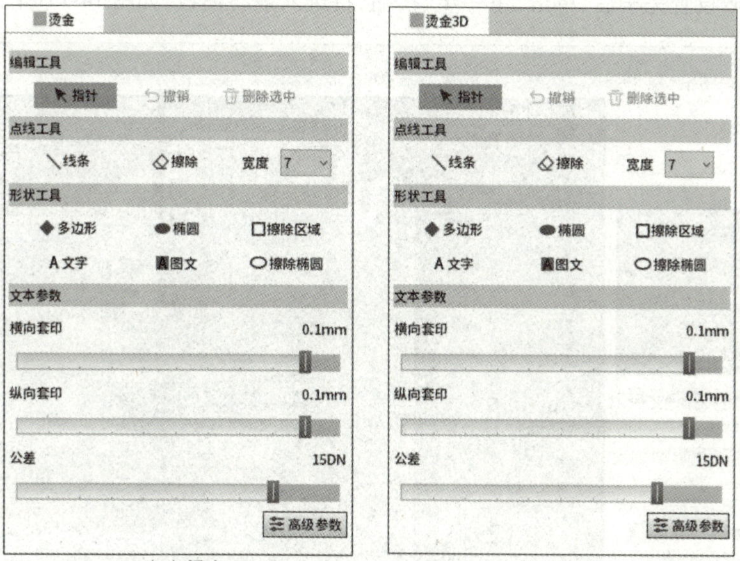

(a) 烫金　　(b) 烫金3D

图 14-13　烫金/烫金 3D 图

在完成烫金检测区域的设置之后,单击“下一步”按钮,系统将顺畅地跳转至可变条码检测面的设置界面,如图 14-14 所示。

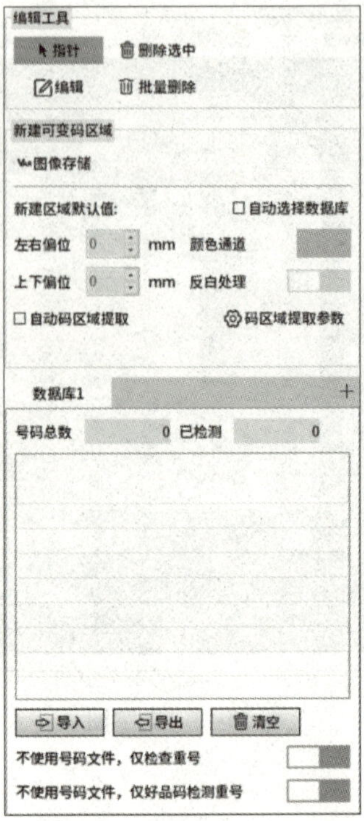

图 14-14　可变条码设置界面

9. 最终模板

当条码检测区域设置完毕后，单击"下一步"按钮，将进入最终模板，如图 14-15 所示。

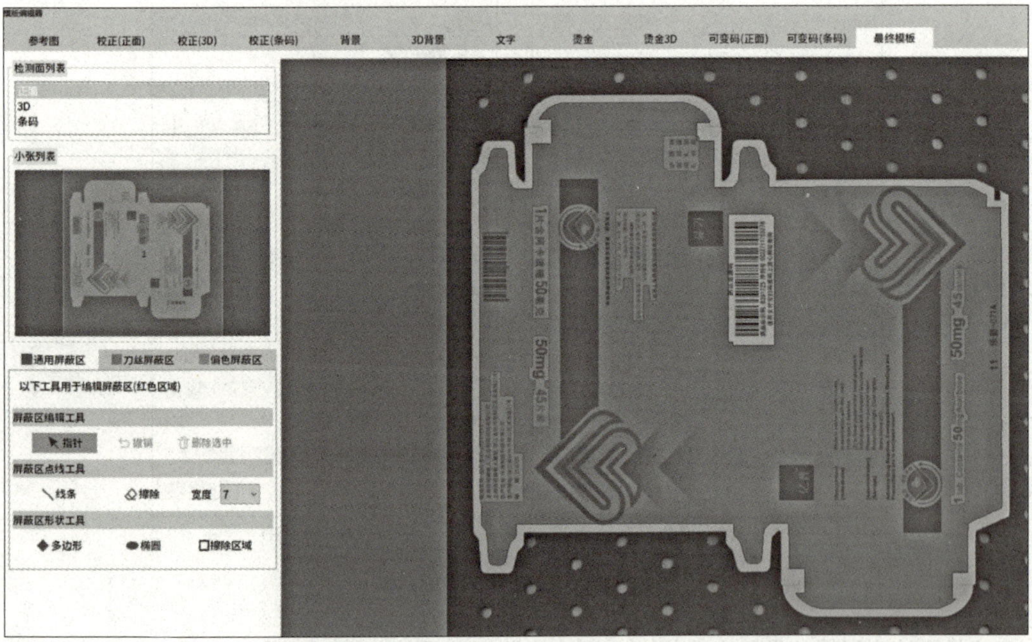

图 14-15　最终模板图

14.3 模板优化

当建模工作结束后，模板初始的检测参数配置通常难以全面契合多样化的检测要求。所以，在检测的流程中，需要持续对检测结果予以监控，并且针对模板的检测参数展开优化与调整，保证实现最优的检测成效。系统给出了四种模板的调整方式：对不必要检测的功能予以屏蔽、对检测精度进行细致化调整、具备模板的直接修改功能，以及参考图的替换功能。检测精度调整图如图 14-16 所示。

视 频

模板优化

在建模过程中，若所选用的图像并非最优，而重新创建模板又涉及定位核与检测区的烦琐重绘，此时可利用“替换参考图”功能来操作，如图 14-17 所示。该功能允许将当前模板中的参考图像快速替换为指定的其他图像。

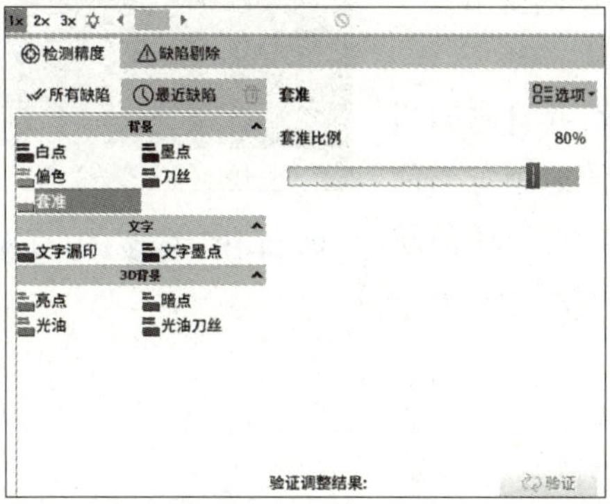

图 14-16 检测精度调整图

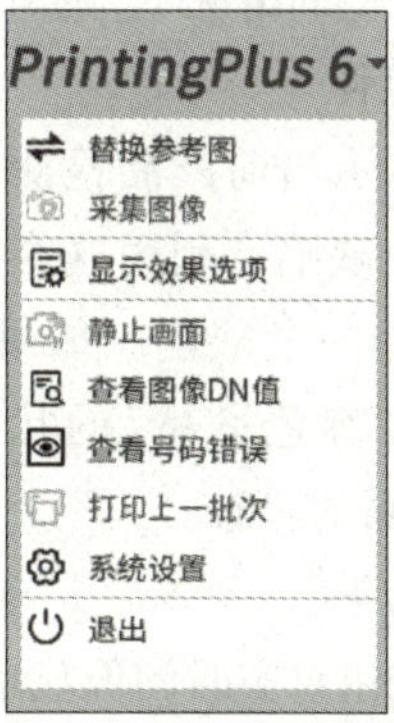

图 14-17 选择“替换参考图”命令

1. 挑选替换图像

从近期检测过的产品中挑出一张当作替换用的参考图像。选好之后，可以通过单击顶部的历史控件或者缺陷小图来确定这张图像。

2. 让检测进程停止

在开展模板图像替换工作以前，一定要保证检测进程已经是停止的状态。停止检测和选择替换图像这两个操作的先后顺序没有特别规定。

3. 开展替换操作

在软件界面中选择 PrintingPlus6 菜单中的“替换参考图”命令，系统会弹出确认对话框，提醒进行仔细检查。在确认没有问题之后，单击“确认”按钮，当前锁定的图像就会被换成新的参考图像。此后，继续进行检测时，系统将会使用新的参考图像，而不用重新加载整个模板。

14.4 检测操作

在进行检测作业时，图像对比功能变成了提升效率和准确性的关键工具，如图 14-18 所示。

图像对比功能区图像相关符号操作说明如下：

图 14-18　图像对比功能区图像

1. 原图尺寸显示控件

此控件为默认选项，当激活时，将确保缺陷图像与对比图像均以原始尺寸展现，不进行任何缩放。

2. 两倍放大显示控件

单击此按钮后，系统将把缺陷图像与对比图像同时放大至原始尺寸的两倍，以便更细致地观察图像细节。

3. 三倍放大显示控件

与两倍放大类似，单击此按钮将使缺陷图像与对比图像放大至原始尺寸的三倍，进一步增加观察的细致度。

4. 增亮显示控件

通过单击此按钮，可以使缺陷图像与对比图像的亮度增加，从而在光线不足或对比度较低的情况下，更清晰地辨识图像中的细节。

5. 缺陷计数显示控件

此控件的作用是显示当前产品检测到的缺陷总数，并且指明当前正在查看的是第几个缺陷。利用这个控件，能够方便地浏览当前产品的前一个缺陷和后一个缺陷。如果该产品没有检测到任何缺陷，此区域就会显示为“绿色良品”的状态，同时“上一张”与“下一张”按钮会处于无法编辑的状态。

6. 缺陷屏蔽工具

能够通过单击此按钮对实时图像显示框中的所有缺陷进行屏蔽。

缺陷显示区域是专门为了展示在当前检测过程中所发现的全部缺陷而设计的，如图 14-19 所示。

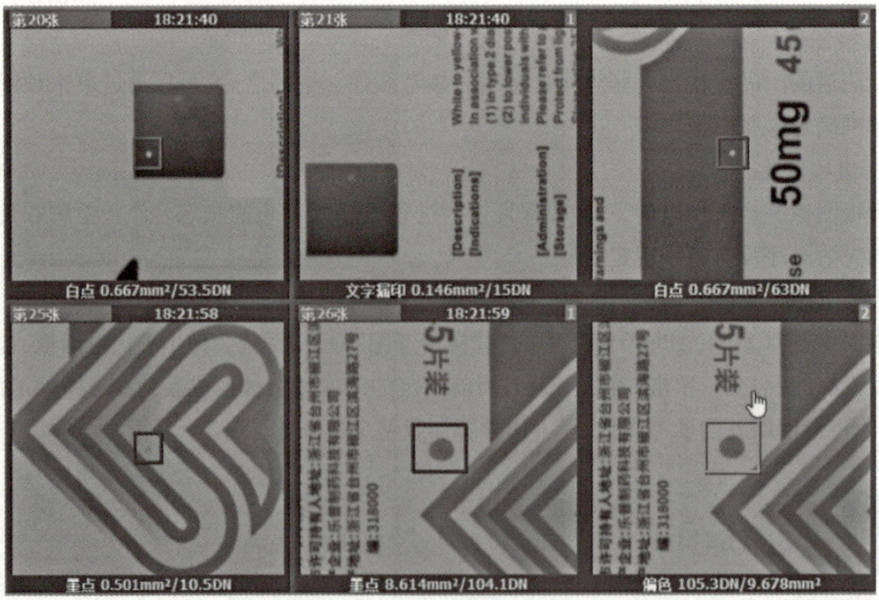

图 14-19　缺陷显示区

不同颜色的标识意义不同：

在缺陷显示区域内，用蓝色标识出来的缺陷意味着是近期被系统检测到的瑕疵。当对这些蓝色显示的缺陷进行点击时，系统会用黄色框将该缺陷高亮显示。图形化列表区域中相对应的小方框也会以黄色加亮，从而突出显示它的位置。若缺陷以橘色显示，则表明该缺陷是在当前检测过程中被系统识别出来的最后一个瑕疵。灰色显示的缺陷表示该缺陷已经过期。

操作流程如下：

1. 加载检测模板

在开始进行检测之前，要依据待检测产品的类型及特性来挑选对应的检测模板，具体的模板选择界面如图 14-20 所示。

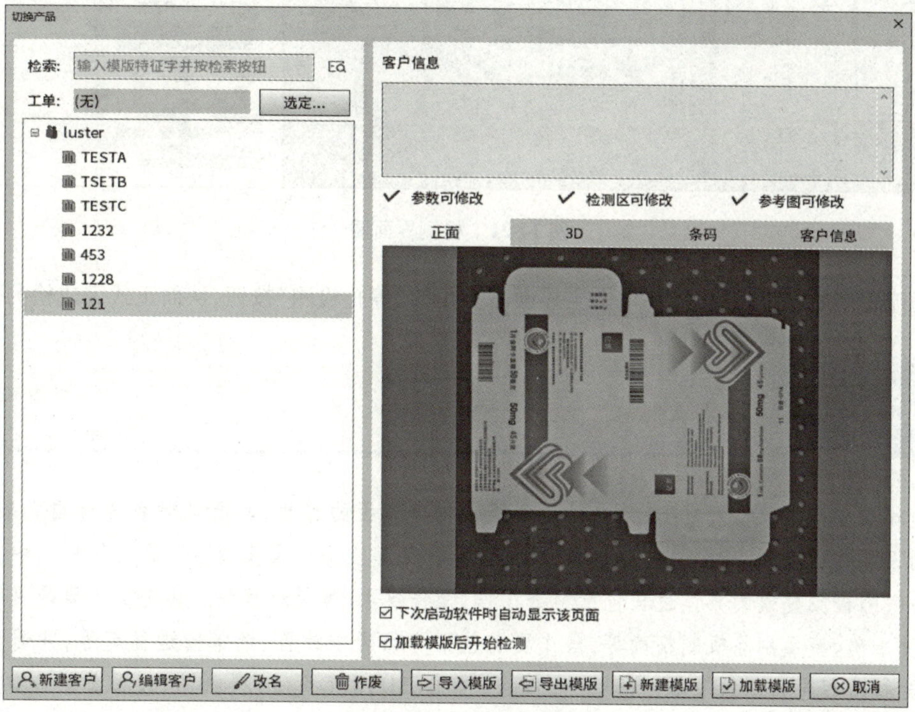

图 14-20 加载模板界面图

在主界面右上侧，单击"切换产品"按钮。这样的操作会致使系统弹出一个用于切换产品的对话框，以便进行后续的选择。选择结束之后，单击切换产品界面右下角的"加载模板"按钮，从而指示系统开始加载所选择的模板。

2. 开始检测

在主界面的右上角，一旦单击"开始检测"按钮，系统就会弹出一个对话框。在被触发的对话框当中，批次列表框会展示出当前产品在当日经过检测的所有批次信息。需要从中进行选择或者手动输入有待检测的批次；文本框预设的批次格式是"当前年份 + 月份 + 日期 + 序列号"。选择完成以后，可以单击"开始检测"按钮或者按键盘上的【Enter】键启动检测流程。

3. 检测操作流程

图 14-21 所示为检测进行过程中的界面。

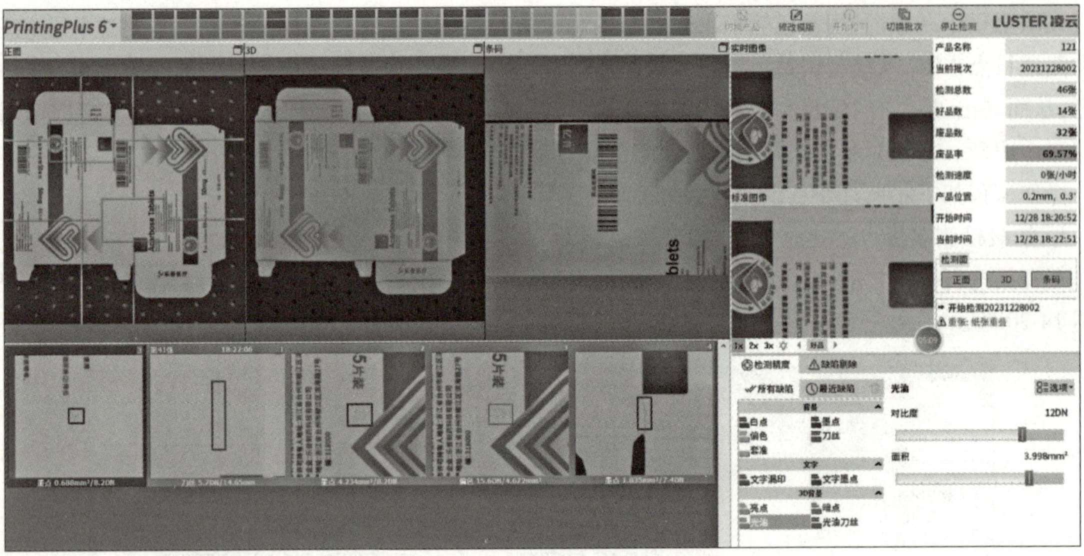

图 14-21　检测界面图

当检测流程彻底结束之后，需要单击主界面右上角的“停止检测”按钮，从而正式完成检测操作。

单元小结

建模是建立在样本数据基础上，为自动检测服务构建模板的过程，其质量对系统检测成果至关重要。在视觉检测设备的运行中，建模是关键步骤，相同类型产品建立高质量模板后可在后续检测中直接加载使用。印刷品缺陷检测建模的具体过程包括检查工作、操作要求、建模流程等。检查工作要确保纸张输送稳定、图像采集准确、废品剔除机制精确等；操作要求包括产品居中放置、纸张输送稳定等，并通过软件测试进行验证；建模流程包括图像采集、校正正面图像、校正（3D）和（条码）检测图、设置背景和 3D 背景检测区、设置文字检测区、设置烫金/烫金 3D 检测区、配置可变条码检测区域以及生成最终模板等步骤。操作按钮分为图像显示工具集和绘制检测区工具，用于图像查看、调整和检测区域绘制、编辑等。此外，还介绍了模板优化和检测操作的相关内容。

习　题

一、多项选择题

1. 印刷品缺陷检测建模的准备工作包括(　　)。

　A. 检查工作　　B. 操作要求　　C. 图像采集　　D. 校正正面图像

2. 操作要求中，纸张输送需要(　　)。

　A. 始终保持稳定状态　B. 避免上下跳动　C. 避免左右晃动　D. 快速输送

3. 设备功能测试的目的是(　　)。

A. 验证图像采集过程中良品纸张是否能够顺利被收集

B. 检查废品纸张的收集状况

C. 测试剔废点的准确性

D. 检验气压的满足程度

4. 建模流程包括(　　)。

A. 图像采集　　B. 校正正面图像　　C. 设置背景检测区　　D. 配置可变条码检测区域

二、判断题

1. 建模对系统最终的检测成果没有影响。　(　　)
2. 在视觉检测设备的运行中,建模不是重要的操作步骤。　(　　)
3. 印刷品缺陷检测建模的检查工作只需要在开始时进行一次。　(　　)
4. 产品在图像采集时可以不居中放置。　(　　)
5. 纸张输送在图像采集过程中出现上下跳动或者左右晃动的现象不会影响检测结果。　(　　)
6. 采集图像界面的背面展示的为背面黑白相机所采集的图像。　(　　)

三、简答题

1. 简述建模的定义和重要性。
2. 印刷品缺陷检测建模的检查工作包括哪些内容?
3. 操作要求中,产品居中放置和纸张输送稳定的目的是什么?
4. 建模流程包括哪些步骤?
5. 偏色检测的主要作用是什么?
6. 条码相关的检测内容包括哪些?

参 考 文 献

[1]刘韬,葛大伟.机器视觉及其应用技术[M].2版.北京:机械工业出版社,2022.

[2]马本学.数字图形处理与机器视觉:基于 MATLAB 实现[M].北京:机械工业出版社,2024.

[3]蔡利梅,王利娟.数字图像处理使用 MATLAB 分析与实现[M].北京:清华大学出版社,2019.

[4]朱福珍.数字图像处理[M].北京:清华大学出版社,2023.

[5]张云佐.数字图像处理技术:MATLAB 实现[M].北京:清华大学出版社,2022.

[6]王洋.卫星式柔印[M].北京:文化发展出版社,2021.

[7]潘杰.印刷质量检测[M].北京:文化发展出版社,2015.